五つの正立体による宇宙形状誌

宇宙の神秘

ヨハネス・ケプラー

Mysterium Cosmographicum / Johannes Kepler

大槻真一郎＋岸本良彦✤訳

工作舎

Jo: Keplerus
Mathematicus

宇宙の神秘

ヨハネス・ケプラー著
大槻真一郎＋岸本良彦訳

宇宙誌論への手引き
——天体軌道の称讃すべき見事な比と、
天体の数、大きさ、および周期運動の
真正にして適切な根拠について、
幾何学の五つの正立体により
明らかにされた宇宙形状誌の神秘を含む——

親愛なる読者よ、ごきげんよう。


宇宙とは何か。

神には、創造のいかなる原因と理法がそなわっているのか。

神は、どこから数をとったのか。

広大なる天体には、いかなる定規があるというのか。

どうして円軌道は六つなのか。

どの軌道にどれだけの間隔が入りこむのか。

木星と火星は第一の軌道をえがいてはいないのに、
どうしてこれほど広く二つの惑星のあいだがあいているのか。

そこでピュタゴラスは、このすべての秘密を、五つの立体図形をもってあなたに教えてくれる。

いうまでもなく、彼は、われわれの輪廻転生を自《みずか》ら実例となって示した。
まことコペルニクスという名の宇宙の一層すぐれた観察者が、
二千年来の過誤を経て生まれたことこそ、
その真相を語っていよう。
どうかいまここに発見された収穫を、
ドングリのようなものより軽視して捨て去ることのないように。

（I・K）

目次

凡例

一、これは、ラテン語で書かれたケプラーの処女作 "*Mysterium cosmographicum*"(直訳すると「宇宙形状誌的神秘」、題して『宇宙の神秘』)の全訳である。

一、この部分のテキストには、いわゆる M. Caspar《カスパー》 の『ケプラー全集第一巻』(*Johannes Kepler Gesammelte Werke*, Band I, München, 1938)の八十頁分(第一版)を使用した。同書のあとにメストリンが追加したレティクスの『第一解説』は、ケプラー自身のものではないので、当訳書からは除外した。

一、訳注は、ケプラーの自注(先の全集第八巻に収載。第一版のあと二十五年後に出版された第二版には、ケプラー自身がかなり詳しいラテン語の注を書き加えたが、われわれ訳者は、今回の翻訳理解に役立つと考えたものはすべて自注として訳しておいた。ただかなり冗長と思われるものがあったので、それらは短縮した)以外の注は、ほとんど訳者たちがつけたものである。ただ、同全集第一巻の巻末にカスパー自身がつけた十頁相当分のドイツ語の注(*Anmerkungen*, S. 424—34)は、できるだけ収録した。

一、当訳書の本文または自注中の( )は、ケプラー自身の付けたものを示すが、他の部分は訳者たちが説明として付けたものである。

一、〔 〕は、本文を理解しやすくするために訳者たちが補足的に付けた。

一、ギリシア語・ラテン語の和音には、原則として長音符号は付けなかった。たとえば、プラトンはプラトーン(*Πλάτων*)と長くはのばさなかった。

献辞

輝かしく寛大にして高貴篤実な方々に
すなわち、ヘルベルシュタイン、ノイベルク、グッテンハークの男爵、
ランコヴィッツの君主、ケルンテンの世襲侍従にして大膳頭、
皇帝陛下と高貴この上なきオーストリア大公フェルディナント殿下の評議会員、
シュタイアマルク州の陸軍大尉、ジギスムント・フリードリッヒ閣下に
そしてシュタイアマルク州の輝かしい地位にある五人の佐官である閣下たちに
きわめて偉大な人士、温厚にして好意あるわが閣下たちに
敬礼と忠誠をささげます

七ケ月前に約束いたしましたもの、[*1]学識の証《あか》しとしてすぐれまた喜ばしくもあり、さらに長年も前から期待されてきた著作を、高貴なみなさまがた、私はいま遂に諸閣下御一党の御前に提出いたします。この著作は、なるほど分量はわずかでそう労力を要するものではありませんが、しかしその題材は、全く驚嘆に値するものであります。まこと古代をかえりみますれば、二千年前ピュタゴラス[*2]によって試みられ、新しくはいま私によってこの題材が初めて人々のあいだに広められるようになるのです。大いなるものをみなさまがたがお望みならば、この全宇宙より大いなるもの、広々としたものは何一つありません。尊厳がお望みなら、この輝かしい神の宮居より尊く見事なものは何一つありません。神秘な何かを知ろうとされるのならば、事物の自然の中にこそ最も秘め隠されたものがあるのです。いやむしろあったのです。ただわれわれの題材は、そのもたらす利益が無思慮な人々にははっきりわからないため、すべての人々を満足させるというわけにはまいりません。とはいえ、ここに、聖書であれほどほめそやされている自然という書物がございます。パウロはこの書をあげ、水や鏡の中に太陽を見るように、この書の中に神を静かに想いみるよう異教徒に説いております[*3]。実際、この書を修め真に神をことほぎ尊びほめたたえることがキリスト教徒にふさわしいのに、われわれがどうして神へのこの静かな瞑想を異教徒ほどにも喜ばないでおられましょう。それというのも、われわれの神が何をどれほど創造されたか、ということをより正しく知れば知るほど、より忠実な魂をそなえるようになるからです。神の真の崇拝者であるダヴィデは、創造主としての真の神をたたえて実に多くの讃歌をうたいました[*4]。彼は天を眺め驚嘆することから次のような讃美の言葉をあげています。「もろもろの天は神の栄光を語る。私はあなたの指の業《わざ》なる天を見、あなたが設《もう》けられた月と星を見ます。大いなるわれらが主よ、主の大いなる力よ、あまたの星を数え、そのすべてに名付け給うたおかたよ」と。あるところでは、ダヴィデは聖霊と聖なる喜びに満ちて叫び、この世界に呼びかけ、「天なる主をほめたたえよ、太陽よ、月よ、神をほめたたえよ。云々」というのです。天が声をもっているというのでしょうか。また星々にそれがあるのでしょうか。ではいかにして、それらは人間と同様に神をほめたたえられるのでしょうか。いやただ、神をたたえるための言葉が人間にそなわっているかぎりにおいて、天や星それ自身もまた神をたたえることができるのだと言えるのです。われわれがこの小著の中で、天や事物の自然の声がどのようなものであるかを発見し、その声を一層明らかにすることができるなら、だれも、それがむなしいことだとか無駄な骨折りだとか言って、われわれをとがめ立てするようなことはないでしょう。

この題材が哲学者たちの否定する創造[*5]というものの大きな論証になる、ということについては何も申し上げようとは思いません。というのも、どのようにして神は、建築家と同じく墨縄と定規で宇宙の建設に立ち向かったのか、そして、〔哲学者の考える如く〕学芸が自然を模倣するようにではなく、神自らが未来の人間の建築の仕方を念頭においたかのように、いかに一つ一つを測り定めたか、ということがわれわれにはっきりわかるようになるからです。

だが、神聖な事柄がどう役立つかを、料理と同様に金銭で評価することが一体必要なのでしょうか。実際、自然の諸事物を認識することが、またこれからの天文学というものすべてが、飢えた腹にどう役立てばよいというのでしょうか。でも、賢明な人々は、それゆえにこの学問が放棄されるべきだ、と声高に言い立てるあの反文明主義者などには耳を傾けないものです。たとえわれわれの実生活に何の利益をもたらさなくても、われわれは目を楽しませる画家や、耳を楽しませる音楽家をほめたたえるのです。また両者の業《わざ》から得られる楽しみは人々にふさわしいだけでなく、高尚なものとも見なされるものです。目や耳を楽しませておきながら、自身の心の内にある高尚な喜びを軽蔑するというのは、なんと無教養で愚かなことでしょう。この娯楽にさからう者は、事物の自然に反しているのです。実際、無から自然を創造した慈しみ深い最善の神は、そういう人のために、生きるに必要なものとその上にまた飾りや楽しみを豊かに与えるように配慮したのではないでしょうか。神は、すべての自然の支配者である人間の精神、すなわち自身の唯一の似姿をどんな楽しみによっても幸せにしようとはなさらなかったのでしょうか。もちろん、われわれは、小鳥がさえずるのはどんな利益を期待してのことかをさぐろうとはいたしません。それは、小鳥がうたうために創られたので、うたうことの中に楽しみがあることを知っているからです。同様に、どうして人間の精神がこの天体の秘密を探求するためにこんなに苦労するのか、ということも問うべきではないのです。精神は、われわれの創造主によって諸感覚に結び合わされています。それは人間が自分の生活を立てて行くためなのですが、生活することだったら、多くの種類の動物でもその愚鈍な心を用いて人間よりはるかに巧みになし得るのです。だから、単にその生活のためばかりではなく、たとえそのことから他のどんな有用性が得られなくても、目でその存在を判別できるものから、さらにどうしてそれが存在し生成するのか、その理由をわれわれが明らかにしようと努力するようになるためなのです。さらに、他の動物や人間の肉体が食物や飲みものによって維持されるのと同様、そういう人間〔自然的人間〕とはいささか異なるところがありますが、[*6]人間の魂もまた、知識という滋養物によって生き生きし、成長し、何らかの仕方で大人になって行くのです。もし人間の魂がこのような欲求に少しもとらえられないならば、それは生者であるよりも死者に近いのです。それゆえ、自然の摂理によって生物に糧《かて》が決して欠けることがないのと同様、人間の精神にとっても、新鮮な糧が決して欠けることはありません。精神は、陳腐なものにあきることなく、休まず絶えずこの世界に自分の活動すべき永遠の仕事場をもつようになっているのです。[*7]まさにそのためにこそ、事物の中にはかくもさまざまな多様性が内在し、諸天体という創作品にはまた多くの隠された財宝がひそんでいるのだ、と主張することができるのです。

実際、創造主のきわめてぜいたくな食べ物から取って食卓に並べるように、この小著で取り出した御馳走の品位は、一般の多くの人々に賞味されないか、あるいはむしろ拒《こば》まれるからといって、そのために劣《おと》るということはありません。多くの人々は、キジよりもガチョウのほうをおいしいと言ってほめるものです。それというのも、ガチョウは一般向きなものであり、キジのほうはずっと珍しいものだからです。どんな美食家もキジをガチョウより下には見ないでしょう。同様に、この題材の品位も、より少数とはいっても知性ある称賛者を見出すなら、それだけいっそう高尚なものとなるでしょう。一般大衆と君主が同じものを好むというわけにはまいらないのです。この天体に関する事柄も、すべての人にとって共通の糧《かて》というわけではなく、ただ高尚な精神にとっての糧なのです。それも私がそう願ったためとか、あるいは事柄の性質上とか、あるいは神のねたみによるのではなく、多くの人々の愚昧とか怠惰のせいなのです。君主たちには、食事に満ち足りて初めて味わえる何か珍重なものを、満腹感を減らすため合間《あいま》に取るという習慣《ならわし》があります。それと同様にこのような研究は、非常に高貴で賢明な人が、小宅から出て村々を、城市を、州を、王国を通り、帝国の支配圏に達するまで昇《のぼ》りつめ、いっさいをよく見きわめたとき、初めて愛好されるものでありましょう。だが、いっさいは人間のしわざなので、彼はどこにも至福をもたらすものや、永続的なもの、さらに欲求がそれによって満たされ終息するようなものを見出してしまうことはないでしょう。というのも、その人はさらに一層すぐれたものを求め、この地上から天へと昇るでしょうから。その時になって、人はむなしい気苦労に疲れた魂をこの休息の中へと運び、こう言うでしょう。

まずこれらのことを認識し、天上の住居に昇ろうと気を配った魂は、幸いなるかな。*8

そこで、かつてすばらしいと思いこんだものを軽蔑し始め、ただこの神の御業《みわざ》だけを尊尚するでしょう。そしてまた最後には、この静観瞑想によって純粋真摯な喜びを得ることになるでしょう。したがって、だれでも好きなだけ、あらゆる所で自分のために安楽や金銀財宝を欲し求めるでしょうが、こういう類の努力は本当は軽蔑すべきなのです。だが天文学者にとっては、自分たちの説をソフィスト*9ではなく哲学者のために、牧人ではなく王侯のために書くことで、おそらく十分な栄誉となりましょう。私があえて申し上げたいのは、ここ〔天文学〕から自らのためにその老年の慰めを得ようとするような人たちがやがて出てくるだろう、ということです。実際、公職を全うし終るまで良識をそこなうことがないよう自らの身を修める類の人たちは、この楽しみ〔天文学から得られる楽しみ〕を享受するのに向いている人であり得ましょう。

　こうしてまたいつか、カルル五世〔ドイツ王。在位一五一九—五六年。退位後はスペインの聖ユスト修道院に隠居〕のような人物[10]が現われることでしょう。カルル五世は、ヨーロッパに君臨しているあいだ一向にそれに心をひかれることはありませんでしたが、支配することに倦み疲れたとき、聖ユスト修道院の小房に魅せられました。そして、あれほどの祭典、称号、勝利、またあれほどの富、都市、王国の中でも、彼にはただトゥリアヌス〔エレモナ出身の数学者。カルル五世のためにプラネタリウムを作った〕の、あるいはむしろピュタゴラス—コペルニクス的な[11]、と言ったほうがよいかもしれませんが、その惑星モデルの球だけが気に入ったので、地上の勢力圏をその球と交換して、命令を下し民衆を支配するよりも、指でその球の軌道を支配するほうを望んだのです。

　偉大な方々よ、私がこのことを述べるのは、新奇な説を講壇にもちこんで老人を学校に入れるためではなく、この〔天文学の〕研究の成果を集めるべき本当の時はいつなのかを明らかにするためです。実際、どうして私が「種《たね》蒔《ま》き」をすることについて、諸閣下御一党の賢明な方々と違った考えをもつでしょうか。賢明な方々は、この研究を、諸閣下の学校で若くて高貴な心をもつ人々に課せられている主要学科の中に入るもの、と判断されるはずです。事実、賢明な方々はこう考えます。すなわち、貴族には生活の糧を得るために他の学芸もそんなに必要ないから、数学[12]を修めるのに貴族より適当な人々はいないし、また数学は他の学問にくらべると、奔放な精神を教養によって形成される人間らしさへ、地上の事物に対する節度ある軽蔑へと向かわせる特異な秘密の性能に富んでいるから、数学ほど貴族に適した学問はない、と。題材の難しさと新しさのために、その報償が若い人々にはっきりしていなくとも、先ほど述べたように、その報償は年老いた人々にとっては、その時が来れば明らかになります。

私は、ここに提出されている書物とさらに天文学全体について述べてきましたが、それをすべての文学と天文学の愛好者であるあなたがたにささげます、偉大な方々よ。願わくば、私の言葉によってあなたがたがすでに御存知のことを思い起こしていただきたい。また、すでに十分寛大にして高貴なあなたがたにとっては、卑賤な私が提出し献ずるこの小著はそれ以上何の役にも立たないでしょう。もし発見が何か称賛に値するとしたら、その発見は大部分、寛大さと財政的援助によって、本書をこのように起草する機会と自由な時間を私のために作って下さったみなさまがたに属するものです。そこで、偉大な方々よ、私のこの感謝の気持のしるしをお受け取り下さい。そして卑賤な私をみなさまがたの恩恵の中へ被保護者として迎え入れて下さい。最後に、アトラス、ペルセウス、オリオン、アルフォンス王、ルドルフ皇帝[*13]、その他、天文学の推進者の中に、みなさまがたも自らの名を加えられること[*14]を習慣《ならわし》として下さい。ごきげんよう。

五月十五日識、一年前この仕事を始めたのと同じ日に。

偉大な方々へ。

みなさまがたの臣下、
グラーツの学校の数学者
ヴュルテンベルクの
M・ヨハネス・ケプラー

献辞の注

1──ケプラーは一六二一年刊行の『宇宙の神秘』第二版〔以下、第二版と略す〕の自注一に次のように書いている。

「私がこの〔五つの正立体を六つの惑星軌道に割り当てるという〕秘密を発見したのは、一五九五年七月九日（十九日）のことであった。すなわち、高貴この上なき大公フェルディナントの誕生日（十八日）の翌日である〔もっとも秘密発見を十九日としての話であるが〕。彼は、今日のローマ皇帝であり、またハンガリアとベーメンの王である。当時私はその世襲国シュタイアマルクに〔数学官として〕勤務していた。さて、私はただちにこの秘密を綿密に取りあつかう作業にとりかかり、つづく十月にはもう、私が職責上から作製した年間暦の献辞に、この小著〔『宇宙の神秘』〕の出版を通知した」。

ケプラーが第一版の献辞を書いたのは、この末尾にあるように一五九六年五月十五日であるから、ちょうど七ケ月前の十月に予告したことになる。

自注一は割合長く続くのであるが、ここには出版に至った経緯を彼自身の筆を追ってかかげておこう。

「……それから私はヴュルテンベルクにおもむいたが、私事に関することでは、この小著の出版に心をくだくことを最優先した。私にとって、出版ということは、私がまだ若すぎたし〔当時二十四歳〕、学識者の世界には全く名が知られていなかったので、特に不愉快なことが多かった。印刷屋は損害をおそれたし、また、コペルニクス説を不合理なものと考えて私の企てに反対する人々がいたからである。私は、五月十五日シュトゥットガルトでかの献辞を書いたのち、二ケ月間滞在してシュタイアマルクにもどり、ほとんど見込みのない出版の世話を私の師メストリンにゆだねた。彼は、この書を一見するなり、心からの祝辞を述べてくれ、これを出版し推薦し広めるために労を惜しまなかった。彼の賢明さと勤勉のおかげで、この小著は、一五九六年の終りころ遂に出版され、翌一五九七年の春の市で、フランクフルトのカタログにのせられた。その際、私の名前は、具合悪くケプレルス（Keplerus〔ケプラーのラテンつづり〕）という代わりにレプレウス（Repleus）と印刷された。このころ、ハンガリーとトルコのあいだに戦争が起こり、国境領を相続人フェルディナントに譲渡することに関して面倒な会議が行われた。実際彼は成年に達していたからである。云々」。

2――ピュタゴラス。前六世紀の初めにサモス島（小アジア沿岸の島）で生まれた古代ギリシアの哲学者。彼は、のち南イタリアのクロトンに移り、そこでピュタゴラス教団という宗教・政治結社を作り、一種の思想革命を志した、と伝えられる。当時うつぼつとして起こっていた精神の昂揚期にあって、彼は、秘密教団の一つオルフィック教の流れを汲む宗教運動を起こしたといわれる。

魂の肉体からの浄化を説くオルフィック教にならって、彼は、いわばすべてのものから浄められた普遍的な統一性の原理である数の理論化に大きな足跡を残した、ともいわれている。ピュタゴラスその人については、伝説的なものがあまりにも多く、彼の言葉は、間接的にもましてや直接的にも全くといってよいほど残っていない。

ケプラーをつらぬく一つの大きな精神は、ピュタゴラス―プラトン的数学の精神であろう。五つの正立体は、ピュタゴラスの立体とかプラトンの立体とかいわれてきたものだが、「ピュタゴラスの定理」一つをとってみても、実際にはこの定理の発見者はピュタゴラスではないのに、ギリシアの数理論というと何かピュタゴラスに帰せられる場合が多かった。これについては、ケプラーの自注二（「五つの幾何学的立体を天体に配する説はピュタゴラスに帰せられ、プラトンは彼からこの思索を借りた。『宇宙の調和』第一巻と第二を巻見よ。云々」）参照。確かに、この教団では数学の研究がさかんだったようである。プラトンの弟子アリストテレスは、古代ギリシア哲学の最も偉大な集大成者と目される人であるが、彼の大著『形而上学』第一巻第五章を中心とするピュタゴラス学派についての説明は、その後のピュタゴラス像の理解に大きな影響力をもつものだった。そのアリストテレスは、この書の中でも一回きりしかピュタゴラスの名に触れておらず、他は全部 *Πυθαγόρειοι*（ピュタゴラスの学徒たち）という言い方をし、この人たちが数の理論を説いた、と言っている。

ところで、ケプラーをおそった幾何学的精神の一種の啓示は、まさに「五つの正立体を天文学にぴったり適用できる」というものだったが、五つの正立体をわれわれの世界を構成する四元素と天界の一つの元素理論に適用しようとしたのはプラトンで、彼はこのことを対話篇の一つ『ティマイオス』で述べている。この対話篇はピュタゴラス的精神の影響を強く感じさせる本であるが、いずれにしても、ピュタゴラス学派の数理論は、二千年後のいま姿を変えて、ケプラーの天文学に新しい生命を吹き込むことになった。生命の輪廻を説くピュタゴラスがコペルニクスに生まれ変わり、そのコペルニクスの深い示唆をうけて、ケプラーが初めてここに古代の数の天文学的奥義を公開する使命をになって登場したのである。

コペルニクスは、『天体の回転について』の法王パウルス三世への献辞で、ピュタゴラス学徒たちは自分たちの思想（哲学の神秘）をごく親しい人たちのあいだにしか伝えなかった、と言っているが、ケプラーはコペルニクスとは違い、こういうすばらしい真理はできるだけ多くの人々に知らせるべきものだという考えが強く、したがって、「この題材が初めて人々のあいだに広められるようになる」という大胆な表現になったと考えられる。

3――新約聖書のロマ書一・二十を参照。ただし、ここでは、「自然」（*φύσις*）ではなく、「被造物」（*ποιήματα*）という語を用いている。

4――旧約聖書の詩篇八・三、十九・一、百四十七・四―五、百四十八・一―三を参照。

5――第十一章の注2のアリストテレスのところを参照。

6――ケプラーは第二版のこの箇所の自注三で次のように言っている。

「親愛なる読者よ、初学者の全く不正確な言い方を許していただきたい。哲学者は、肉体に人間とは異なった何かあるものを求める。というのは、人間は常に同じものであるのに、肉体は絶えず変化をこうむるからである。しかし、精神は、人間を人間であらしめるものである。したがって、精神は人間とは異なる何ものかではない。しかし、私が言いたいことはまだ残っている。すなわち、精神は、肉体の滋養とは別の自分の滋養を必要とし、また精神にはそれ特有の嗜好があるということだ」。

7――ケプラーは第二版の自注四で、「私はそのときまだセネカ〔紀元一世紀ネロ皇帝に仕えたローマの政治思想家、ストア哲学者〕を読んでいなかったが、彼は大体同じような考えをかのローマ的雄弁でもって次のように表わしている。」として、『自然の問題』(Nat. Quaest. VII, 31) から次の文句を引用している――"Pusilla res mundus est, nisi in eo, quod quaerat, omnis mundus inveniat"(「人間の必要とするものがこの宇宙全体に見出されないなら、宇宙はごくつまらないものである。」)。

8――一世紀ローマの詩人オヴィディウスの『ローマ祭暦』(Ovid. Fast. 1, 297) 参照。

9――プラトンの対話篇、特に『ゴルギアス』、『プロタゴラス』などで語られるソフィストたちは、いわゆる大言壮語する詭弁論者たちで、世俗のことに言辞を弄し金儲けをするいわば知識の切り売り人である。それに対して、純粋な知恵を愛する哲学者たちは、あらゆる世俗的な物欲から魂を浄《きよ》め、天上の知恵に思いをはせる者たちである。だから、天上の神の知恵の栄光を現わす天体を知るための天文学は、こういう哲学者とか高貴な人たちにこそ伝えるにふさわしい学問なのである。

10――ここでケプラーは、自注五に次のようなことを述べている。

「私は、その当時はまだ、他日ルドルフ皇帝〔ここの注13参照〕の宮廷に招かれるだろうとは考えてもいなかった。私は、この君主が退位してはいなかったものの、実際に第二のカルルであることを知った。彼は、内外の政治で出会った悪事に全く嫌気がさし、精神をそれらから転じ、自然を考察することによって得ることのできる幸福な楽しみを手に入れたのである。したがって、臣下たちは、彼らの王の倦怠に怒るよりも、自分たちの膨大な出費に腹を立てるべきであったろう」。

11――ケプラーは第二版の自注六において、「ここでは、〔六つの〕惑星軌道とそこにおさまる五つのピュタゴラス的正立体で組み立てられた惑星天球のことを私は示唆したのである。」として、その天球儀は、太陽が中心にかかっているのが見えるよう透明になっており、各正立体はそれぞれの色で区別され、天球儀自体は青色で、惑星軌道の線は白で、というふうになっているという。だがとにかくケプラーは、この際の天球儀を実は自分の再発見したコペルニクスーピュタゴラス的なものとしたほうがよりふさわしいのだと考えたから、こう表現したのであろう。

12――ピュタゴラスやプラトンは、数学を人間の魂の浄化を目指す哲学者の最も重要な学問の一つだと考えた。プラトンが、ポリスの人間教育のために自らのアカデメイア学園の門にかかげたものが、「幾何学を知らざる者はこの門に入るべからず」という文句であったことは有名である。ピュタゴラスやプラトンの数学は、主として図形的・幾何学的なものに基礎をおいたものであった。

ところで、地上の事物から浄められることが高貴な精神を作るものとすれば、数学こそ最も貴族的な学問と言えるであろう。数学が、学問の中では一番具体的な事物から抽象された純粋なものだからである。高貴な人というのは、肉体を養う糧にはできるだけ気をつかうことのない自由な精神の持ち主のことである。

13――アトラス――ギリシア神話上の巨神族の一員。古い神々を代表する巨神族と新しい神々を代表するオリュンポスの神々との争いで、前者が戦いに敗れ、その罰として、たとえばアトラスは、重い天空を永久に支えなければならぬという役目を課せられた、と伝えられる。アトラスは、その後いろいろの象徴的な意味を付与されて登場するが、天文学にも精通した占星師としてあがめられてもいる。

ペルセウス――ギリシア神話では、普通は、主神ゼウスとダナエの間に生まれた半神（英雄）。彼は成長し、ケペウスの支配していたエチオピアに来て、その娘アンドロメダの危機を救い、これを妻とした。ケペウス、アンドロメダと共に、ペルセウスは死後に星座にのぼり、星見としての声望を得ている。

オリオン――ギリシア神話では、狩人として現われる巨神。父は海神ポセイドンといわれ、この神から水上を歩く力を与えられたといわれる。オリオンはホメロスの詩の中で星座のオリオンと同一視され、星座の中のいろいろの物語の主となっている。ペルセウス、オリオンは、占星師アトラスと共に、星占いに重要な位置を占めている。

アルフォンス王――(一二五二―八二年)。賢人王アルフォンス十世はカスティリアの王。学問・芸術の愛好・推進者として、多くの天文学上、占星術上のアラビア語の著作を翻訳させるなど、種々天文学の発展にも寄与することになった。有名な『アルフォンス表』については、第一章の注33を参照。

ルドルフ皇帝――(一五七六―一六一二年)、ルドルフ二世のこと。彼は、天文学を愛好し、時の有名なデンマークの天文学者チコ・ブラーエ(第一章の注8参照)を招聘した。その後の天文学史に残るチコとケプラーの出会いは、ルドルフ二世の居城のあったプラハで起こることになった。すなわち、チコのすすめがあって、ケプラーは、ドイツ帝国数学官として、プラハに一六〇一年から一六一二年まで、つまりルドルフ二世の死の年まで滞在した。この期間は、ケプラーの生涯で最も実り多い時期であり、二つの新しい科学(器械光学と物理学的天文学)を作るという無類の殊勲を成し遂げた。ケプラーは、『新天文学』で皇帝ルドルフ二世への献呈の辞を述べている。ケプラーは、火星との悪戦苦闘を比喩的に述べるといった形式で書いている。チコ・ブラーエの至上命令で始まったこの戦いで、ケプラーという帝国数学官は、戦車にのって生け捕りの敵(火星)を皇帝の玉座の前へ引き連れていくのである。ところで、『ルドルフ表』(一六二七年)という表題は、ルドルフ二世にちなんでつけられたケプラー晩年の応用天文学上の大著作のタイトルである。

14――ケプラーは、自分の発見したすばらしい天文学の構想を何としても公けに出版して人々に広く知らせたいと思った。しかし若輩の彼は、その出版のために大きな経済的負担を強いられることになった。経済的に不如意な彼を理解し、天文学研究という仕事に経済的かつ精神的な支援をおくってくれる人たちを、ケプラーは第二版の自注七で、「私のこの求めはききとどけられ、私は少なからぬ利益を受けることになった。云々」として、先に第一版の献辞にあげた人たちがいろいろと少なからぬ報酬を与えてくれたことに感謝している。

読者への序

読者よ、私がこの書で明らかにしようとしたのは、至高至善の創造主が、運行するこの宇宙を創造し天体を配列するにあたっては、ピュタゴラスやプラトン[*1]の時代から今日に至るまであまねく知られたあの五つの正立体に注目し、惑星の数と相互の距離の比と運動の理法をそれら〔正立体〕の本性に適合させ給うたのだ、ということであった。しかしあなたをその主題に招待する前に、まずこの書を著わした動機と、それから私の計画の進め方といったものを述べておきたい。こういうことは、あなたの理解を促進したり、また私をよく知ってもらうのに役立つだろうと思うからである。

今から六年前、私があの高名な先生であるミカエル・メストリン[*2]のもとで勉強していたチュービンゲン時代のことである。これまでの宇宙論には多くの不都合な点があることに気付いたのがきっかけとなり、私はコペルニクスに傾倒するようになった。先生のメストリンは、講義の中で非常によくコペルニクスのことに触れた。こうしたことから、私は、学士志願者たちの物理学の討論会の席上で、コペルニクスの学説を何度も繰り返し擁護したばかりでなく、第一の運動[*3]が地球の自転にともなって起こる、ということについての綿密な議論をまとめあげた。すでに私は、コペルニクスが数学的な根拠にもとづいてそうしたように、物理学的、あるいはそういったほうがよければ形而上学的な根拠にもとづき[*4]、太陽の〔見かけ上の〕運動がやはり同じく地球によって起こることを証明しようとしていた。そしてこの仕事のために、一部はメストリンの話から、一部は独力で、学問的な観点からプトレマイオス説[*5]に対してコペルニクス説のもつさまざまな長所を、私は少しずつ集めた。ヨアキム・レティクス[*6]は、『第一解説』の中で、〔この問題に関する〕個々の事項を手短かで明解に説明してくれていた。だから、この書をもっと早く読んでいたら、こういう仕事からは簡単に解放されていたことであろう。神学の勉強に励みながら、こういう勉強のほうは、片手間に（παρέργως）ではあれこつこつ続けていたとき、折よく私はグラーツに招かれ、ここで数学官ゲオルク・スタディウスの後任になった。この地では、数学官としての職責[*7]から、私はこれまでより熱心にこの研究に従事した。そこで天文学の原理を説明するのに、以前メストリンから聴《き》いたこと、あるいは自分で思考を積み重ねて得たことのすべてが大いに役立った。そして「うわさの女神は動き出し、動きによって強くなり、歩みながら力を増す」〔『アエネアス』四・一七五〕とヴェルギリウス〔前一世紀ローマの有名な詩人、ギリシアのホメロスに比較される〕の詩にあるように、私にとっても、この問題を熱心に思考すると、それがまたさらに進んだ別の思考のもとになって行った。こうして遂に一五九五年には、講義の余暇を数学官としての職責に従いながら有益にすごしたかったので、全精魂を傾けてこの問題に打ち込んだ。

三つの事柄がいちばん基本的な問題だったから、なぜそれが現にあるとおりで別のありかたをしないのか、その原因を私は辛抱強く探究した。この三つの事柄とは、惑星軌道の数と大きさと運動である。私があえてこの問題に取り組むようになったのは、静止しているもの、すなわち、太陽と恒星とそのあいだの空間が父・子・聖霊という〔三位一体の〕神と対応して、そこにあの見事な調和があるからであった。私は、この類似を宇宙誌[*8]の中でさらに詳しく展開するつもりである。ところで、静止しているものがそういうありかたをする以上、運動するもの〔すなわち惑星〕がやはり何らかの調和あるありかたをするだろう、ということを私は疑わなかった。まず初めに、数に注目して問題に取り組んだ。そして考えてみたのは、ある軌道が、他の二倍、三倍、四倍の大きさか、あるいは結局何かそういう関係になっているか、また、コペルニクス説では任意のある軌道と他の軌道との差異はどれくらいの大きさになっているのか、ということであった。まるで数の遊びのようなこの仕事で、かなりの時間を費やしてしまった。しかし、〔軌道の大きさの〕比そのものにもその増え方にも、規則性は全く現われなかった。結局、ここから得られた有益なことといったら、〔軌道の〕距離そのものを、コペルニクスが報告しているとおりに、非常に深く記憶に刻みこんだことだけであった。また、私がこうしてさまざまな試行を述べつらねていくと、読者よ、あなたのこの書に寄せる共感の気持は、まるで大海の波の上にいるように、心もとなくあちらこちらに動揺するかもしれない。しかし最後にそれに疲れ果てたあとは、かえってなおさら快く安全な港へ向かうように、あなたはこの書に説かれた諸原因へとおもむくようになるであろう。〔上に述べたことの〕ほかに有益なことをあげても、これくらいのことしかない。それにもかかわらず、思いなおすやただちに、私を慰め一層よい希望へと勇気づけてくれるものがあった。それは、あとで述べる論拠もそうだが、特に〔惑星〕運動[*9]がいつも距離と何らかの比例関係にあるように見えること、そして惑星軌道のあいだに大きな間隔のある場合には、その運動のあいだにも大きな差異があることだった。そこで〔私はこう考えていた〕、もし神が距離を基準にし、それに合わせて運動を軌道に配したならば、どういう仕方にせよ、神はやはり距離のほうも、何かあるものを基準にしそれに合わせたにちがいない。

さて、これまでの方法ではうまく行かなかったので、驚くほど大胆な別の方法で解決の手がかりをつかもうとしてみた。木星と火星の軌道のあいだに新しい惑星を仮定し、同じように金星と水星の軌道のあいだにも別の新惑星を仮定したのである。[10] そしてこの二つの惑星は、たまたまとても小さいために目には見えないものとし、この二つに適当な周期を与えた。こうすれば、〔軌道の大きさの〕比に何らかの規則性を作り出せるだろう、と思ったからである。その結果として、二つずつの惑星軌道どうしの比は、一定の規則に従って、太陽に近い惑星のものほど小さくなり、恒星により近い惑星のものほど大きくなるはずだった。たとえば、火星軌道の大きさに対する火星と地球の距離の差よりも、地球軌道の大きさに対する地球と金星の距離の差のほうが小さい、というふうに。[11] しかしこの方法でも、木星と火星のあいだの巨大な空間には、ただ一つの惑星を仮定するだけでは十分でなかった。というのも、木星軌道のあの新惑星の軌道に対する比は、土星軌道の木星軌道に対する比よりも大きいままであったから。[12] それに、こういう方法では、たとえ何かある一定の比を得ても、計算に全く終りがなくなるであろう。惑星の数が、恒星の方に向かっても、反対に太陽の方に向かっても、一定ではなくなるのである。なぜなら、前者の場合は、恒星そのものが現われるまで〔の空間を〕、後者の場合は、水星のあと〔から太陽までのあいだ〕に残された空間を、この一定の比に従って無限に分割して〔そこに新惑星を入れて〕行かなければならないだろうから。また、数を一々取り上げてその特性を考えてみても、なぜ無限ではなく、こんなに少数の惑星しか生じなかったのかは、実際のところ、私には推測できなかった。『第一解説』の中で、レティクスは六という数が神聖なことから、惑星の数が六つであることを論証しているが、その場合の彼の説も理にかなってはいない。なぜなら、宇宙自体の創造について論ずる者は、数から論証を導くべきでないからである。それというのも、数は、宇宙よりあとにできた事物のおかげで、ある特別の意味をもつようになったものなのだから。[13]

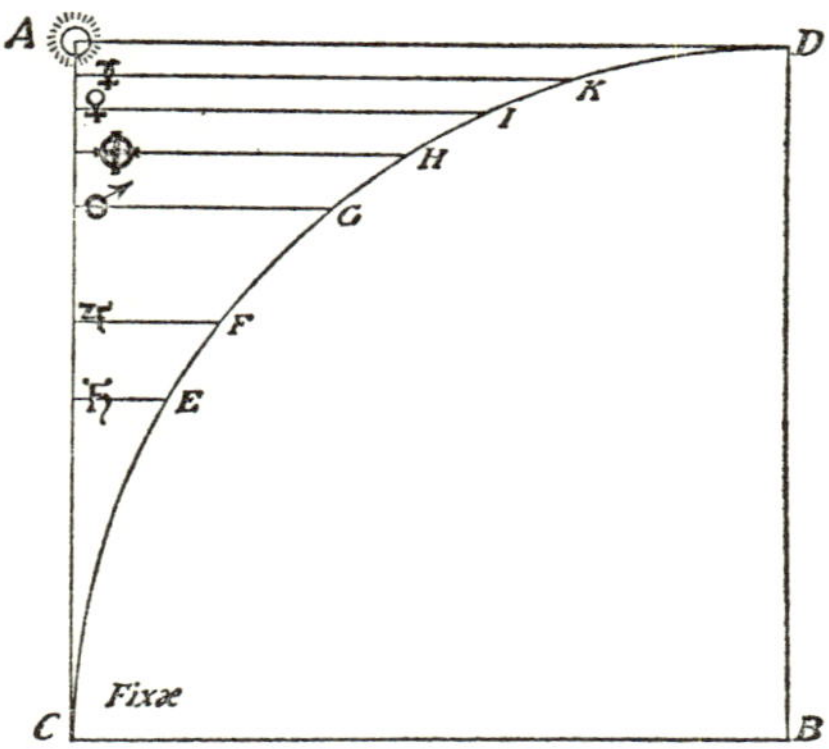

そこで別な方法を用いた。同じ一つの正方形の中で、任意の惑星の〔太陽からの〕距離はサインの残りとして、この惑星の運動はそのコサインの残りとして表わせないかどうか[*14]を調べてみたのである。すなわち、正方形ABが、宇宙全体の半径ACを一辺としてえがかれるものとする。それから、太陽つまり宇宙の中心Aと相対する角Bを中心に、BCを半径として四分円CEDをえがくとする。次に、宇宙の実際の半径であるAC上に、太陽と恒星と惑星がそれぞれの距離の割合に応じて〔点として〕記《しる》されるようにする。そしてこれらの点から直線を引き、太陽と相対する四分円まで延ばす。こうして、これらの平行線の長さの比が、個々の惑星のもつ運動力の比である、と仮定したのである。ADは四分円に接するけれども交わらないから、太陽の直線は無限に続く。したがって、太陽にある運動力は無限に大きい。つまり、完全現実態における運動以外のどんな運動もない。[*15] 水星では、無限の直線はKで切断される。だから、水星の運動になると、すでに他の惑星と比較できる。恒星では、直線が全くなくなり、完全にC点に収縮してしまっている。したがって、ここには運動に向かうどんな力もないことになる。これは、計算によって検証しなければならない定理であった。ところが、この私の考えには二つの欠点があったことを鋭く見抜く人があるかもしれない。すなわち、第一に、サイン全体、[*16] つまり上に仮定されたあの四分円の大きさがわからなかった。第二に、

〔惑星の〕運動の強さが単に相互の比のかたちでしか表わされていなかった。まさに、このことを鋭く見抜く人があれば、その人は、この困難な方法で私がともかくもある成果をあげることができたかどうか、疑いをもつのも当然であろう。それでも根気よく仕事を続け、いろいろなサインと曲線を果てしなく照合してみて、遂にこの考えは何にもならないとわかるようになった。

上のような骨の折れる仕事にほぼ一夏を費やしてしまった。しかし結局、ふとしたきっかけで、私は真実に一層近付いたのである。これまでどんなに苦労しても手の届かなかった問題解決の糸口を偶然見出せたのは、私には神意によるものと思われた。まして、コペルニクスの発表したことが本当に真実ならば、私の企てが何とか成功するようにと、いつも神に祈ってきただけに、私はなおさらそう信じたのである。さて、一五九五年七月九日か十九日のことだった。[*17] 大会合がつねに〔獣帯の〕八つの宮を跳びこすことと、その大会合が少しずつずれて、一つの三角形から他の三角形へと移って行くようすを、私は受講生に示そうとしていた。そのために同じ一つの円の中に、一つの三角形の終りが隣り合う次の三角形の始めになるようなたくさんの正三角形――というよりは、むしろ正三角形のようなもの、といったほうが適切かもしれない――を内接させた。そこで、これらの三角形どうしの交点によって〔初めの円〕より小さな一つの円がえがき出されていた。この円がより小さいのは、正三角形の内接円の半径が外接円の半径の半分だからである。二つの円の〔半径の〕比は、一見したところ、土星と木星の〔軌道の半径の〕あの比とほぼ似ているように思われた。しかも土星と木星が第一の惑星であるように[*18]、三角形は幾何学図形の中で第一の図形だった。私はただちに正方形をえがいて木星と火星のあいだの第二の間隔を、正五角形で第三のを、正六角形で第四のをと試してみた。だが、木星と火星のあいだにある第二の間隔にはやはり見た目にもそぐわないところがあったので、正方形を正三角形や正五角形と継ぎ合わせたりした。しかし、一々こういうふうに調べあげていったら、際限がなくなる。

こうして、この試みは失敗に終わった。しかしこの試みの終りは、同時に、最後の実り豊かな試みの始まりでもあった。つまり私はこう考えたのである。もし本当に図形どうしのあいだにある序列を維持しようとすれば、この方法では決して太陽までたどりつけないだろう。また、惑星軌道の数はな

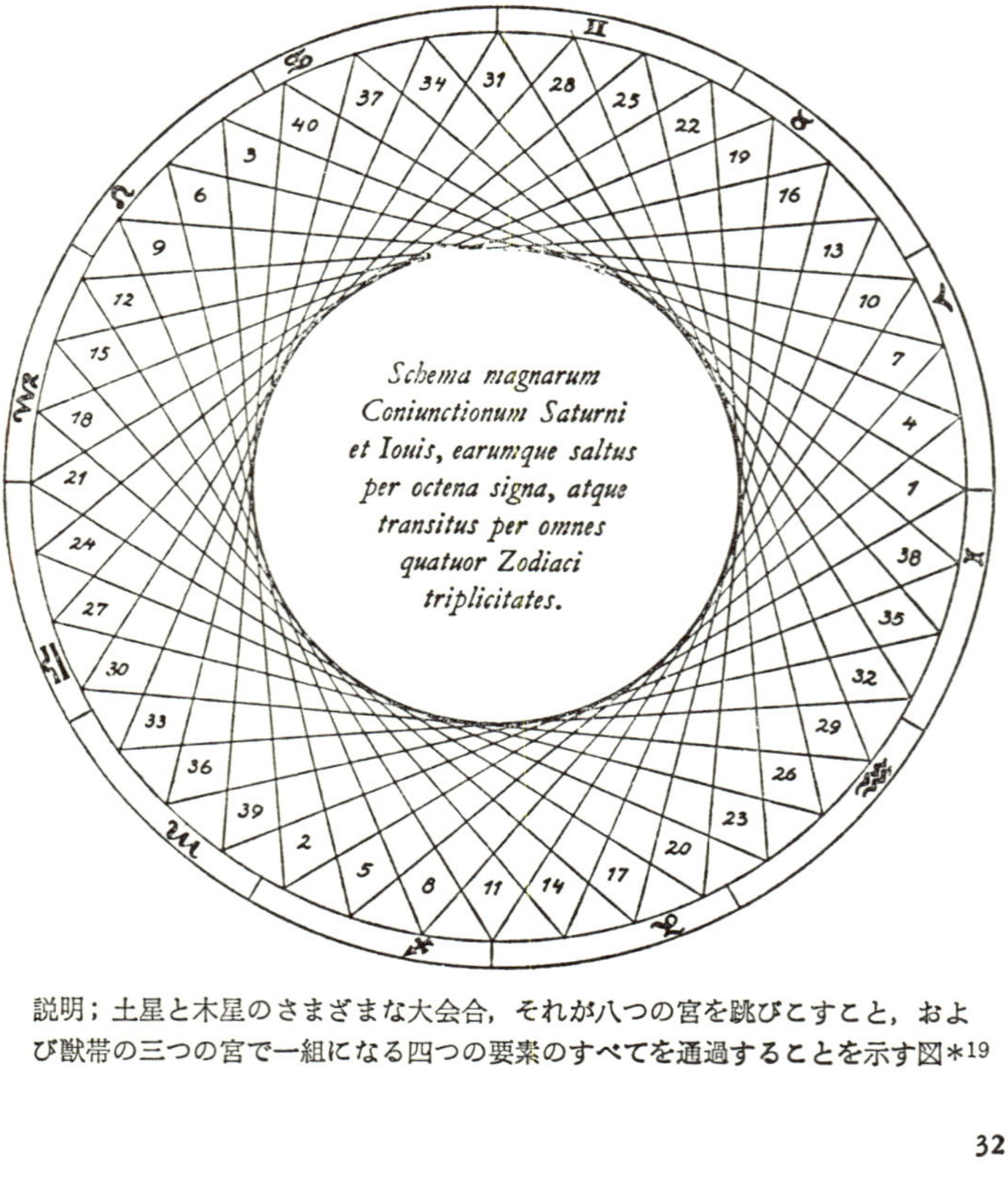

Schema magnarum Coniunctionum Saturni et Iouis, earumque saltus per octena signa, atque transitus per omnes quatuor Zodiaci triplicitates.

説明；土星と木星のさまざまな大会合，それが八つの宮を跳びこすこと，および獣帯の三つの宮で一組になる四つの要素のすべてを通過することを示す図＊19

ぜ二十あるいは百ではなく六つなのか、その原因もつきとめられないであろう。それにしても、私には幾何学図形は気に入っていた。これは量であり、天体よりも先にできたものだから。実際、量は立体と共に初めに創造され、天体は次の日に創られたのである。[*20] そこで（私はこう考えた）、コペルニクスが確立した六つの惑星軌道の大きさと相互の比にふさわしい図形を、無限にある他の図形の中から五つだけ見つけ出せないものか。しかもこの五つの図形が、他の図形とくらべて、ある特別な性質をもっていれば、事は思いどおりに運ぶのだが。私はそれからさらに考えを押し進めて行った。なぜ、立体的な軌道のあいだに平面図形がなければならないのか。むしろ立体のほうをもってくるべきではないか。すると見よ、読者よ。これが、私の発見であり、この著書全体の主題なのだが、まさしく、幾何学の知識をほんの少しでももっている人にこれだけの言葉を語りきかせると、その人には、ただちに五つの正立体が、その外接球の内接球に対する比と共に思い浮かぶものだ。彼はたちどころに、〔『幾何学原論』の〕第十三巻の命題十八に対するユークリッドのあの補足をまざまざと思い起こす。その箇所では、五つ以上の正立体が存在することも考え出されることも不可能である、と証明されている。驚くべきことに、個々の正立体の優先順位についてはまだ何もわかっていなかったのに、私は、既知の惑星距離から導き出されるいちばん議論の余地の少ない推測を利用して、正立体の配列においては幸いにもすっかり所期の目的を遂げてしまっていた。後で究明された理論にもとづいて問題を取りあつかったときも、正立体の配列については何一つ変えることができなかったほどである。事柄を深く記憶にとどめていただくために、当時思いついたとおりに、その瞬間に言葉に言い表わしたとおりの考えを、私は読者に報告する。

「地球の軌道は、すべての軌道の尺度である。これに正十二面体を外接させよ。するとこの立体を取り囲むその球が、火星の軌道となるだろう。火星の軌道に正四面体を外接させよ。するとこの立体を取り囲むその球が、木星の軌道となるだろう。木星の軌道に立方体を外接させよ。この立体を取り囲むその球が、土星の軌道となるだろう。また地球の軌道には正二十面体を内接させよ。この立体に内接するその球は、金星の軌道となるだろう。金星の軌道に正八面体を内接させよ。するとこの立体に内接するその球が、水星の軌道となるだろう」。読者は、いまこそ惑星の数の秘密を明かす理法を手中に収めたことになる。

これがきっかけとなって、この苦労の多い仕事は成功した。いまはさらに、この著書の中で私が企てたことにも注目していただきたい。本当に、この発見から私がどれほどの喜びを得たか、言葉に言い表わすことは決してできないであろう。私は時間を無駄にしたことももはや後悔してはいなかった。仕事がいやになることもなかった。どんなに面倒な計算でも何一つ避けることはなかった。〔上に引いたような〕言葉で言い表わした考えがコペルニクスのいう惑星軌道〔のありかた〕と符合するのか、それとも実際には、私の〔発見の〕喜びはむなしく風に吹きとばされてしまうのか、それを確かめるまで、私は計算に日夜明け暮れたのである。果たしてもし事実が私の考えていたとおりであることを発見したら、機会がありしだい、神の英知のこの感嘆すべき証《あか》しを出版物にして人々に公表しよう、と私は至善至高の神に誓いを立てた。確かにこの研究は、あらゆる点で完成しているというわけではない。たまたま、私の立てた原理からの帰結として出てくるような若干の事柄が残っているのに、私はそれを発見できずにそのままにしているかもしれない。しかしたとえそうだとしても、神の御名を称えるために、オ能ある他の人々が、私といっしょにできるだけ早くできるだけ多くの事実を明らかにし、全知の創造主のために声をそろえて讃歌をうたってもらいたい。私はそう願っていたからである。さて、数日後に事は成就し、それぞれの惑星軌道をはさみながら、一つの正立体が他の正立体の後にどれほどうまくおかれるか、ということを私は発見した。そしてすべての仕事を現在のこのささやかな著作のかたちにまとめあげた。しかもこれは、有名な数学者のメストリンに認められたのである。こういうわけで、親愛なる読者よ、あなたにはわかるだろうが、私は誓いを果たさなければならないから、著書を九年目まで篋底に蔵するよう要望するあの諷刺詩人[*21]の意に従うことは、やはりできないのである。

これが、私が出版を急いだ一つの理由である。さらに読者から邪推される懸念をいっさい取り除くために、もう一つ別の理由も付け加えたい。そこで、キケロからアルキュタス[*22]のあの有名な言葉を引用する。

「天の高みをきわめ、全宇宙の本性と星々の美しさをすっかり眺めつくしたとしても、そのときの感嘆は私には甘美なものではあるまい。もしあなたが、私の語りかけを聴いてくれる親切で注意深く熱心な読者になってくれるのでなければ[*23]」。

このことがよくわかってくれたとき、もしあなたが親切であれば、非難をさしひかえてくれるだろう。私が非難を予想するのには、理由がないわけではない。しかしともかくこういうことは言わずにおくとしても、それでも、私の考えは確実なのか、私は勝利する以前に凱旋歌をうたってしまったのではないか、と心配する読者もあろう。したがって結局のところは、あなたが自らこの書を直接手にとってみるようにしていただきたい。そしてわれわれがこれまであつかっている事柄を学び知るように。あなたは、少し前に仮定されたような新しい未知の惑星を見出すことはないであろう。そういう大胆な仮定は、私にも適切だとは思われない。そうではなく、古来知られているあの諸惑星だけを見出すであろう。ただし、それらの位置はほんの少しばかり移されているが。[*24] しかしその代わりに、たとえ馬鹿げているように見えても、直線から成る正立体があいだに入ることによって、その諸惑星は固定されている、ということに気付かれるだろう。だからこれからは、「天が崩壊しないように支えているのは、一体どんな鉤《かぎ》なのだろうか」、と一介の農夫にたずねられても、あなたはそれに答えてやることができるであろう。では、ごきげんよう。

読者への序の注

1――プラトン（前四二七―前三四七年）。アテナイに生まれ、年代的には前四世紀の前半に活躍した古代ギリシアの偉大な哲学者。ソクラテスの弟子で、三十数篇の対話篇を書き、そこにおいて、ソクラテスの哲学精神を祖述すると共に、それをもとに自己のイデア思想を展開した。またピュタゴラス学派の宗教・哲学・政治思想によっても大きな影響を受け、この学派の数学重視の思想から、善美な秩序ある宇宙像を作り上げようと努力した。たとえば、混沌としたカオスにはっきりした秩序を与えるため、宇宙生成の元素を整然とした五つの正立体の幾何学図形をもったものとして説明しようとしたことが、彼の対話篇『ティマイオス』にのっている。この本には、デミウルゴスとしての創造神の思想が述べられており、キリスト教社会になっても、異教徒の教えながらも受け入れられ、これは割合早くから読まれた数少ない本の一つであった。プラトンについては、さらに献辞の注2も参照のこと。

2――ミカエル・メストリン（一五五〇―一六三一年）。チュービンゲンの天文学教授で、ケプラーの師。

彼はケプラーのこの『宇宙の神秘』の印刷の監督を引き受けたばかりではなく、ケプラーのために困難な計算をして、この著作を書き上げるのを援助した（第十五章の図と表を見よ）。また、当時チュービンゲン大学の総長代理であったマティアス・ハーフェンレッファーに、ケプラーのこの著作の特別の利益と価値を強調し、ケプラーのためにチュービンゲン大学から出版許可を得た。メストリンはその報告の中で、ケプラーが初めて惑星軌道の序列を問題にし、それをうまく解決したことを述べている。しかしその一方で、この著書が急いで書き上げられたことと、天文学と数学、特にコペルニクス体系に対する一定の知識を読者に要求していることから、メストリンは、コペルニクス説を補完し、特にあいまいなある章句を書き直さなければならないということを総長代理にもかくさなかったし、ケプラーにも直接忠告した。

ケプラーはその忠告に従ったが、あくまで部分的にであった。すなわち、ケプラーは、コペルニクスの天文学と聖書の教えとが矛盾しないことをあつかった章——こういう問題はすべての人にとって危険なものだった——を削除し、もとの著書に、現在の第一章、第二章を形成しているコペルニクス説の見事な解説を加え、あいまいな箇所を書き直したり削除したりはしたが、それ以上のことをするのは拒《こば》んだ。さもないと、この著書全体を完全に書き直すことになってしまうからである。

メストリンはケプラーのこの修正では不十分だと判断したので、他のことは自分自身でした上に、ケプラー自身がしばしば言及しているレティクスの『第一解説』の再版書をケプラーの書に加えた（『宇宙の神秘』のいわば付録としてこの書があるわけだが、当翻訳ではそれを省略した）。

すでに出版の費用がかなりかさんでいたので、ケプラーはメストリンの処置をあまり喜ばなかった。そのために、校正刷の訂正や図表の準備はメストリンがしたが、これには多くの時間と労力が費やされた。メストリンはそのことをしばしばケプラーあての書簡に言っている。そこでケプラーは最後に償いのために、メストリンに金めっきした銀のコップ一つと銀六ターレルを送った（A. Koyré; "La révolution astronomique" p. 380—381）。

3——惑星や恒星の日周運動のこと。

プトレマイオスの『アルマゲスト』第一巻第七章では、「天空に異なる二つの基本的な運動がある。」とした上で、「毎日、天空にあるすべてのものが例外なしに出現し、赤道に平行な通路にしたがって南中し没し去る」運動を「第一の運動」と呼び、「黄道の極のまわりに行われる」のを「第二の運動」としている。ケプラーが日周運動を第一の運動としたのは、この箇所を意識してのことであろう。

4——「物理学的な」というところにケプラーの近代力学的天文学への新しい精神があり、「形而上学的な」というところに、ピュタゴラス—プラトン的、さらにはキリスト教的な精神がある、と思う。これをケプラーが一つに表現するところに、古代・中世・近代を生きぬいて近代力学への途をひらいたケプラーの精神のひらめきが見られる。十一章の初めの部分とか、またA・ケストラーの『ヨハネス・ケプラー』の第二章「『宇宙の神秘』——ピュタゴラスへの回帰」の部分なども参照のこと。

5——プトレマイオス(九〇—一六八年)。いわゆる天動説を体系化して述べたアレクサンドリアの天文学者にして数学者。彼の説は『アルマゲスト』(*μεγιστός*「最も偉大なもの」というギリシア語をアラビア語化したもの。「アル」は「アルジブラ(代数)」、「アルコール」の「アル」と同じくアラビア語の定冠詞。ちなみに、ギリシア語の原著作名は"*Μαθηματική Σύνταξις*"『数学体系』である)の名で知られる彼の主要著作に見える。ケプラーの『宇宙の神秘』本文と注の各所において触れてあるので、そのほうを参照されたい。

6——レティクス(一五一四—七六年)。

オーストリア領チロル地方に生まれた。しかし、このチロルがその昔レティアと呼ばれていたので、その地名をとり、彼は自分の名をラテン名でレティクス(本名は、ゲオルク・ヨアヒム・フォン・ラウシェン)と名のった。青年時代には、チューリッヒ、ヴィッテンベルク、ニュルンベルク、ゲッチンゲンの諸大学で学んだ。

二十二歳のとき、彼はメランヒトン(独、ルター派の人文主義者一四九七—一五六〇年)の推薦で、プロテスタントの学問の中心地であるヴィッテンベルク大学で、三歳年上の同僚エラスムス・ラインホルト(彼の名は『宇宙の神秘』の第十九章などにも見える)と並んで、数学・天文学を教授する地位を与えられた。二人は共に太陽中心説に立つ宇宙論を奉じていた。しかしこの学説について彼らはまだ伝聞以上の知識をもたなかったので、レティクスは一五三九年の春にコペルニクスを訪ねるべく大学から賜暇を受けた。コペルニクスは、レティクスが自分の説を伝達するにふさわしい者として、彼を歓迎した。レティクスはコペルニクスの体系を公表すべく『天体の回転について』の出版を彼に迫ったが、それは受け入れられなかった。しかし、レティクスがこの未発表原稿の内容をかいつまんで一書を著わすことには同意したので、それを『天体の回転について』の『第一解説』（"Narratio prima"）としてまとめた。この原稿は一五三九年九月に完成し、一五四〇年十一月グダニスク（ポーランド）で発行された。

『天体の回転について』が出版されたのは一五四三年五月であり、コペルニクスの死と重なる時であった。

なお、レティクスの名を十六世紀の数学史に残しているのは、彼の死後、弟子の若い数学者、ヴァレンチン・オットーの手で一五九六年に出版された『三角法についての著述』（"Opus Palatinum de Triangulis"）による。これはレティクスのライフワークの成果であった。

7——この地の公職数学官の義務として、占星術による毎年の予言暦の発行が課せられていた。数学者はまた天文学者でもあり、プトレマイオス以来、天文学者はまた占星者をも兼ねていた。ケプラーは、最初に作ったこの暦によって、寒波の襲来とトルコ人の侵入を見事に予告し、新任数学官としての名を大いに高めた。

8——ケプラーは第二版の自注四で次のように述べている。

「『宇宙誌』というタイトルをつけた書物をその後私は出さなかった。しかしながら、これと類似のものを、宇宙の形状について述べた『コペルニクス天文学概要』（以下、略して『概要』とする）の第一巻と、宇宙の三つの主要なものについて述べた第四巻であつかっている。云々」

9——惑星の運動の大きさは、つねに公転日数との関係で、つまりその増大につれて小さくなるものとしてとらえられる。

10——ケプラーは第二版の自注五で、ここの新惑星は、ガリレイが発見した木星のまわりを回る衛星のようなものと考えられてはならないこと、むしろ、宇宙の中心である太陽のまわりを回る新しい主要惑星を考えてほしいとことわっている。

11——水星軌道の大きさをMe、金星軌道の大きさをV、以下、T、Ma、J、Sとすると、この例では、$\frac{Ma-T}{Ma}>\frac{T-V}{T}$、こ

れはまた、$\frac{Ma}{T} > \frac{T}{V}$ということでもある。例をあげる前の一般的な法則を述べた文は、後者のように数式化される。したがって、$\frac{V}{Me}$が最小、$\frac{S}{J}$が最大となる。二つの新惑星を仮定することによって作られたこれらの各々の比のあいだには、何らかの規則性が見出せるだろう、とケプラーは考えたのである。

12——火星と木星のあいだの新惑星の軌道の大きさをNとすると、$\frac{S}{J} > \frac{J}{N}$のはずが、$\frac{J}{N} > \frac{S}{J}$だったのである。

13——ここの注20、および第十章注1参照のこと。

14——いま、Pを任意の惑星の位置、Aを太陽として、PR // CB、PRと $\overset{\frown}{CD}$ の交点をQとし、$\angle BQR = \varphi$, $AC = BC = BQ = BD = r$ とおく。惑星の距離が AP だとすると、$AP = DR = BD - BR = r - r\sin\varphi = r(1 - \sin\varphi)$

$$PQ = PR - QR = r - r\cos\varphi = r\ (1 - \cos\varphi)$$

したがって、$r = 1$ とすると、

$$AP = 1 - \sin\varphi,\ PQ = 1 - \cos\varphi$$

$(1 - \sin\varphi)$, $(1 - \cos\varphi)$ はそれぞれが $\sin\varphi$, $\cos\varphi$ の残りということになる。言うまでもなく、この PQ が運動だろう、とケプラーは考えてみたわけである。

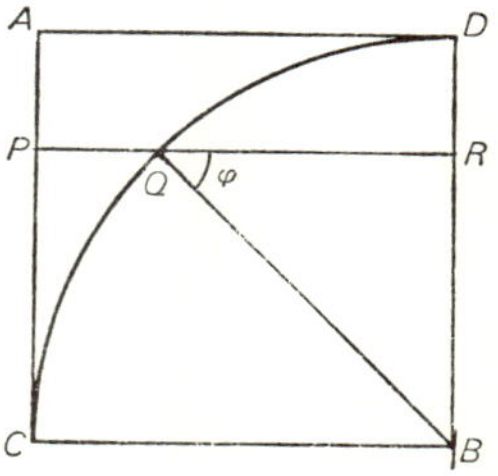

15——"nil nisi motus ipsissimo actu"

motus は運動 (κίνησις)、actus は現実態 (ἐνέργεια) である。厳密な意味では、運動は、一定の目的を達成完了すべく進行していく過程であるから、目的を達成したとき終わる。他方、現実態のほうは、進行の内に目的が実現されるので、進行と完了が同時的である。したがって、終わることなく不変のまま続くことになる。アリストテレスは、運動の例として、建築することや学習することなど、現実態の例として、よく生きることや幸福にくらすことなどをあげている（『形而上学』一〇四八b）。ただし、過程でないことを特に強調する場合、アリストテレスは ἐνέργεια（現実態）と ἐντελέχεια（完全現実態）を区別し、後者を用いることがある。ケプラーが "ipsissimo" を付したのは、ἐντελέχεια の意を表わすためであろう。上のような概念の区別からいうと、完全現実態が運動であり得ないことは当然である。しかしケプラーは、運動の意を拡大し、完全現実態をも一種の運動とする考えをとったのであろう。

本文の意味に照らしてみると、惑星はその軌道を一巡し終わるべく進行するので、運動することになる。ところが太陽は不変のままに輝き続けるから、それに完全現実態を認めようとしたのであろう。そして運動の終りがない以上、運動力は無限のまま、いつまでも自己完結的に内包されている、と考えてみたようである。この仮定は後にケプラー自身によって放棄されるが、第二十章では、惑星の運動（actus）は第二次的な活動で、本質的な活動は太陽のみにあり、その作用によって他の惑星が動かされるという考えが出てくる。本章の段階で太陽に無限の運動力があると仮定したことが、ケプラーにとって第二十章のような見解を生み出す心理的な要因になったのかもしれない。

16――サイン全体とは、sin∠R のこと。すなわち、r sin ∠R=r

17――この日が何日かということについて、一五九五年八月二日付のメストリンあての書簡には七月二十日とあり、他方、一六〇二年十月一日付のファブリキウスあての書簡には七月十七日とある。前者の書簡の日付から推して、七月二十日と見るのがよかろう。

18――コペルニクスは『天体の回転について』第一巻第十章で、恒星天球を第一の球と呼んでいるが、本書では、恒星に一番近いものを「最上位」もしくは「第一」という。ここでは特に土星軌道と、木星軌道の作る間隔が、正三角形の外接円と内接円の作る間隔と見なされ、惑星間では初めてのこの間隔を作る二つの惑星が「第一の惑星」(primi Planetae) といわれている。

次いで木星と火星のあいだが第二の間隔、火星と地球のあいだが第三の間隔、地球と金星のあいだが第四の間隔となる。

19――十二宮は火・土・風・水の四要素に分類される。その分類は以下のとおり。

火…白羊宮・獅子宮・人馬宮
土…金牛宮・処女宮・磨羯宮
風…双子宮・天秤宮・宝瓶宮
水…巨蟹宮・天蝎宮・双魚宮

20――ケプラーは一五九五年十月三日付のメストリンあての書簡の中で、量と立体、数および天体について、次のように言っている。

「われわれが知ってのとおり、神は天体を一定の数に創造した。だが、数は〔幾何学的な〕量の偶然の属性にすぎない。つまり、数は〔創造された〕宇宙の中に初めて存在するのである。というのも、宇宙〔の創造〕の以前には、神御自身にほかならない三位一体〔つまり三という数〕を除くと、どんな数も存在しないから。だから、もし宇宙が数を基準として創られたとすれば、それは実際には量のほうを基準として創られたのである。ところが、線にも面にもどんな数も存在せず、〔すべては〕無限定である。したがって、数は立体の中に存在するのである。だが、不規則な立体はしりぞけなければならない。すなわち、最も秩序正しい被造物の創造がここでは問題なのだ。したがって、六つの立体だけが残る。つまり球もしくはむしろ凹面状の球と五つの正立体である。この球は一番外側の天にあたるようにしなければならない。というのも、宇宙は、動くものと不動のものの二つから成るから。云々」。

以上の書簡の言葉によると、ケプラーは、まず幾何学的な量としての球と五つの正立体が神によって創られ、天体はその後でそれらに合わせて創造されたとし、天体〔惑星〕の数が一定なのは、量が属性としてたまたまそれだけの数をとっていたからだと見るのであろう。さらにこの点については、本書の第二章を参照。

なお、ケプラーは、一六一八年刊行の『概要』第四巻第一部では、この見解をいくらか修正して、天体の中でも太陽だけは、光と同一視されるから、創造の第一日に創られた、としている。

21――ローマの諷刺詩人ホラティウス（前六五―前八年）のこと。この言葉は、彼の『詩作術』（"Ars Poetica"）の中に見える。ケプラーがここでわざわざホラティウスのこの言葉に言及したのは、『天体の回転について』に付与された法王のパウルス三世に対する献辞の中で、コペルニクスがやはりこの言葉を用いて、自分の研究を、「九年どころか、それを四倍する長期間にわたり」しまってあった、と述べているのを意識していたからであろう。

22――アルキュタス（'Αρχύτας）はピュタゴラス学派の哲学者・数学者であり、紀元前三六七―三六一年には、南イタリアのポリス、タラントのストラテーゴス（将軍）だった。キケロ〔前一世紀のローマの有名な政治思想家〕は、『老年論』（"De Senectute"）三十九でもアルキュタスの思想に触れている。

23――以上に引用された言葉は、キケロの『友情論』（"De Amicitia"）二十三に見える。ただし、ケプラーは第二の理由としてあげるのに適するように、いくらか言葉を変えているので、原文を次に引いておく。（原文は間接話法の中での引用文になっている。）

"Si quis in caelum ascendisset naturamque mundi et pulchritudinem siderum perspexisset, insuavem illam admirationem ei fore, quae jucundissima fuisset, si aliquem, cui narraret, habuisset."

24――宇宙の中心が地球から太陽に代わったことを言っているのであろう。

第一章

コペルニクス説の正しい理由とその説の解説

自然についてのこの所説の冒頭からしてただちに、聖書に背くことが何一つ語られていないかどうかを見てみることは、なるほど敬虔な心を表わすものではある。しかし波風の立たないところへそういう議論をわざわざ起こすのは、場違いなことであると思う。いずれにしても、一般に約束できることとしては、私は聖書に対し不当なことは何一つ言わないだろうということである。ところが、もしこのことでコペルニクスが私と共に責められることがあるなら、そういうことは一向に当たらないことだ、と私は考える。コペルニクスの天体の回転についての書を学び始めたとき以来、私にはいつもこういう考えがあった。[*1]

したがって、この点に関し、コペルニクスの言うことがもっともなときは、私は宗教上の配慮に妨げられることなくそれに耳を傾けることができた。そこでまず第一に、すべての天の現象とコペニルクスの学説があれほど見事に符合していることから、私は彼を信じるようになった。なぜなら、コペルニクス説によると、はるかな古代から行われてきた〔天体の〕諸運動を逆にたどって明らかにできるばかりでなく、未来の運動をも、絶対に確実とはいえないまでも、プトレマイオスやアルフォンスなどの天文学者の説よりずっと確実に予想できるからである。それ以上にコペルニクスのすぐれたところは、そういう他の学者の説ではただ驚くほかないような現象の根拠も、最も見事に説明し、その驚きの原因、すなわち原因に対する無知を取り除いてくれることである。このことを読者に納得してもらうには、レティクスの『第一解説』を一読するように読者に勧めるのがいちばん簡単であろう。コペルニクスの天体の回転についての書を直接読む暇は、だれにでもそうあるわけではないだろうから。

またこの件では、たまたまある論証において、誤った前提から三段論法的な必然に従って真実が導き出される、[*2]

という事例のあることを拠り所に〔して、旧来の天文学を支持〕する人々に私は決して同意できなかった。そういう人たちは上のような例もあることをあげて、次のことを強硬に主張した。コペルニクスの仮説は誤っているが、それでもその仮説から、まるで真実の原理から導かれたように、正確な現象が導き出されることもあり得るのだ、と。

しかし実際には、そういう例は適切ではない。なぜなら、誤った前提から得られた帰結は偶然のものにすぎないからである。そして本来誤っている命題は、他の似たような事柄に適用されるやいなや、自己破綻をきたすようになる。ただし、そういう論証をする者に、他にも限りなく多くの誤った命題を立てることを許し、先の推論と後の推論で言うことが全く首尾一貫しなくても、その説を自発的に認めようというのならば、話は別である。ところが、太陽を宇宙の中心とする論者にとっては、事情は全く異なる。試《ため》しに、実際の天の現象をいったんこういう仮説を立てて説明し、議論を後にもどし先に進め、あることを他のことから推論し、さらに、事柄が真実である場合そうなるはずのことを何でもするように命じてみたまえ。彼は、それが事実でありさえすれば、どんなことにも当惑はしないだろう。そして論証の非常にこみいった道すじから抜け出し、ただ一つの自説へと最も首尾一貫した仕方で立ちもどることができるだろう。しかし次のように反論する人があるかもしれない。古来の表と仮説について同じことがかつて言われ、今でもなお言われるのは、そういう表や仮説が現象にも適合するからである。[*3] それなのに、コペルニクスはそういうものを誤ったものとして退けてしまった。したがって先にあげたのと同じ理由から、[*4] たとえ彼が現象を完全に説明しているとしても、その仮説は誤っている、とコペルニクスに対して返答がなされ得るであろう、と。

この点について私は、第一に、旧来の仮説では若干の主要な事柄が全く説明できないのだ、と答えよう。つまりその仮説では、逆行運動がどうしてその説でいうような時間と大きさと数をもつのか、そして逆行運動がなぜ太陽の平均的な運動および位置とそれほどぴったり符合するのかが、*5 わからないということである。だが、コペルニクスの説に従うと、このような現象のすべてに非常に見事な秩序が現われるのだから、やはりそれには必ずその理由があるにちがいない。

第二に、生起する現象の一定不変の原因を示し見かけとも符合するどんな仮説も、コペルニクスは否認していない。むしろこういうものはすべて取り上げ説明している。なぜなら、彼はこれまで行われていた仮説の中の多くの事柄を変えてしまったように思われるが、実際はそうではない。すなわち、同一の帰結が種の異なる二つの前提条件から生ずることがある。それは、この二つが同じ一つの類に属しており、*6 そのために初めて問題になっている当の帰結が生ずるからである。こうしてプトレマイオスは、恒星の昇降のようすを明らかにしたとき、地球が宇宙の中心にあって静止しているから、という同一論証内の中間にくる直接の前提には拠らなかった。コペルニクスも、同じ現象を、地球が宇宙の中心から離れたところを回転しているという前提にもとづいて明らかにしているわけではない。二人にとってはこう言うだけで十分だったのである。(そして彼らは二人とも現にこういうことを言っていたのだ。) すなわち、〔惑星〕天と地球のあいだでは運動に関してある区別が存在するが、恒星どうしのあいだでは宇宙の中心から地球までの距離は全く考慮されない〔『天体の回転について』第一巻第十章〕。そのために、恒星のこの昇降現象が現に見るとおりに行われるのだ、と。したがって、プトレマイオスが諸現象を説明したとき、べつに誤った偶然に得られた前提にもとづいて論証を立てたわけではない。彼はただ、類の前提から起こるこれらの現象が種の前提[*7]の帰結だと判断した点で、論理上の規則そのものに対して誤りをおかしたのである。ここから明らかになることは、プトレマイオスは、誤った宇宙の構造にもとづいたのではあるが、天体のありかたにもわれわれの見た目にもかなう正しい結論を引き出した、ということである。しかしこれが、何か似たような事柄がやはりコペルニクスの仮説にもあるのではないか、と疑う原因になってはならないことは明らかである。むしろ初めに私の言ったとおりのこと、すなわち、コペルニクスの学説に従うと、古人には不可能だった大部分の現象の首尾一貫した説明ができるので、そういう説明ができるかぎり、彼の学説が誤っていることはあり得ない、ということが正しい。卓越した名声をもつ天文学者であり、最も幸運に恵まれたあのチコ・ブラーエ[*8]は、そのことを見てとった。そこで彼は、地球の位置に関してはコペルニクスと全く意見を異にするけれども、これまで知られていなかった事柄の諸原因をわれわれにわからせてくれるような説をコペルニクスから借りて、自説に組み入れた。すなわち、太陽が〔地球以外の〕五つの惑星の中心であるとしたのである。実際、太陽が宇宙の中心にあって不動であるという命題も、さまざまな逆行運動を論証するための前提としては窮屈すぎる。太陽が五つの惑星の中心にあるという一般的な命題で十分に間に合うからである。しかしコペルニクスがそういう類の命題の代わりに種の命題をとり、いっそう限定して太陽が宇宙の中心にあるとし、地球が太陽のまわりを回るようにしたことには、別の理由があった。確かに、天文学から物理学もしくは宇宙誌に観点を移しても、コペルニクスのこの命題は事物の自然なありかたに反していないだけでなく、むしろそれをはるかによく支持してくれるのである。自然は単純を好む。[*9]単一性を愛する。自然の中には、無用なものやよけいなものは決して存在しない。だが、自然によって一つの事柄が多くの働きを示すように利用されることは、かなりしばしばある。いま伝統的な仮説をとると、〔天体の運動を説明するために〕案出される円軌道の数には全く限りがない。しかしコペルニクス説では、大多数の運動が非常にわずかの円軌道から導き出されるのである。さしあたり金星と水星の軌道の錯綜やその他のことは黙認するとしても、旧来の天文学は、何のために相変わらずそれほど勝手気ままに円軌道を考案しながら、それに苦労しているのであろうか。[*10]ところがかの人〔コペルニクス〕は、あれほどたくさんあった円軌道の重苦しく無用な負担から自然を解放したばかりでなく、その上に、全宇宙とすべての正立体の非常に見事な特性を本当に神意にかなった仕方で洞察するための無尽蔵の宝庫というものを、われわれに開いてくれたのである。さらに私はためらうことなくこう断言する。コペルニクスが幾何学の公理に拠りながらア・ポステリオリに結論し、観察を通じて明らかにしたことはすべて、もしアリストテレスが[*11]生きていれば彼自身をも証人に立てて〔レティクスがしばしばこうしたいと望んでいる〕、どんなあいまいさもなくア・プリオリに論証できるのである、と。けれども、こういう問題はみな、すでにコペルニクス自身とレティクスの『解説』がいっそう詳しく主題の重要性に応じてあつかっている。だから、何かそれ以上に綿密なことが説明できるとしても、場所と機会を改めてするのがよかろう。[*12]いまのところは、この叙述で、私をコペルニクスの味方に引きよせた二番目の理由をうまく読者に明らかにできたら、それで十分である。

しかし私がこの説にくみしたのは、軽率な心からではなく、何よりも、わが恩師にして著名な数学者メストリンの偉大さに敬意を払ったからでもある。彼こそ、他の学識についてもそうだが、とりわけこういう〔天文学的な〕研究課題の手ほどきを初めて私にしてくれた人であり、私にとってこの学問の第一の指導者であった。そこで当然のことながら、まず最初に彼の見解を知り、よく検討しなければならなかった。ところがこのメストリンが、ある特別な観測によって、コペルニクスの言うように考えなければならない第三の理由を私に示してくれたのである。すなわち、〔彼がコペルニクス説を正しいと思ったのは、〕一五七七年に現われた彗星が[*13]、終始変わらずコペルニクスの示した金星の運動に応じて動き、月の軌道より高く上のほうにあると考えて初めてその運動が予測でき、ちょうどコペルニクスの言う金星軌道の中でその運行が完遂することを発見したそのときである。誤りはなんとたやすく自己矛盾をきたし、逆に、真実はなんと首尾一貫して真実と符合することか。いまやこのことをよく考えてみる人があれば、その人は上のような事実からだけでも、誤りなく、コペルニクスの惑星軌道の配置が正しいことの最も力強い論証を展開することであろう。

しかし、旧来の説とコペルニクス説のそれぞれについて私の述べたことがすべて事実そのとおりである、と読者によく理解していただけるよう、以下にコペルニクス説の簡単な解説とそのために適切な二つの図をかかげておこう。

コペルニクスの説にもとづく宇宙の天球の順序を知るために、この章の終りのほうにある第Ⅰ図とそれに付された説明を注意して見ていただきたい。相異なる観点から、コペルニクスは地球に四つの運動があるとしている[*14]

（コペルニクスは簡略化しようとして運動が三つだと言っているが、実際には四つである）。この地球の運動のすべてが、他の惑星の運動に見かけ上のある多様性を引き起こすのである。

第一の運動は、天球すなわち軌道自体の運動（公転）である。この運動によって、地球は太陽のまわりを惑星として一年で回る。そしてこの軌道は離心しており、その上、その離心値[*15]が変化するから[*16]、われわれはこの軌道を三つの点から考察しなければならない。まず離心の問題を切り離すことにしよう。そうすると、この地球の軌道とその運動は、以下のような利点を示すことになる。すなわち、われわれは旧来の仮説の説く三つの、つまり太陽と金星と水星の離心円をもはや必要としない。なぜなら、地球がこの三つの惑星の周囲を回っているのに応じて、地球の住人はこの三つの惑星が動かない自分たちのまわりを回っているのだと思うからである。こうして彼らは一つの運動から三つの運動を考え出す。もっとたくさんの星が地球の軌道の内側にあったら、彼らはやはりこの地球の運動をいっそう多くの星に割り当てることであろう。またこの（地球の）軌道を想定することによって、土星・木星・火星の三つの大きな周転円とその運動も消え去ることになる。これがどのようにして起こるかは、本章に添えた対照的な図によって見られる。たとえば、地球は土星（運行の速度が地球よりも遅いので、静止しているのと同様である）から眺めると、土星から離れたり接近したりしながら自身の軌道の上を回っている。それに対して地球の住人は、土星がその周転円の中を回って（地球から）離れたり接近したりしており、自分たちは土星の軌道の中心に静止しているのだ、と思いこむ。したがって彼らは、（地球の軌道の）円AB（第I図）が（火星・木星・土星の）周転円g・i・l（第II図）だと考える。同様にして、自身の軌道内で惑星に接近したり離れたりする地球のこの同一の運動のため、五つの惑星の黄緯[*17]そのものがある多様性をとるように見える。この変動を説明するために、プトレマイオスは〔五つの軌道のほかに〕別に五つの〔周転円の〕運動を仮定しなければならなかった。しかしこういう運動はすべて、ただ地球の運動を立てるだけで消えてしまうのである。

そして数えると十一もあるこれらの運動[*18]をすべて宇宙から取り除き、その代わりに地球のこのただ一つの運動を立てたとしても、それでもなお、プトレマイオスがあれほどたくさんの運動を仮定しながら説明できなかった他の非常に多くの現象の原因を説明できるのである。

実際、プトレマイオスの説に従えば、次のようなことが問題になったにちがいない。

1　太陽と金星と水星の三つの離心円がどうして等しい公転周期をもつようになるのか。その答は、実際にはこの三つの星自体が〔地球のまわりを〕公転しているのではなく、その代わりにただ地球が〔これらの星の外側を〕公転しているということにある。

2　なぜ五つの惑星は逆行するのに、天にひときわ明るく輝く太陽と月は逆行しないのか。その答は、まず太陽については、これが静止しているということにある。静止しているから、いつも一定方向に行われる地球の〔公転〕運動が、ただその方向を逆にするだけで、太陽自身に純粋に何の混乱もなくあるように見えることになる[*19]。一方、月については、地球の年周運動が地球と共にまさしく月自体にも共通にあるから〔逆行しないの〕である。つねに同一の運動をする二つの物体は、お互いのあいだでは静止しているように見えるのである。そこで地球の〔公転〕運動は、他の惑星の場合と異なり、月には反映しない。外惑星の土星・木星・火星については、以下のように答えられる。外惑星の動きは地球よりも遅く、そして地球の運動とそのえがく円が外惑星自体にあるように考えられるから〔逆行するとされるの〕である。たとえば、土星から眺める人々にとっては、地球が太陽の向こう側にある半円PBN上を運行するときには順行し、一方、半円NAP上を運行するときは逆行し、NとPのあたりでは静止するように見えるであろう〔第Ⅰ図〕。ちょうどそれと同じように、地球から眺めるわれわれには、土星が反対の方向へ動くように見えるはずである。その結果、地球が〔第Ⅰ図の〕BNA上にあると、土星は第Ⅱ図のbna上にあるように見える。内惑星の金星と水星が逆行するように見える理由は、次のとおりである。内惑星の動きは地球よりも速い。そこで地球はまるで動かずに静止しているかのようになり、金星が〔地球から〕より遠く離れた円軌道の部分を運行するときには、地球に近いその円軌道の部分でえがき出すのと全く逆方向の航跡をえがく。

3　また以下のような問題を出すこともできた。（しかし、プトレマイオスはこれに対して何も答えてはいない。）なぜ大きな円軌道にはこれほど小さな周転円が付属し、小さな円軌道にはこれほど大きな周転円が付属するのか。言いかえると、火星のプロスタパイレシス[*20]は、なぜ木星のそれよりも大きく、木星のそれは土星のよりも大きいのか。そして他の四つの惑星では、つねに下位にあるものほどより大きなプロスタパイレシスをもつのに、なぜ、水星は、金星より下位にありながら、金星よりも大きなプロスタパイレシスをもたないのであろうか。この問題に対する答は簡単である。すなわち、水星と金星の実際の軌道を、古人はその周転円だと思っていた。水星の動きは一番速いから、その軌道も最小である。ところが外惑星の場合は、地球の軌道に近ければ近いほど、地球の軌道の当の惑星軌道〔の大きさ〕に対する比が大きくなり、そして〔それに応じて〕より大きなプロスタパイレシスが現われる。したがって、一番地球に近い火星が最も大きな均差[*21]をもち、最上位にある土星がいちばん小さな均差をもつ。なぜなら、〔第Ⅰ図で〕もし目をG点にすえれば、その目には円軌道PNが角TGVのもとに見えるだろうし、またL点にすえれば、同じ円軌道TNは角RLSのもとに見えるであろう。

4　同様にして、古人が次のようなことを不思議に思ったのも当然である。三つの外惑星は、太陽と衝の位置にあるとき、なぜ、いつでもその周転円の最下位にあり、合の位置に来るときは最上位にあるのか。[*22]たとえば、地球と太陽とgが同一線上にあるとき、なぜ火星は周転円のγ以外のところには来ることができないのか〔第Ⅱ図〕。コペルニクス説では、この理由を説明するのは簡単である。すなわち、周転円上にある火星ではなく、自身の軌道上にある地球が、この不思議な現象を引き起こすのである。そこで、地球がAからBへ移り終えたとき、太陽はG上にある火星とBにある地球のあいだにあることになるだろう〔第Ⅰ図〕。そしてこのとき、火星は周転円の中でδからγへ上昇してしまったように見えるだろう〔第Ⅱ図〕。ところが地球がGに一番近いAにあると、太陽とG上にある火星は、Aからは互いに反対の位置〔衝〕にあるように見えるであろう。こういう問題は、この図からただちに視覚に訴えて明らかにできることである。

次に、地球の軌道の離心の問題も考えてみることにしよう。コペルニクスの説では、太陽の遠地点〔つまり地球の遠日点〕[*23]は他の惑星の場合と同様に移動するが、その移動は誘導円[*24]によってではなく、その軌道よりも少し遅れて出発点にもどる小さな周転円によって行われるとされる。この遠地点〔つまり遠日点〕の運動がやはりまた他の惑星の運動に何らかの影響を及ぼす。すなわち、プトレマイオスは他の惑星の離心値を地球の中心から計算している。*25 そこで、もし地球軌道の偏心点*26と遠地点〔遠日点〕が各宮を次々に通って獣帯の別の側へ遠去かって行き、それより動きの遅い他の惑星の遠地点がそのあとに残されるならば、他の惑星に何らかの離心値の変化が起こるであろう。プトレマイオスの天文学では、この現象をまた非常に不思議に思うことであろう。そしてこういう現象が起こり得ることを証明するために、新しい円軌道を作り出すという方法に訴えるだろう。ところがこれは、ただ地球の運動だけから結論として出てくるはずの現象なのである。

確かに、これは何世紀も後になって初めて起こることだろうが、しかし三番目に注意される地球の偏心点が太陽に接近したり離れたりする原因となる地球軌道の離心値の変化は、プトレマイオスの時代から今日に至るまで火星と金星にある大きな影響を及ぼしてきた。*27 この二つの惑星の離心値が変化するのを認めたら、読者の想像では、プトレマイオスは一体どんなことを言い出すだろうか。もし彼が生きていたら、果てしなく多い〔他の〕円軌道の中に、さらにまた新しいさまざまな円軌道を〔証明の補助手段として〕採用したのだろうか。だがコペルニクスの説では、こういう円軌道はいっさい必要としない。コペルニクスは、これほど多くの重要な現象を、地球の円軌道AB〔第I図〕をただ一つだけ想定し、その運動によって説明したのである。だから、地球のこの軌道がたとえ小さくても、コペルニクスがそれを「大きな」〔magnus「偉大な」〕と形容し〔て「大軌道」と称し〕たのは、当然である。*28 この第一の運動は〔上に述べたように〕地球と共に月にもあった。

さらに、あの月の小軌道内のA点で行われる地球のその他の運動が、どんな作用をするかを見てみよう。

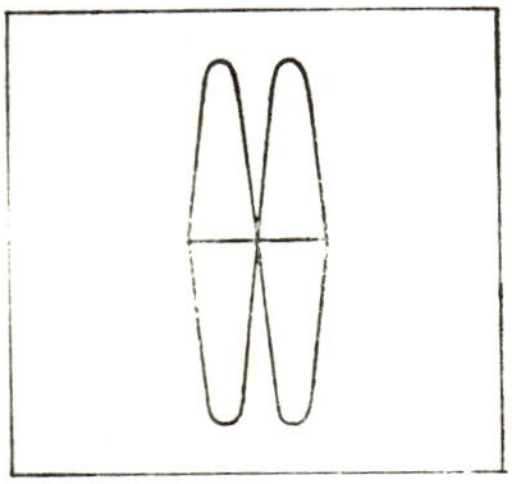

第二の運動は軌道全体の運動ではなくて、まさに地球を核として含む天の小輪の運動である。[29] コペルニクスが外惑星の離心のようすを説明するのに用いている[30]それらの星の小周転円の運動と同じく、この運動も〔他のものとは〕逆方向に東から西へ向かって行われる。この運動の年間を通じてのありかたによって、赤道がいつも宇宙の同じ方向に傾くようになっている。というのも、赤道の、すなわち地球自身の軸がこの運動の軸と二十三度半の差をもつからである。[31] この運動は大軌道の年周運動よりもほんの少しばかり速いので、そのため〔赤道と黄道の〕円の交点すなわち分点の位置が、少しずつ次第に先行する宮のほうに移動することになる。[32] そこでこの取るに足りない小輪によって、アルフォンス表[33]の説く実際の星とは無関係の、奇妙で巨大なあの九番目の天球が消えてなくなる。なぜなら、その天球の役割は、いずれにしてもぜひ必要なあの小球に譲り渡されてしまっているからである。また、金星の遠地点を誘導する諸円の運動も消え去る。というのも、恒星が動くと仮定でもしないかぎり、金星の遠地点が動くことはないからである。

第三の運動[34]は、地軸の運動である。これは二つの秤動から成る。その一つの運動は、もう一つのものよりも二倍速い。そしてこの二つの秤動は互いに直角に交わる。この運動は四つの円によって調節されていて、二つずつの円が各々の秤動を形成する。これらの秤動自体は、全体が合わさると、ねじれた小さな花飾りのような形を示す。そのようすは右の〔図の〕ようである。

一方の秤動は二至経線[35]上に現われ、獣帯の傾斜の変動を説明するものである。この変動は、プトレマイオスの時代よりも後になって気付かれたものである。そこで近代の何人かの学者たちは、すでに宇宙の十一番目の円軌道が考案されているのに、相変わらず、プトレマイオスも考え出したにちがいないようなこと[*36]を自分たちも実行してみようとした。

もう一つの秤動は二分経線上に現われる。この運動は歳差の不規則なことを説明する。またこれは、コペルニクス説では最後の球である八番目の恒星天球の振動を取り除き、その天球に本来の静穏を回復させるものである。そしてさらにこの運動も他の運動に何らかの影響を及ぼさずにはいない。すなわち、〔静止の状態にある〕恒星に対して、すべての運動は規則的に行われることが認められているから、この運動を立てることによって〔恒星が静止の状態にもどれば〕、七つの惑星すべてとその遠地点の動きがもたざるを得なかった運動の不規則性〔この説明のために、やはりまた若干の新しい円軌道を仮定せざるを得なかった〕が取り除かれるのである。

最後に第四の運動は、地球自身とそれに接しながらまわりを取り囲む大気の運動〔すなわち、地球の自転〕である。この運動の周期は二十四時間で、その方向は他の運動と同じ、つまり西から東に向かう。この運動のために、地球以外の宇宙全体が東から西へと、全く驚くほどに何の混乱もない順調な運動によって運ばれるように見える。したがって、信じられないほど上の方にあって想像しがたい速度をもつ、星とは無関係なあの十番目の球が消え去る。プトレマイオスの説に従うかぎり、この十番目の球とさらに全宇宙の速度は非常に速くて、一瞬のあいだに何千マイルも通過して行くほどになるところだったのである[*37]。さて、ここで私は読者にお願いする。すなわち、第I図をよく見て、いまその運動を問題にしているわれわれのこの地球自体の大きさは、Aにある月のごく小さな円軌道の大きさのほぼ七十分の一に等しい[*38]、という点をよく考えていただきたい。それから、この小さな円軌道から土星の巨大な軌道へ、そしてその軌道から恒星の測り知れない高みへ目を向けてみられたい。そして最後に次の問に結論を下してほしい。立てやすく信じやすいのは、いったいどちらの説か。小円Aの内側にあるあの小点、つまり地球がある方向に回転しているという説のほうか。それとも、(相互に関連のないばらばらな十の軌道があるから)十の相異なる運動をもつことになる全宇宙が、おそろしい速さで別の方向に運行し、しかも、そのほかには何もない以上、それ一つだけが不動のものとされる地球の表わすあの小さな点だけに、全宇宙はどんな場合でも則《のっと》らざるを得ないという説のほうか。

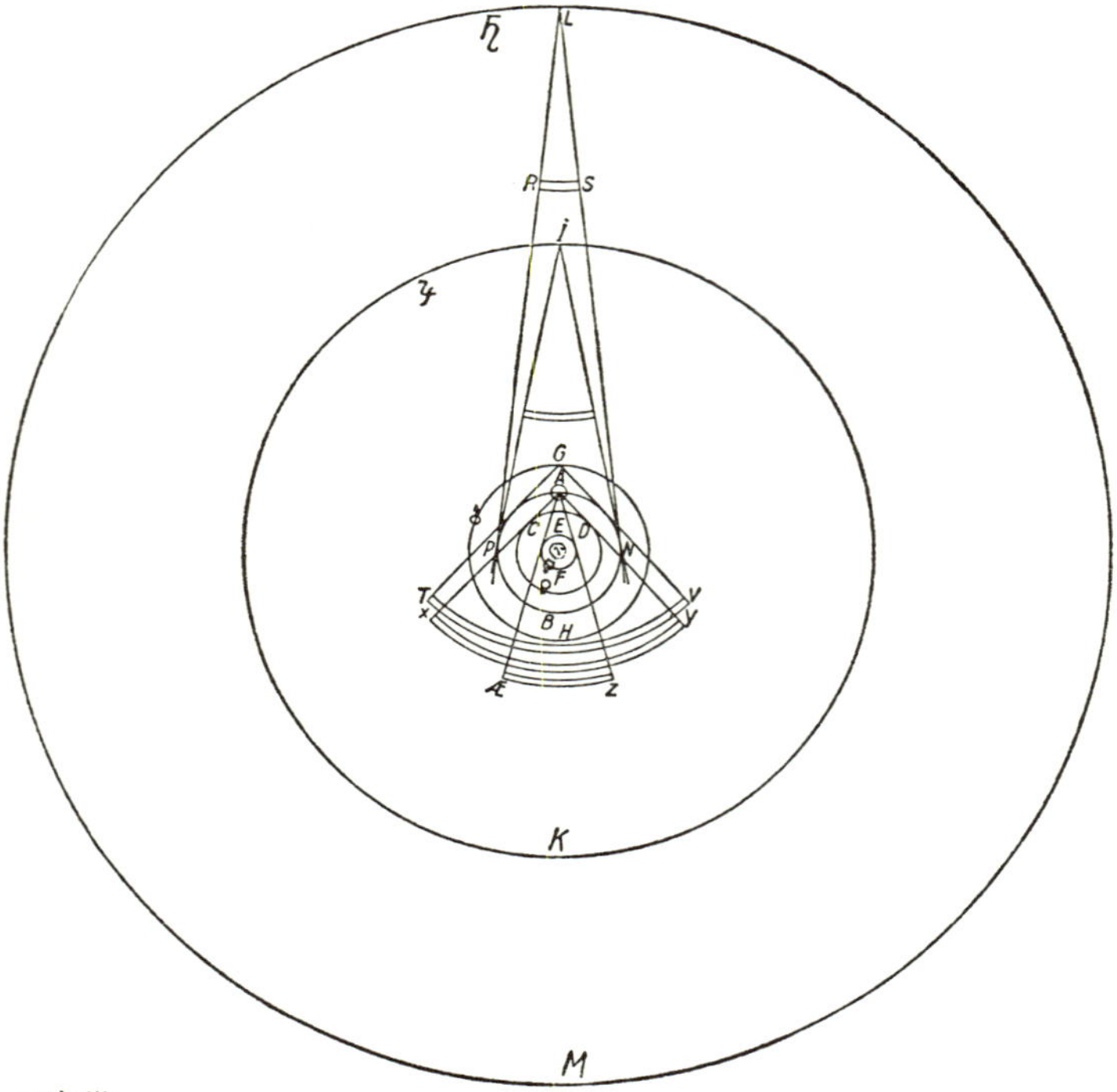

図表Ⅰ　この図は、コペルニクス説に従って、惑星の軌道球の順序とその平均距離にもとづくそれらの大きさの真実の割合、さらに地球の大軌道におけるそれらのプロスタパイレシス角を示している。

〈説明〉　中心もしくはその近くに不動の太陽がある。

太陽を囲む最小の円ＥＦは水星の軌道であり、水星は約八十八日で太陽を一周する。

これに続くのが金星の軌道円ＣＤである。金星の太陽に対する公転日数は二百二十四日三分の二である。

これに続く円ＡＢが地球の軌道であり、その公転には三百六十五日四分の一かかる。この軌道は他の惑星の運動を説明するために頻繁に用いられるので、大軌道と言われる。

地球の周囲には、Ａに添えられる周転円のような月の小軌道がある。この小円は地球と同じ運動をして、一年で同一の恒星のもとにもどってくる。だが、この軌道自身の太陽〔すなわち地球〕に対する月固有の公転には、二十九日半かかる。

地球の次は火星の軌道円ＧＨであり、火星は恒星のもとでの、すなわち太陽に対する一運行〔つまり公転〕を、六百八十七日で成しとげる。

火星に次いで、大きな間隔をおいた後で木星の軌道球ＩＫがある。その公転日数は約四千三百三十二日八分の五である。

最後の最大の円ＬＭは土星の軌道であり、その周期日数は一万七百五十九日五分の一である。

一方、恒星はさらに測りがたいほどの間隔をおいて、惑星よりも高いところにある。その高さにくらべたら、太陽と地球のあいだの距離などものの数ではないほどである。そして恒星は最外端に位置し、中心にある太陽と同じく全く動かない。

角ＴＧＶあるいは弧ＴＶはプロスタパイレシス、すなわち地球の大軌道が火星の軌道に対してもつ視差[*39]である。

同様に角ＰＩＮは、同じ大軌道の木星軌道に対する視差であり、そして角ＰＬＮまたは角ＲＬＳもしくは弧ＲＳは、土星軌道に対する視差である。

同じく角ＸＡＹもしくは弧ＸＹは、金星軌道の大星道に対する視差であり、同様に角ＺＡÆもしくは弧ＺÆも、水星軌道の大軌道に対する視差である。

図表II　この図は旧来の天文学の見解に従って、天球の順序と平均距離にもとづく軌道および周転円の一応の割合、さらにそれらのプロスタパイレシス角もしくはその角に張る弧を示している。

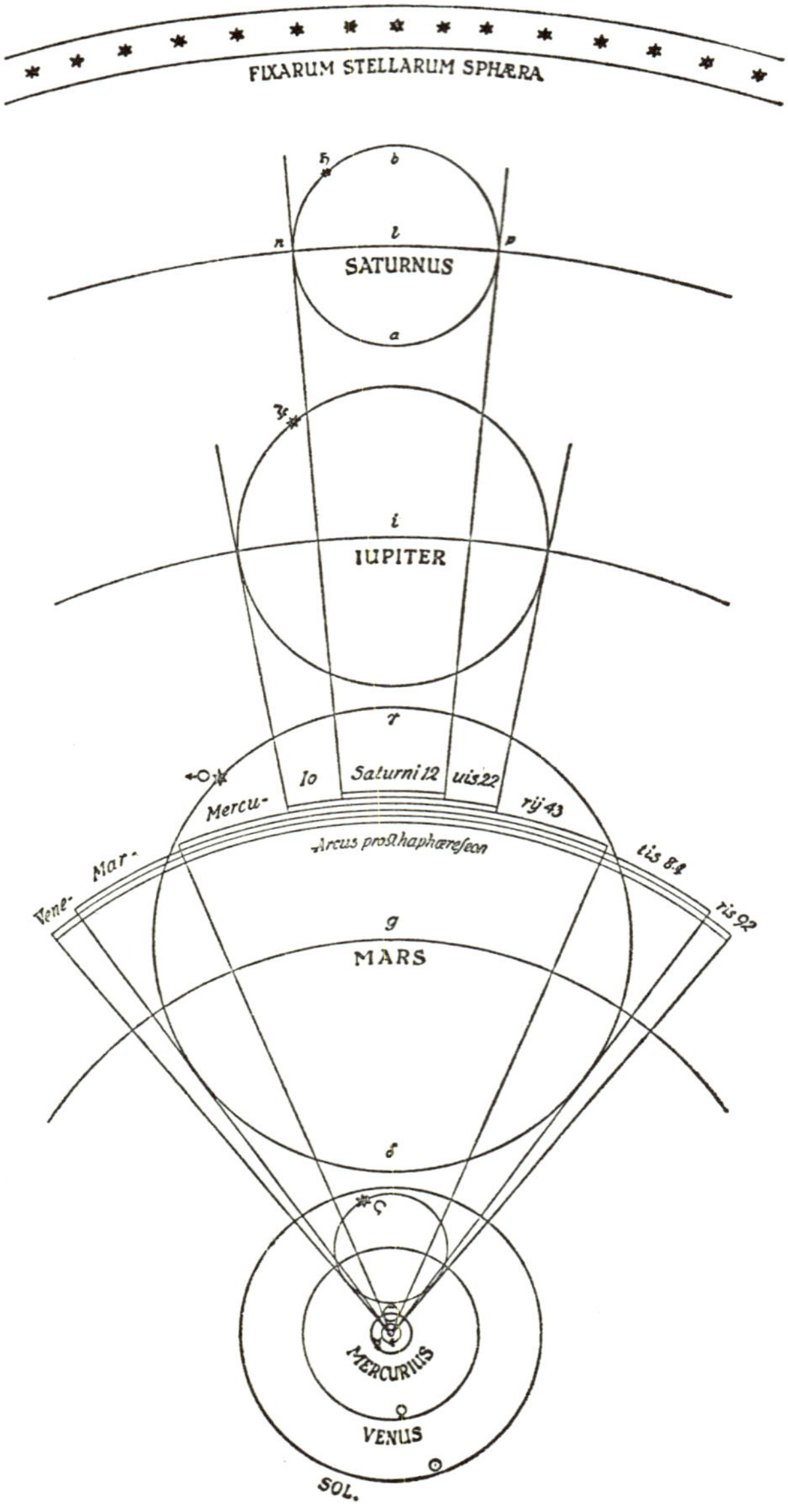

〈説明〉　中心には地球があり、ただこれだけが不動である。

地球のまわりの最も近い円は月の小軌道を表わしている。その運動には一月かかる。

これを最も近くで水星の軌道が取り囲む。それに続いて金星とその後に太陽の天球が来る。これらはすべて一年間で円運動を行う。

残り三つの外惑星については、火星・木星・土星の順でその天球が続き、それから恒星天球が来る。これらは弧の形で示されているが、各人が地球を中心としてそのまわりに完全な円の形をえがいて完成させることができる。

火星は軌道を二年で一巡する。

木星軌道の一巡にはほぼ十二年を要する。そして土星は約三十年である。恒星は、アルフォンス表の原理に従うと、四万九千年の周期で一巡する。

（月以外の）それぞれの惑星（軌道）の同心円に付いている周転円が、平均距離においてどのくらいの大きさのプロスタパイレシスを作るかということは、地球から直線を引いてそれぞれの周転円の接線とし、この二本の接線によって弧を切りとると、それらの弧が示してくれる。ここでは、それに度数を書き加えておいた。

第一章の注

1——ケプラーの第二版の自注一には次のように述べてある。

「すでに法王パウルス三世への序文において、コペルニクスはこうしたことを懸念することになったわけだが、彼は少しばかり無器用だった。彼がそこで述べたことに対する罰は、結局、彼の書物が出版されてのち、すなわち著者が死んだのち七十年たって下った。検閲官庁は次のように言った。∧本書は、改訂されるまで禁ぜられる∨と。そういうことは、思うに∧この書がはっきりと解明されるまで∨とも理解することができるわけである。だから私は、それがどの程度聖書と矛盾しないかを、『火星への注釈』(『新天文学』。この題名のほうがよく知られているので、ケプラー自身は『火星への注釈』という言い方をしているが、以下すべて『新天文学』とする。)の緒言において、根拠をあげ論証によって説明しようとした。著者〔コペルニクス〕の目的はここそこで全く違っていたからである。コペルニクス自身の言葉を、私は『概要』の第一巻の結末のところでより明確に説明した。云々」。

2——ケプラーは第二版の自注二で次のように述べている。

「離心値についての仮説が問題になっているある特別な場合にも、私は『新天文学』第二十一章でそのことを論じた。私は、そこで、誤った仮説からある正しいことが時として導き出されるその原因と程度を示しておいた」。

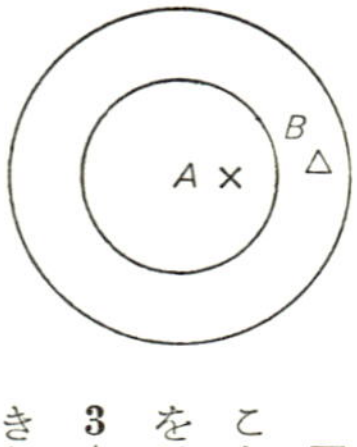

3——上図におけるAの範囲内にある現象、たとえば×印はAの仮説で説明がつくが、Aを含むより大きな円の中の、たとえば△印の現象はAの仮説には適合せず、Bの仮説でのみ説明がつくわけである。

4――注2をつけた本文中の、誤った前提から正しい帰結の出てくる例もある、ということ。

5――ケプラーの第二版自注三には次のようにある。

「私は、後に私が『新天文学』で証明したことをまだ知らなかった。そこでは私は、逆行現象が起こるときの地球軌道もしくは変化のアノマリ〔すなわち、地球―太陽の方向が当の惑星―太陽の方向と共に作る角度〕を、改めて太陽の真の運動と位置とにもとづいて算出したのである。ところがこういうことに対しては、古来の天文学の信奉者は、その天文学の枠の中で〔逆行現象そのものよりも〕いっそう驚きをおぼえざるを得ない。その上またこういう事柄そのものから、逆行現象は惑星もしくは天体の全体系の実際のある運動から生ずるのではなく、地球だけの運動が想像によってすべての惑星に移しかえられることから生ずる、ということを証明するのに役立つ論拠が生まれる」。

6――たとえば、人と馬に肺呼吸・胎生・温血のように共通するところのあるのは、両者が同じ一つの種に属しているからではなく、哺乳類という同一の類に属するからである。

7――ケプラーは、特にここでは前提に類と種の区別を立て、

1　プトレマイオスとコペルニクス

2　チコ・ブラーエとコペルニクスの仮説の優劣を論じている。

1の場合、種の前提とは、プトレマイオスの「地球が宇宙の中心に静止している」という説と、コペルニクスの「地球が宇宙の中心から離れたところを公転している」という説である。その類の前提とは、「地球と他の惑星のあいだには、地球を中心に立てるかいなかによって、運動の相違がある。しかし恒星どうしのあいだでは、中心からの距離が大きいので、そういうことは考えなくてもよい。」という説である。恒星の昇降のようすが両者の説のいずれに拠《よ》っても明らかにされるのは、それらの説が、共に上にあげた類の前提に属しているからである、とケプラーは考える。プトレマイオス説の誤りは、こういう

「類の前提」から得られた帰結によって、その「種の前提」を正しいとしたところにある、というのであろう。

2の場合、種の命題とは、チコ・ブラーエの「地球が宇宙の中心であるが、他の五つの惑星の中心は太陽である。」という説と、コペルニクスの「太陽が宇宙の中心にあって不動であり、地球を含む他の惑星はそのまわりを回る。」という説である。これらの類の前提とは、「太陽が五つの惑星の中心にある。」という説である。つまり、類の前提では、限定がより少なくなっている。ケプラーが本章で証明しようとしているのは、言うまでもなく、コペルニクスの種の前提、すなわち、「太陽が宇宙の中心にあって静止し、他の惑星はそのまわりを回っている。」という説の正しさである。

8——チコ・ブラーエ（Tycho Brahe 一五四六—一六〇一年）。デンマーク人の貴族の子として生まれたが、地方領主である父と共に海軍中将であった伯父のヨルゲンに子供がなかったので、彼の子として養育された。学生時代に、デンマークの青年貴族と、どちらがよりすぐれた数学者であるか、という論争から決闘におよび、鼻の一部をそぎおとされた。そこで、彼はその部分を金と銀の合金で補修したという。

それはとにかく、彼は十三歳のときにコペンハーゲン大学へ修辞学と哲学を勉強するようにと送り出されたが、第一学年の終りころに、予告されていたとおりに部分日食が起こったことを見て強く心を打たれ、ただちに多額の金を投じて天文学の書を購入した。その中にはプトレマイオスの著作集も含まれていた。そして、これをきっかけに彼の後の進路は定まった。彼にとって決定的だったのは、この事件から知られるように、天文現象の予測可能性だったから、彼は宇宙に対して思弁的な興味をいだくよりも、正確な観測に情熱をそそいだ。すでに十七歳で最初の観測を実行したという。

彼は、以後、勉学を続けながら絶えずより大きな、より性能のよい惑星観測のための器械をさがし集めたり、自ら設計したりした。そして一五七六年には、彼の才能を認めたデンマーク王フレデリック二世から、コペンハーゲンとエルシノア城（『ハムレット』の舞台）のあいだのサンド河の中の一つの小島、フヴェーン島を与えられ、この後二十年間ここに住み観測を続け

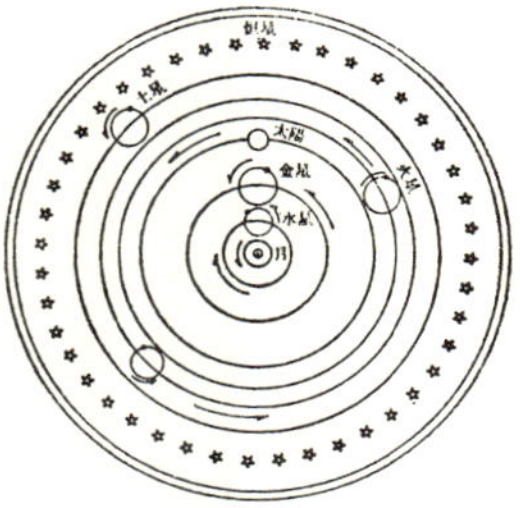

プトレマイオスの宇宙体系

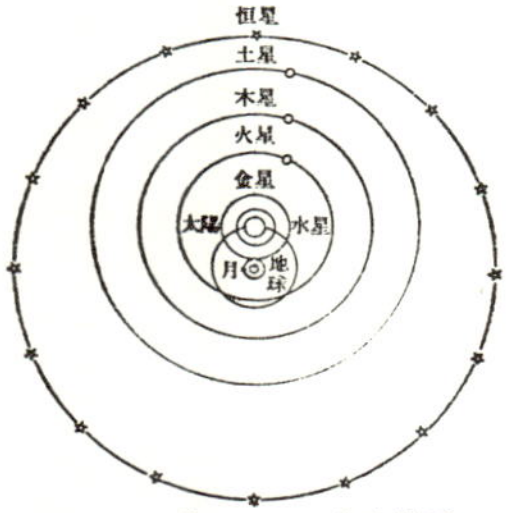

ティコ・ブラーエの宇宙体系

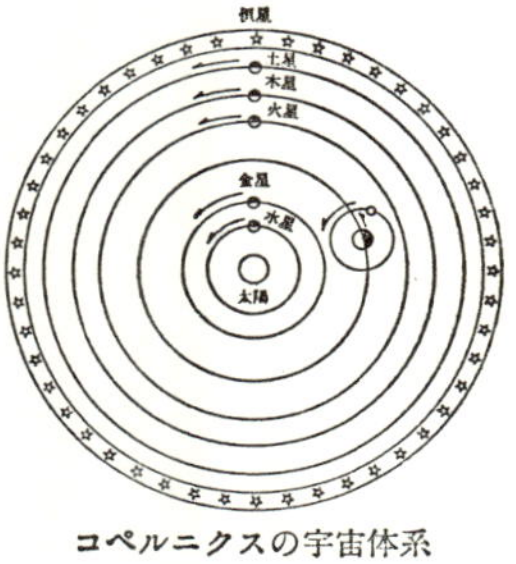

コペルニクスの宇宙体系

た。だが、フレデリック二世の死後、新王のクリスチャン四世との確執から、彼は一五九七年にフヴェーン島を離れ、二年間の放浪の後、一五九九年、ドイツ皇帝ルドルフ二世の居城のあるプラハに到着し、この皇帝の恩恵により皇帝付きの数学官に任ぜられ（チコの死後この官職に就任したのは、ケプラーであった）、プラハから北東へ三十五キロほど離れたベナテクの城におちついた。そして彼は、『宇宙の神秘』（すなわち、本書）を一読して以来、そのすぐれた才能に注目していたケプラーをこの地に招いた。こうしてケプラーは、チコの正確で継続的に集められた観測データを、『新天文学』（一六〇九年刊）を初めとする仕事に有効に利用し、その三法則を発見していったのである。なお、チコ・ブラーエは、自らの観測データをこのすぐれた天文学者に引きわたすのが自分のつとめであったかのように、ケプラーを迎えてからまもない一六〇一年に死んだ。

ここに述べられているチコ・ブラーエの宇宙体系については、右の図を参照。

プラトンおよびその弟子のスペウシッポスに学んだというポントスのヘラクレイデス（アクメーは前三二五年）は、地球を宇宙の中心としながら、水星と金星は太陽のまわりを回り、太陽はこの二つの惑星を従えつつ地球のまわりを回ると考え、地球から恒星天球に向かって、月、太陽、以下火星を初めとする外惑星の順に天体を配した。ここに見えるチコ・ブラーエの宇宙体系は、このヘラクレイデスの説の焼き直しにほかならないようである。

9――プラトンには、「神は単純である」（*ἁπλοῦν εἶναι τὸν θεόν.*『国家』三八〇D）を中心として、幾何学者としての神が単純明解な図形を範型として自然界のものを創るという考えなどが、対話篇の随所に見られる。一般に、数は最も単純であり最も普遍的なものである。一という数は、人間の一人にも紙の一枚にも猫の一匹にも樹木の一本にもすべて通ずる単純な普遍的な性質をもっている。ピュタゴラス学派においては、数が神聖視されたし、美しい音楽の協和も、弦の長さの単純な数比から説明されたりした。

以上のようなピュタゴラス―プラトン的精神はコペルニクスにも見られる。たとえば、彼の『天体の回転について』の第一巻第一章に「役に立たない余分のものを極度にきらう自然の知恵」について述べている箇所がある。自然は単純を好むので、太陽中心の宇宙像にすれば、これまでの余分な事物の混乱から救われ、すっきりとした美しい秩序ある形式が生まれることになるわけである。

10――勝手気ままな円軌道というのは、次々と作られていった周転円のことを主として指しているのであろう。

ケプラーは、『宇宙の神秘』の中では、プトレマイオスとコペルニクスがそれぞれいくつの周転円を用いているのか、指摘はしていない。しかし当時の一般の見解では、プトレマイオスは、およそ八十の周転円を使用している、とされたようである。そして彼のあとに発見された新しい運動を説明するために、次々と周転円が考案されていったとすれば、その数はさらに多くなる。

他方、コペルニクスのほうは、A・ケストラーの計算によると、『天体の回転について』の中では四十八の周転円を用いているという（『コペルニクス』二四三―七ページ）。ケプラー自身は、その数を算出していたわけではなく、とにかくコペルニクスの宇宙構造に従うと、周転円の数が少なくなると直観的に見てとった面が多いようである。

11——アリストテレス（前三八四—前三二二年）。彼は、マケドニアに隣接したスタゲイロスという町（イオニアの植民都市）に、医者の息子として生まれ、前三六七年ごろ、すなわち十七歳のころ、高等の学問を修めるためにアテナイにやってきて、プラトンの率いる学園アカデメイア（アテナイ郊外にあるアカデモスの聖域の森にひらいた学園）に入学した。プラトンは天上界のイデアの思想を説いていたが、アリストテレスは、その師のもとにあって、師の死ぬまで二十年間ひたすら勉学を続け、そのとびぬけた俊才は学園で高く評価されていたといわれる。師なきあとは、アカデメイアから独立し、アテナイの郊外にあるアポロン・リュケイオスの聖域の森で学園（リュケイオン）をひらき、いわゆる逍遥《ペリパトス》学派の学風をつちかった。その前に、マケドニアの宮廷に招かれて、当時十三歳だったアレクサンダー王子（のちの大王）の家庭教師をつとめたこともある。
以前のあらゆる知識がアリストテレスに流れこみそこから出るというような一大集成の哲学体系が、アリストテレスによって打ち立てられた。彼の論理的な講述は、プラトンの天上界への夢多いものよりも、現実に深く根を下ろしたものが多いとされるが、『形而上学』、『天体論』などの実に数多くの書物が現在まで残っている。純粋質料から純粋形相までの目的実現に至る顕現プロセスは、一般にヒュレー（質料）とエイドス（形相）の二元的なエンテレケイア（目的実現）理論として有名である。

近世になって、それまで君臨していたアリストテレスの学問体系は揺らぐことになる。地球中心の天動説を唱えていたことにもその凋落のきざしがあるが、また、彼の自己完結的な三段論法的思考が新しい科学事実の発展の前に立ちふさがる旧弊的なものと考えられたことにもよる。しかしコペルニクスは、強く論理で武装されたアリストテレスの論法を、いわゆる普通のアリストテレス主義者に対してより鋭く用いた進歩的アリストテレス主義者であった、といわれている。アリストテレス批判が近代思想の成長過程のなかで行われたが、コペルニクスは、その一見革命的な天文学説にもかかわらず、より正統的なアリストテレス主義者（A・ケストラー著『コペルニクス』〔邦訳〕の「地球運動論」一六九—一七二ページ、「最後のアリストテレス主義者」一七三―一八〇ページ）といわれてもいる。

12――この点に関して、ケプラーは自注六で『新天文学』と『概要』第四巻を指示し、前者はこれを天文学的側面から取りあつかい、後者はこの問題の自然学的（物理学的）論拠、あるいは形而上学的論拠について詳細に論じている、と述べている。

13――ピュタゴラス学派の宇宙観では、空間は同心球をもった三つの部分に分けられている。最も遠い部分はオリュンポスで恒星の世界である。次はコスモスで、惑星や太陽や月のあるところ、第三はウラノスで、月より下の世界である。地球はこのウラノスの中にある。そして物の生成・変化などは、この第三の部分に起こり、月より上には変化はなく恒常である、と考えられた。アリストテレスは、大体この見解をとり、宇宙を月より上の世界と月より下の世界に分けた。そして、月下の世界で、生成や変化が起こるのは、それが土・水・火・空気の四元素から成っていて、その離合集散がさまざまな現象を引き起こすからで、月上の世界は、地上の元素とは違った第五元素（英語でも quintessence といっている）から成り、ここでは、すべてが不変不滅であると説いた。この考えに従うと、彗星のような変化は、本来なら月天下の世界でしか起らないはずだった。

ケプラーは自注六で彗星の問題に少し触れているが、詳しくは、彼の『彗星とその意義について』（一六二〇年刊）を参照。

14――ケプラーは第二版の自注八で、地球の運動は自転と公転の二つしかなく、第三の地軸に関する運動は、運動というよりもむしろ静止であり、第四のはこの静止のささいな混乱にすぎない、と言っている。ケプラーは、いわゆる歳差運動について、地軸が空間でそれ自体を常に一定方向に保つとすれば、それは運動よりも静止と呼ぶほうがふさわしい、と考えたのであろう。本章では、歳差運動は、公転に次いで第二の運動とされており、第二版の自注にいう第四の運動は、第三の地軸の振動として述べられ、最後に自転に関する所説がきている。なお、ケプラーが、コペルニクスは簡略化しようとして地球の運動を三つといった、とわざわざことわっているのは、コペルニクスが『天体の回転について』第一巻第十一章で「地球の三様の運動」と述べているためであろう。コペルニクスは第三巻第四章を、秤動の説明にあてているので、やはり四つの運動を認めていたとしなければならない。

15——eccentricitas は、ふつう「離心率」と訳されるが、惑星軌道については、その半径を1として小数で表わされる。しかしケプラーは、場合に応じて半径を60にとったり、100000にとったりしているので、必要に応じて「離心値」とも訳した。

16——第十五章の注8を参照。地球の離心率は最大0.0417、最小0.032195のあいだで変化する、とされている。そして、プトレマイオスの生きていた時代の一四〇年ころには最大で、コペルニクスの生きていた一五二五年ころにはたまたま最小であった、という。楕円軌道を考えれば離心率は一定になるはずだが、地球の距離は、円軌道を仮定するかぎり変化するとせざるを得ない。それにともなってまた離心率も変化すると考えられたのであろう。

17——地球の中心から見た太陽が天球上を一年間に完全に一周してえがく曲線の平均位置を表わす大円を黄道といい、この黄道の面を基準面にとった極座標を黄道座標という。太陽系の天体の位置表示などに用いられる。この座標の緯度、経度を黄緯、**黄経**と呼び、黄経0の基準には春分点をとる。黄緯は北を正、南を負にとり、黄経は春分点から東まわりに測る。黄道は平均として定義されたものなので、太陽の黄緯も0度でないことがある。

なお、黄道に対して赤道という語がある。この場合、赤道は、地球の中心を通って自転軸に垂直な平面が地球表面上と交わる円、すなわちいわゆる赤道ばかりでなく、それをさらに延長して天球と交わる大円をも指すことがある。そして、この天球の赤道面を基準面にとる極座標が赤道座標である。ここでも、赤経0時の基準にはやはり春分点をとる。つまり、黄道と赤道は、春分点と秋分点で交わっているのである。

18——このケプラーの説によれば、十の周転円がなくなることになる。しかしコペルニクスは、プトレマイオスが用いていた等化円（本書の第二十二章を参照）を除いた代わりに、小周転円を惑星ごとに再び導入しなければならなかったので、省略されたのは、実際には五つの円にすぎなかった。

19——たとえば、地球が静止している太陽に対して右から左に動くとすると、太陽のほうが左から右に動くように見える。

20——προσθαφαίρεσις《プロスタパイレシス》 (προσθε＋ἀπο＋αἱρέω) つまり、本来は「加えたり減じたりすること」で、プトレマイオスの『アルマゲスト』の中では（たとえば、第五巻の第二章）、いったん周転円の中心の方向を観測地点から計算した後で、惑星が位置する周転円上の実際の方向を見出すために、加えたり減じたりしなければならない角度のことである。
　しかしケプラーがここで用いているプロスタパイレシスは、外惑星については、当の惑星軌道の一点から地球の円軌道に引いた二本の接線が共に形作る角度のことであり、内惑星については、地球軌道の一点から当の惑星の円軌道に引いた二本の接線が取り囲む角度のことであると解される。または、これらの角度の二分の一を指す場合もある。あるいは、その角度が全円周上に切り出す弧を考えてもよい。なお、次の注21および注39を参照。

21——aequatio《アエクアーティオー》 (équation) 旧来の天文学において、ある惑星の位置を、その軌道の二つの長軸端と離心値とから計算することを可能にする補助の角度のこと。

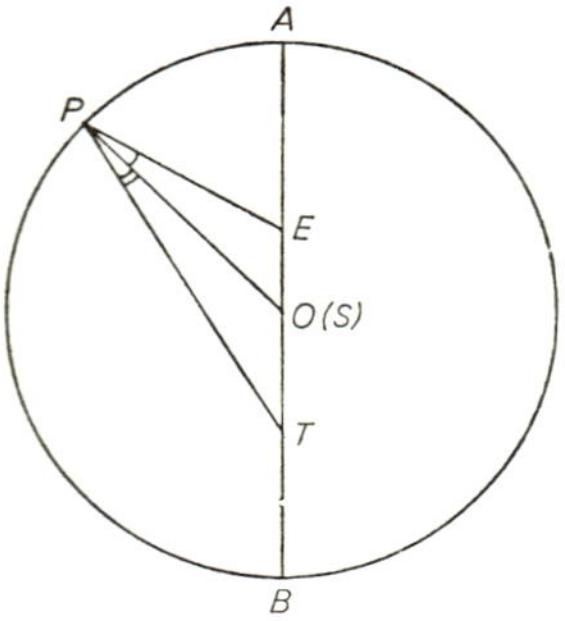

　上の図で、ABは惑星Pの軌道の長軸端、Eは等化点（これについては第二十二章を参照）、Oは軌道の中心、Tは地球で、TEが離心値になる。この場合、角TPOが視覚的均差 (équation optique)、角OPEが物理的均差 (équation physique) と呼ばれ、角TPEが全均差 (équation totale) となる。(G. Simon : "Kepler astronome astrologue" p.358–p.359)
　ケプラーがここで用いている均差という語は、プロスタパイレシスとほぼ同じ意味をもつように思われる。それは、Oの位置に太陽Sを置き、角TPS（つまり上の視覚的均差）を均差と称したからではなかろうか。

22——合 (conjunctio) と衝 (oppositio) については次の図を参照。地球を中心として、ある惑星が太陽の反対側に来るのを

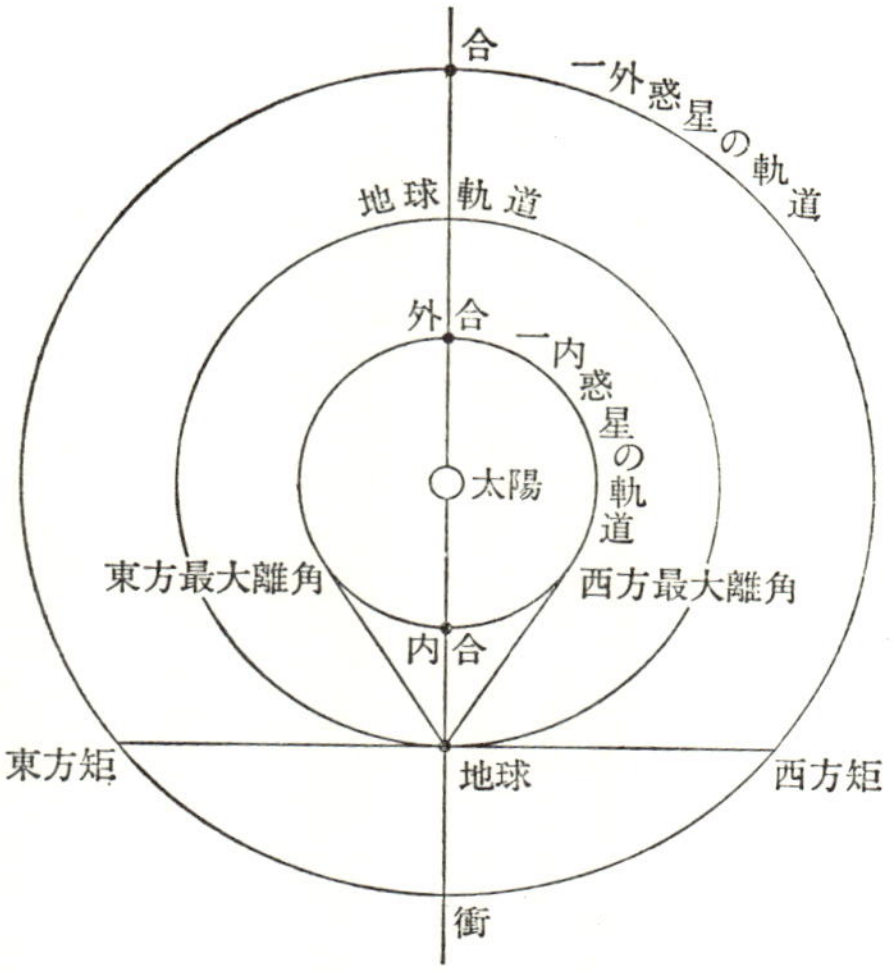

衡といい、太陽と同じ側にならぶのを合という。したがって、内惑星については合しか起こり得ない。そして内惑星が地球と太陽のあいだに来るのを内合、太陽の向こう側にあるのを外合という。

23――ここでは「遠日点」(*ἀφήλιον*)という語を用いていない。ずっと「遠地点」(apogaeum)を使っている。

24――“deferentes”とは周転円の中心によってえがかれる円のこと。ここでは、複数の形で用いられている。

25――第十五章の図表Vを参照。ケプラーは自注十四で次のように述べている。

「この小著を出版してから二十五年間、私は〔基本となる惑星の〕すべての離心値が宇宙の真の根本である太陽の中心にもとづけられるように天文学を構成した。したがって太陽の遠地点〔つまり地球の遠日点〕がどこに来ようと、すべての惑星の離心値は変化しない。これについては、『新天文学』の諸仮説の優劣に関する第一部、特に第六章を参照のこと」。

26――中心点からずれた円軌道の回転基準点のこと。

27――ケプラーは自注十五で次のように述べている。

「……ところが、私がしているように、離心値が太陽の中心そのものから計算されるならば、太陽もしくは地球の離心値の変化は、それが変化するということが、コペルニクスの考えたように真実であるにせよ、私が考えたように誤っており、単な思いこみに支えられているにせよ、これらの離心値に何の影響も与えない。これについては、〔第十五章の〕図表Vとレティクスの『第一解説』、そして私の『新天文学』の最終章を参照のこと」。

28——太陽中心の思想は地球をこれまでの中心的な地位から追い落としたように見えるけれども、実はそうではない、とコペルニクスは考えたのであろう。何といっても神の似姿である人間が住んでいる地球は、天体に占めるその軌道こそ小さいけれども、重要な現象をその円軌道一つで説明できるだけの偉大さをもっている。そうしたことから、コペルニクスは、地球の宇宙における地位を低めないために、意図的に magnus（偉大な）という言葉を使ったものと思われる。

29——『新天文学』および『概要』第一巻、第三巻、第四巻を参照（自注十六）。

30——第十四章の図表IVを参照。

31——したがって、地球の公転軌道面である黄道面と赤道とが、やはり二十三度半の差をもつ。

32——これがいわゆる歳差(praecessio aequinoctiorum)、すなわち春分点が付近の恒星に対して位置を変える現象である。天の北極が恒星に対して位置を変える現象といってもよく、地球の自転軸が空間において円錐形をえがいて首振り運動をする現象ともいえる。周期は約二五八〇〇年。春分点の移動速度は一年に約五十秒。この現象は、小アジアのロードス島に生まれたギリシア最大の天文学者ヒッパルコス（前一六〇—前一二五年）によって発見された。

　なお、この点についてケプラーは第二版の自注十七で、『新天文学』第五部および『概要』第二巻、第三巻、第七巻を参照すべく指摘している。

33——カスティリアの国王アルフォンス十世の命令で、一二五二年に、ユダヤの有名な二人の学者(Jehuda Ben Mose, Isaak Ben Sid)が作った天文表。プトレマイオス説に従って各々の星の運行の仕方を示したもの。（第九天球については、注37を参照）ちなみに、天文表にもとづいて各年の星のありかたを記したのが天文年鑑(ephemeris)である。

なお、一五四四―四九年には、ヴィッテンベルク大学におけるレティクスの同僚だったエラスムス・ラインホルトが、ヒッパルコス、プトレマイオス、コペルニクスにもとづき、惑星の軌道要素を計算して新しい天文表を作った。これはプロシアのアルブレヒト公を記念して『プロシア表』または、『プルテニクス表』("Prutenische Tafeln", "Prutenicae tabulae coelestium motuum")と呼ばれた。

ケプラー自身も、一六二七年に、チコ・ブラーエの観測結果と自身の天文学研究の成果を取り入れて天文表を完成した。この天文表は、一六一二年に死んだドイツ皇帝ルドルフ二世にささげられることになっていたので、『ルドルフ表』("Tabulae Rudolphinae")と呼ばれた。この表は、一世紀以上もの間、天界の研究に不可欠の道具であった。

34――コペルニクスが想定した二つの秤動から成るこの地軸の運動について、A・ケストラーは次のように言っている。

「コペルニクスは過去二千年間に、ヒッパルコス、メネラウス、プトレマイオス、アルバッタニなどがおこなったと伝えられるあまり信用のおけないひとかたまりの観察資料にもとづいて、存在していない現象を存在するものと信じ込んでしまった。それは、地球の軸の歳差運動の周期的変化ということであった。実際上、この歳差運動は、恒常的で一様なものであった。間違っていたのは、古代人の計算した数字のほうであった。しかし、この数字をうのみにしたおかげでコペルニクスは、地軸が二個の独立した振動をしていることを示す、信じられないくらい複輳した理論を展開してみせなくてはならなくなった。」(『コペルニクス』有賀寿訳一七九ページ)

そして、分点の歳差運動が周期的不等性を示すというコペルニクスの誤った信念を打破したことを、チコ・ブラーエの主要な業績の一つに数えている(A・ケストラー『ヨハネス・ケプラー』小尾信弥・木村博訳一二九ページ)。

したがって、ケプラーがここにコペルニクスの説として取り上げた運動は、実際には存在しないことになる。なお、コペルニクスの想定したこの運動は、一七四七年にブラッドレー(一六九二―一七六二年、イギリスの天文学者)によって発見された歳差の小刻みな周期的振動、すなわち章動とは別のものである。

なお、ケプラーの自注十八では、『新天文学』の最終章と『概要』の第七巻を参考すべくあげている。

35――黄道上で赤経六時（一八時）、したがって黄経九〇度（二七〇度）、すなわち太陽の赤緯が北（南）で極大となる点が夏（冬）至点である。夏至点を通る時圏（地球の自転軸を延長して天球と交わらせた二つの交点を天の北極および天の南極といい、この両極を通る天球上の半大円を時圏という）は当然冬至点も通る。したがってこの時圏は、夏至点と冬至点を通り、かつその上では極の両側でそれぞれ赤経・黄経とも一定、すなわち経度一定なので、これを二至経線と呼ぶ。

一方、春分点を通る時圏は秋分点も通る。当然のことながら、この時圏上の点は、赤経0時、黄経0度、または赤経一二時、黄経一八〇度となる。春分点・秋分点を通ることから、この時圏を二分経線と呼ぶ。

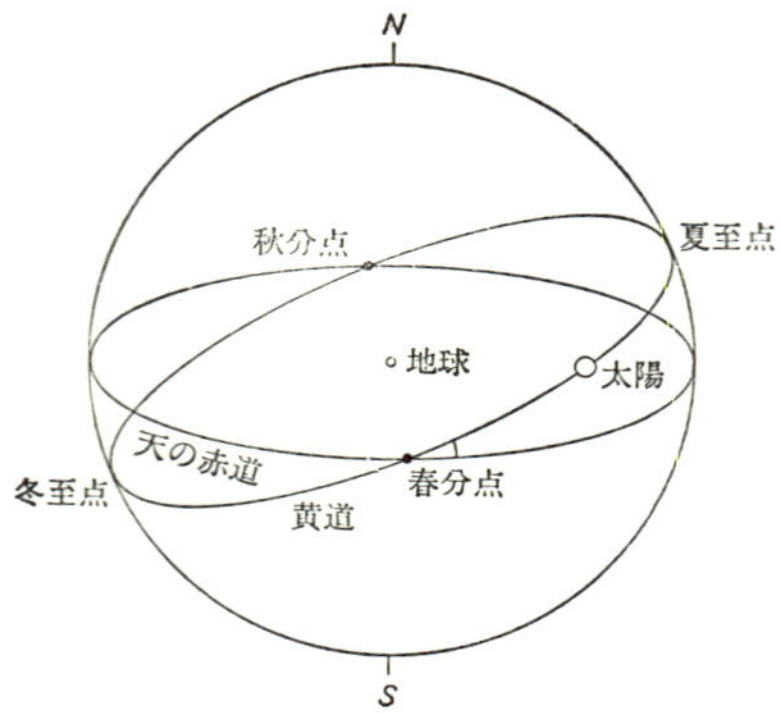

36――つまり、新たな現象を証明するために、さらに新しい円軌道を考案して追加すること。

37――プトレマイオスの『アルマゲスト』には、恒星天球までしかないので、第八番目の球で終わってしまう。その順序は、地球を中心として、月天、水星天、金星天、太陽天、火星天、木星天、土星天、恒星天となる。

ところが、アラビアの天文学者サービット・イブン・クッラ（八二六―九〇一年）は、八七二年に『太陽年について』を著わしたが、その中で、春秋分点の「震動」(trepidatio) という彼の誤った考え方を説明するために、プトレマイオスの第八天球にさらに第九天球を付け加えた。先にあげたアルフォンス表の九番目の球というのは、この第九天球を指している。そしてダンテの『神曲』天堂篇では、第八天（恒星天）の上に諸天使の原動天、そしてさらに神の第十天としてエンピレオが述べられている。サービット・イブン・クッラが第九天球を考え出した後に、それを動かす不動の第十天が考案され、それがさらに詩人の空想によって潤色されたのであろう。ともかく、ここにいう十番目の球とは、プトレマイオスが自身で述べたものではなく、中世以来の宇宙観に認められるものであると想像できる。それがプトレマイオス説によると非常な速度になるというのは、実際には地球が自転しているのだから、中世以来の宇宙観をそのまま受け入れながら、プトレマイオスに従って地球を不動だと仮定すると、第十天球までが地球のまわりをそれこそ非常な速さで回転せざるを得なくなる、ということであって、旧来の宇宙構造の虚妄を指摘するための一論法にほかなるまい。

なおピュタゴラス学派も、十を完全と見る立場から、天体の数も十でなければならないと考え、当時知られていた太陽と月と地球と五惑星のほかに、中心火と対地球の二つを加えて十個にし、諸天体は不動の中心である中心火のまわりを回っているとしたけれども、ここでは、このピュタゴラス学派の説は考えられていないようである。ちなみに、コペルニクスの『天体の回転について』第一巻第十一章を見ると、彼は、第十天球について、「そこである人々は恒星球もやはり動くと信じている。それゆえ、彼らはさらに高いところへ第九番目の球を考えている。それでも十分でないので、近ごろの人々は十番目のものを付け加えた」と述べているだけで、別にケプラーのような言い方はしていない。

38——現在知られている数値によると、約六十分の一である。

39——*παράλλαξις* という語は、プトレマイオスの『アルマゲスト』第五巻第十一章や第九巻第一章などに見える。観測する位置が変わると、観測対象の見える方向も変わる。この変化量を視差という。この量は明らかに観測対象から逆に見た場合の二つの観測点をはさむ角距離に等しい。

この図では、ケプラーは、外惑星については、当の惑星を観測対象とし、内惑星については、逆に、地球のほうを観測対象としてあつかっている。それは、上位の惑星ほど動きが遅いので、外惑星は地球から見て、また地球は内惑星から見て、静止しているかのように考えられるからである。なお、ここでは視差が先に述べたプロスタパイレシスと同じ意味をもっている。すなわち、ケプラーのいうプロスタパイレシスは、外惑星の場合、地球の軌道上の二点から各惑星を観測したときに最大となる視差のことであり、内惑星の場合、各惑星軌道上の二点から地球を観測したときに最大となる視差のことである。

第二章
本論の概要

コペルニクス説について以上のように述べてきたが、それは、これから主題に入って行くためであり、さらに、いま検討したこの新しい宇宙論をまた新たな論拠によって証明するためでもある。私は、いわば「卵から」[*1]、すなわちそもそもの初めから、できるだけ簡潔に事柄をさらっておきたい。

立体こそ、神が初めに創造し給うたものであった。実際、立体の定義〔つまり、本質〕がわかれば、なぜ神が他のものではなく立体を初めに創造したかが、かなり明らかになるだろうと思う。私見では、神は量を創造しようとしたのである。だが、量を得るには立体に本質としてそなわるすべてのものが必要だった。それは、立体の量〔すなわち、大きさ〕が、立体が立体としてあるかぎり、形として具体化して量の定義のもとになるためである。ところで、神がすべてのものに先立って量を創り出そうとしたのは、曲線と直線の対照を明らかにするためであった。実際、この点だけから推しても、私にはクザーヌス[*2]を初めとする人々が神々のように偉大に思われる。というのも、彼らは直線と曲線の双方のありかたを非常に重視し、思いきって、曲線を神に、直線を被造物にたとえようとしているからである。だから、曲線を直線と、円を正方形と対比しようとした人々も、創造者を被造物と、神を人間と、神の理知を人の理知と対比させようとした人々に劣らず、有益な仕事をしたと言ってよいほどである。

以上のようなことからだけでも、神のもとでの量の役割と曲線の特にすぐれた性質が、十分確かめられたであろう。しかしさらに、これにまたはるかに大切なもう一つのことが付け加えられた。それは、三位一体の神の姿が球面に現われていることである。すなわち、父なる神は球の中心に、子なる神は球の表面に、聖霊なる神は中心と球表面のあいだの関係（σχέσις）の均一性[*3]に象徴される。私がこう考えたのは、クザーヌスが円に、[*4]他の人々がたまたま球に帰した特性を、ただ球面[*5]だけの特性としているからである。また私は、ある曲線が球面よりもすぐれた性質をもつとか、より完全だという説には賛成できない。実際、（同じく曲線であっても）球体には球面よりも多くの性質が含まれている。それには直線性がまじっており、（球体の）内部はこの直線性だけでみたされている。一方、円のほうは、直線的な平面の中にだけ存在する。言いかえると、球面もしくは球体が平面によって切断されないと、どんな円も存在しないだろう。以上のことからわかるのは、前者の場合、球体には立方体から、後者の場合、円には正方形から、副次的にさまざまな特性が派生して行くが、それは（球体もしくは円のもつ）直径の直線性による、ということである。

　しかし結局、なぜ神は、宇宙を創造する際の基礎として、曲線と直線の区別および曲線の特にすぐれた性質を打ち立てたのか。一体なぜなのか。それは、ほかでもない、最も完全な建設者である神にとって、最も見事な作品を創り上げるのは全く必然的なことだったからである。プラトンの『ティマイオス』にもとづいてキケロが宇宙に関する著書の中で語っているように、[*6]「最善なる者は、最も見事なものを創るほかには何もできないし、また決してできなかったのである」。そこでこの建設者は、まず、何を宇宙のイデアにしようかと心に思いえがいた（われわれ人間が理解できるように、人間の慣習に従ってこう言うのである）。その場合、未来の作品の形もまた最善になるように、神は、すでに存在するもので、しかも前に述べたとおり、最善のものをイデアとして立てようとした。神御自身が善性によってこういうきまりを立て、それに従って宇宙を構成しようとすると、自身の本質以外のどんなものもイデアとして取ることができなかったのは、明らかである。この本質がどれほど見事で神々しいものであるかは、以下の二つの点において考えられる。まず、本質では一であるが、位格では三であるかぎりの〔いわゆる三位一体の〕神御自身において。[*7] 次には、被造物との対比において。[*8]

神は、宇宙が最善最美になるように、この姿、このイデアを宇宙に刻みこもうとした。そして宇宙がこのイデアを受け入れられるように、全知の建設者は、「どれほど」[*9]（Quantum）という観念を作り出して、さまざまな量（quantitates）を考案したのである。それは、こういうさまざまな量のいわばすべての本質が、この二つの相異なるものである直線と曲線に合致し、しかもこの中の曲線が、先ほど上にあげたようなあの二重の仕方で、[*10] われわれに神を顕現するようにするためである。そこで、次のような考えは否定されなければならない。すなわち、それは、神を象徴するのにふさわしいこの〔直線と曲線の〕区別は偶然の産物にすぎない、だから、神はこの区別については直接には何も考慮せず、さまざまな他の理由と別の思《おぼ》し召《め》しとから「どれほど」（quantum）を立体として作り出した、そして後になって、直線と曲線の対照や曲線と神の類似が、おのずからいわば偶然に生じたのだ、という考えである。

以上の見解より以下のもののほうが、むしろ当を得ている。すなわち、何よりも先に、ある一定の思し召しをもって、神は、宇宙の中に建設者である自身の神性をしるすために、曲線と直線を選び出した。そして曲線と直線を生み出すために、あらかじめ量を立てた。さらに量を得るために、何よりもまず立体を創造したのである。[*11]

そこで、最善の創造者はこれらの量をどのように宇宙の建設に適用したのか、そしてわれわれは、この建設者がどういうことを行ったと考えたらよいのか、という問題に注目してみよう。それは、後で古代の仮説と新しい説の中にその答をたずね、ある人の所説の中にその答にふさわしいような事柄が見出されたら、その人に勝利の栄冠を授けるためである。

全宇宙が球形で囲まれたものであるということは、アリストテレスがすでに論じ尽くした。[12] その場合、彼は、とりわけ球面のもつすぐれた特性からその論証を導いている。それと同じ論証によって、コペルニクスが最上位にあるとしている恒星天球も、〔アリストテレスの見解と違って〕運動はしていなくても、[13] やはり同じく球形を保つのである。そしてこの球は、最も内奥に中心として太陽をとっている。一方、他の諸軌道がまるいことは、それらの星々の円運動から明らかになる。したがって、曲線が宇宙の装飾に使用されたということについては、これ以上の証明を必要としない。ところでわれわれは、宇宙には立体の大きさ〔すなわち体積〕と数と形という三種類の量を考えてみるけれども、[14] 曲線はやはり確かに形の中にしか認められない。[15] なぜなら、曲線では大きさ〔つまり面積もしくは体積〕は問題にならないから。というのも、同一の中心から相似の図形の内側にえがかれた曲線〔たとえば、球の内側の球、円の内側の円〕は、すべての場所で接触する〔つまり同じ大きさになる〕か、どこでも接触しない〔つまりもとの図形より小さい〕か、のいずれかだからである。[16] また球面自体は、それがとる量の種類〔である形〕においてただ一つしかないから、[17] 三以外の数とかかわることはあり得ない。[18] だから、もし創造の際、神が曲線だけを尊重したならば、この宇宙という建造物の中には次の三つのもの以外の何も存在しないはずだった、と言える。その三つのものとは、父の象徴であり中心にある太陽と、子の象徴であり、天の周辺にある恒星球もしくはモーゼの海と、そして聖霊の象徴であり、すべてのものをみたす天の大気すなわち広がり、あの大空である。しかし現実には、数かぎりない恒星も存在する。数がはっきり決まっていて表示できる惑星も存在するし、互いに大きさの異なる天球〔つまりその惑星の軌道〕も存在する。だから、われわれは、必然的に、このすべての現象の原因を直線性から得ようとしなければならない。おそらくそうしないと、神は、最善の理法が自由に使えるのに、宇宙の中に手当りしだいに事物を作ったと考えざるを得ないだろう。だが、私を説得して、たとえ恒星についてだけでもそう考えさせることのできる人は、だれもいないであろう。もっとも、恒星の位置は非常に混乱していて、まるで手当たりしだいに種蒔《たねま》きでもされたようにわれわれには見えるけれども。

そこでわれわれは、直線性をもつ量を見てみよう。先にはいちばん完全な量だという理由で球面を選んだように、この際われわれは一気に立体へと話を進めて行こう。というのも、直線性をもつ量の中では立体こそ完全なものであり、三次元的構造をもっているからである。実際、宇宙のイデアが完全なのは当然である。ところが、直線と平面は数にかぎりのない、いわば無限のもので、したがって秩序とは最も疎遠なものである。そこで直線と平面は、最善の秩序をもち最も見事である有限な宇宙というものからは排除しよう。[19] 次に、さまざまな立体の[20]種類は無限に多いが、一定の特徴にもとづいて調べた上で、その中からいくつかの立体を選び出そう。そうすると考えられるのは、その稜でも角でも面でもそれぞれが、一つ一つあるいは一つおきに、あるいは何か一定の仕方で、互いに等しい大きさになっている立体である。こうして、確かな根拠にもとづいて、ある限定されたもの〔すなわち有限なもの〕に到達できるだろう。ところで、もし一定の条件によって規定された立体の一つの類が、決まった数の種から成ってはいても、途方もない数の個々の多様な立体を含んでいるならば、われわれはこの立体の角と面の中心を、恒星の位置と大きさと多様性を明らかにするのに、できれば利用したい。[*21] だが、この仕事は人間の能力を越えている。だから、だれかがわれわれに、恒星の数が全部でどれほどあり、その大きさはどれくらいか、ということを一つ残らず示してくれるまでは、恒星の数と位置の理法を探究することを延期しよう。そこで恒星のことはひとまずおき、ただひとり「多くの星々の数を定め、一つ一つすべての星に名を与えられる」〔旧約聖書の詩篇第百四十七篇〕全能の創造者にゆだねておいて、われわれは、身近にあって数も少ない惑星のほうに注目しよう。

そこで最後に、立体を取捨選択して不規則なところのあるものをすっかり排除し、ただすべての側面が等辺等角であるような立体だけをとっておくものとする。そうすれば、われわれには五つの正立体が残るであろう。ギリシア人はそれに次のような名称を与えた。Cubus〔立方体〕あるいはHexaedrum〔正六面体〕。Pyramis〔ピラミッド体〕あるいはTetraedrum〔正四面体〕。Dodecaedrum〔正十二面体〕。Icosaedrum〔正二十面体〕。Octaedrum〔正八面体〕。そしてこの五つ以外に正立体があり得ないことは、〈原注I〉ユークリッドの『幾何学原論』第十三巻の第十八命題の後の注〈原注II〉解を見られよ。

それゆえに、この正立体の数は限定されている上、非常に少ない。しかしそれ以外の立体となると、その種は数えきれないほど、[*22] もしくは無限である。これと同じく、宇宙においても、星には二つの類があるのがふさわしかった。これら二つの類の星というは、明白な相違によって互いに区別される〔運動しているか、静止しているかが、その区別の基準である)。その一つは無限定といってもよいものであり、これが恒星である。もう一つは限定されていて、これが惑星である。なぜ惑星は運動しているのに恒星はしないのか、いまここでその諸原因について論ずることは適当ではない。しかしともかくも惑星に運動が必要だったとすると、その結果として、運動を維持するためには円軌道をとらなければならなかったということになる。[*23]

したがって、惑星が運動して行くために軌道があり、その軌道の数と大きさを決めるために立体があるとされる。[*24] そこでわれわれは、プラトンと共に、「神は幾何学者である」(θεὸν ἀεὶ γεωμετρεῖν)と言わざるを得ない。そして神は、惑星を創造するとき、内側と外側が動く軌道によって飾られていないような正立体がもはや一つもなくなるまで、正立体を軌道に、軌道を正立体に、次々と内接させていった、と言うほかないのである。実際、ユークリッドの第十三巻の十三・十四・十五・十六・十七の命題から見てとれるのは、これらの正立体がその本性によってどれほどこういう内接と外接に適しているか、ということである。それゆえ、もし五つの正立体を、それぞれの立体のあいだに球を入れ、またいちばん外側と内側を球で閉ざすように相互に組み合わせたら、われわれはまさに六という数の軌道球を得るだろう。

そこでもしある時代に、六つの惑星軌道を不動の太陽のまわりに配するような宇宙の構造が論ぜられたならば、その時代は、いずれにせよ正しい天文学を後世に伝えたのである。「ところが、コペルニクスは、この五つの正立体のすべてを最も適切に組み合わすことができるように、六つの軌道を設けており、しかもその二つずつの軌道どうしをそういう組み合わせのできるような比例関係においている。だからこれは、その後に続く学説の精髄であろう」。こういうわけで、だれかがこの研究課題にいっそうふさわしい仮説を提出するか、あるいはまた、自然の諸原理から最善の方法で直接に推論されたことは、何か偶然に、数の中にも人の心の中にも入って行くことができる[*25]、ということが示されるまでは、コペルニクスの説に耳を傾けるべきである。なぜなら、これほど感嘆すべきこと、説得的なことが何か言われ、もしくは想像されようか。コペルニクスは、現象（φαινόμενα）・作用というア・ポステリオリな事柄をもとにして、（コペルニクス自身がレティクスによく語ったように）まるで杖で足どりを確かめる盲人のように、確実というよりもむしろ幸運な推論によってその説を確定し、それを自分なりに正しいと思った。ところが、その説はすべて、言ってみれば、ア・プリオリに、諸原因、創造のイデアから演繹される根拠にもとづいて非常に正しく確立される、ということが発見されようとは。

しかし、哲学のあの古代の光（とも言うべき人々）が沈黙しているのに、諸世代の一番後に生まれた若輩の私がこの哲学の研究課題を解明しようとしているので、その哲学的な理論を何の考えもなくただ面白半分に受け入れ、冷かしてやろうとする人が、あるいはいるかもしれない。私はそういう人に対して、指導者、保証人、案内者として、最も古い世代からピュタゴラスを連れてくるだろう。私は講義の中でずいぶんピュタゴラスに言及している。彼は、五つの正立体の非常にすぐれた性質を見きわめたので、すでに二千年前に、ちょうどいまの私と全く同様の理論から、五つの正立体を尊重することは創造者の配慮にかなっていると判断し、さらに数学上の事柄を自然学の立場から、かつ何らかの偶有的なその属性から考えて、それに数学のものでない事物を当てはめたからである。すなわち、ピュタゴラスは大地を立方体と同一視した[*26]。この二つが各々安定しているから、というのである。ただし、安定性はただ立方体にだけ適当するわけではないが。二つとも回転するからという理由で、天空には正二十面体を配している。正四面体は飛び散る火花の形をしているからという理由で、それを火に配した。残りの二つの正立体は、双方が隣り合い互いによく似ていて親縁関係にあるからという理由で、空気と水に配した。[*27] ところが、ピュタゴラスがいちはやく宇宙の中にどんなものがあるかを語っているのに、コペルニクスは実にこの人のことを忘れていたのだ。[*28] もしピュタゴラスがいてくれたら、疑いもなく、コペルニクスは、自説がなぜそうでなければならないかということの理由を見出していたであろう。そしていまやすでに、五つの正立体そのものと同時に諸天体の〔太陽を中心とする〕この配列が気付かれていたであろう。また同様にして、太陽が動き地球は静止している、というあの所説がこの時間の歩みの中でかつて強く支持されたように、この配列もいまや一般に受け入れられていたであろう。

　しかしともかく研究を続けて、われわれは最後に、これらの正立体の〔外接球と内接球のとる〕比がコペルニクスの惑星軌道のあいだに現にあるかどうかを調べてみることにしよう。まず当面の問題を非常に大まかに考えてみたい。コペルニクス説では、木星と火星の軌道のあいだに一番大きな距離の差がある。そのことは、〔上の〕第I図[*29]とあとの第十四章、第十五章のコペルニクス説の説明に見るとおりである。確かに、太陽から火星までの距離は木星までの距離の三分の一にも及ばない。したがって、そこに求められる正立体は、その外接球と内接球のあいだに最も大きな〔半径の〕差を作り出すものである。〔この場合、〔立体をその内に置けるように〕内部の充実した固体の代わりに中空体の使用（κατάχρησις）を考えることにしよう。〕それは、正四面体すなわちピラミッド体である。それゆえ、木星と火星の軌道のあいだにはピラミッド体がくる。この二つの星に次いでは、木星と土星の軌道が最も大きな距離の差を作っている。なぜなら、前者の大きさは後者のそれの半分よりもわずかに大きいからである。これと似た〔半径の〕差は、立方体の内接球と外接球に現われる。したがって、土星の軌道は立方体を囲み、立方体が木星の軌道を囲む。

金星と水星の軌道のあいだには、〔土星と木星の軌道の比と〕ほぼ等しい比があって、正八面体の外接球と内接球のあいだの比に似ていないわけではない。したがって、金星の軌道は正八面体を囲み、水星の軌道はこれに覆われる。

残りの二つ、すなわち金星と地球、地球と火星の軌道のあいだの比は、最も小さくて互いにほとんど等しい。つまり、内側にある軌道の大きさは外側にあるものの四分の三ないし三分の二である。正二十面体と正十二面体においても、それぞれの内接球と外接球の〔半径の〕差は、やはり等しい。しかも他の正立体とくらべると、上の各々の正立体の二つの球は最小の比をとっている。それゆえ、上の二つの正立体のうち一つがあいだにあって火星の軌道は地球の軌道を囲み、残ったもう一つがあいだにあって、地球の軌道は金星の軌道から引き離されている、ということは確からしい。そこでもしだれかが私に、どうして惑星の軌道は六つしかないのかとたずねたら、私はこう答えるだろう。五つ以上の比があり得ないからである。この数はまさに数学における正立体の数にほかならない。ところが、六つの項がこれだけの数の比をすっかり使ってしまう。〔だから、軌道は六つしかないのである。〕

ここで論じたことは、第Ⅲの図[*30]と関連している。

第二章に対する注釈

〈原注Ⅰ〉 立体の最もすぐれた性質は、単純さと立体図形の中心から各面までの距離の等しさとから成る。何といっても、神が被造物の規範であり規準であるように、球が立体の規準である。いかにも、球は上に述べた特性をもつ。

1 球は一つの終端によって、すなわち自身によって閉ざされているので、最も単純である。

2 球面上のすべての点は中心から等距離にある。したがって、立体の中では正立体こそ球の完全性にいちばん近い関係にある。

正立体の定義は以下のようになる。各正立体は形と大きさの等しい（1）稜、（2）面、（3）角だけをもたなければならない。これが単純さの特徴だからである。この定義から、結果としてさらに次のようなことが言える。（4）すべての側面の中央は立体の中心から等距離にある。（5）立体が球に内接する場合、立体のすべての角は球の表面に接触し、（6）立体は球の内部に固定されている。（7）球のほうが立体に内接する場合、立体のすべての側面の中央は球に接触し、（8）したがって内接球は動かないように固定されている。（9）そして球の中心は立体の中心と同一である。以上のことから、正立体と球とのもう一つの類似点が生ずる。それは、〔図形の中心から〕側面までの距離が等しいということである。

〈原注Ⅱ〉 あの〔ユークリッドの〕注解は、次のようなことを言っている。すなわち、上に述べた五つの立体のほかに、等辺等角の互いに等しい大きさの面によって囲まれるような立体図形を作るのは不可能である。その理由は以下のとおりである。二つの三角形からも、また他の二つの平面図形からも、立体角は作れない。

だが、三つの正三角形からは、ピラミッド体の角が成立する。

四つの正三角形からは、正八面体の角が成立する。

また五つの正三角形からは、正二十面体の角が成立する。

ところが、六つの等辺等角の三角形が同一点に集まると、立体角は作れない。なぜなら、正三角形の一角は$\frac{2}{3}\angle R$なので、こうして集まった六つの角は四直角に等しくなるだろうから。これは立体角にはなり得ない。ユークリッドの書の第十一巻二十一によれば、すべての立体角は四直角よりも小さな角度から成るものだから。

全く同じ理由から、一立体角はどのような六つ以上の平面角からも構成されない。

だが、三つの正方形からは、立方体の角が成立する。

正方形が四つになると、どんな立体角も作れない。こうすればまた四直角ができるだろうから。

三つの等辺等角の五角形からは、正十二面体の角が成立する。しかし四つになると、どんな立体角も作れない。正五角形の一角は、$1\frac{1}{5}\angle R$なので、四つの角の和は四直角よりも大きくなるだろうから。これは立体角になり得ない。また明らかに、他の正多角形からは立体角は成立しないだろう。上のような考え方からすれば、それはやはり不条理だということになるから。[*31]

それゆえ、上に述べた五つの立体図形のほかに等辺等角の面で囲まれるような立体図形が作れないことは、明らかである。

	面の形	面の数	稜の数	角の数	〔外接球に対する内接球の大きさ〕
立方体	正方形	6	12	8	中くらいの大きさ
正八面体	正三角形	8	12	6	立方体のと等しい大きさ
正十二面体	正五角形	12	30	20	最大
正二十面体	正三角形	20	30	12	正十二面体のと等しい大きさ
正四面体	正三角形	4	6	4	最小

第二章の注

1――紀元前一世紀古代ローマの有名な詩人ホラティウス『諷刺詩』(Horatius "Satirae" I. 3.6.) "ab ovo usque ad mala"「卵からりんごまで」。卵とりんごはそれぞれオードブルとデザートの代表。

2――ニコラス・クザーヌス (Nicolas de Kues, 一四〇一―六四年)。ドイツの神学者・哲学者。パドヴァ大学で法学博士になったが、同時に医学も勉強した。聖職者としては教会改革に努力した。新プラトン主義の影響を受け、神を反対物の一致、世界をこれの展開、そして人間を小宇宙とした。彼は、その著書の "De docta ignorantia" (『知ある無知』) で、人間の限界を教示し、アリストテレスの宇宙論を批判し地球を運動するものと説く。したがって、コペルニクスの先駆者の一人と言える。

3――中心から球表面までの距離がつねに等しいこと。

4――『知ある無知』"De docta ignorantia" 第一巻第二十三章。

5――ケプラーは、後に述べるように、球体や円には直径のために直線的な性質もまじっていると見て、球からそういう性質を排除したものを特に球面と呼んでいる。

6――キケロ『ティマイオス』三。

7――三位一体の神は、球面として宇宙に表現されることになる。

8――神自身が球面すなわち曲線として表現されるのに対して、被造物は直線として表現されることになる。そしてケプラーによれば、直線と対比されるとき、曲線のすぐれた性質が明らかになるのである。

9――"Quantum" (「どれほど」) とは、ものの大きさ・多さ・重さなど、要するに量として表わせるあらゆる観念を含むのであろう。この漠然とした「どれほど」が、具体的な大きさ・多さなどの「量」となる。

10——八二ページの二・三行目を参照。

11——ケプラーの考えによると、神が初めに目的としたのは直線と曲線の対照および曲線のすぐれた性質を明らかにすることであったが、直線と曲線の対照を生じさせるには量があらかじめなければならず、また量を立てるには立体が必要だったので、実際の創造の順序としては、立体↓量↓直線と曲線の対照というかたちにならざるを得なかった。あるいはこれを順序と見るよりも、具体的には、立体の創造そのことが、同時に量および直線と曲線の対照を立てることにもなったと見たほうがよいかもしれない。

12——アリストテレス『天体論』("De caelo")第二巻第四章。

13——アリストテレスの『天体論』第二巻第四章によれば、天は連続的・均一的で不断の運動をしている。

14——つまり、宇宙ではこの三つについて「どれほど」("Quantum")が問われるという。形について「どれほど」を問うのはやや奇異かもしれない。しかし、一つの形にも多くの種類がある。話を簡単にするために立体でなく平面図形で考えてみると、たとえば同じ三角形といっても、正三角形、二等辺三角形、直角三角形など多様である。したがって、この種類の多さについて「どれほど」と問うことはできる。

15——曲線については、ただ形だけが問われる、という。

16——このようにして大きさの比較が簡単にできるから、大きさが問題にならないと考えたのであろう。

17——つまり、球と言える形はただ一つしかない。

18——球面が三位一体の象徴であることはすでに述べられた。三は、言うまでもなく三位一体の三である。なお、アリストテレスの『天体論』第二巻第四章では、円と球をやはり曲線としてあつかっていても、円は一本の線から成り、球は一つの面から成るとしている。したがって、円もしくは球は、一という数としか結び付かないことになる。

19——ギリシア語で宇宙を表わす 'κόσμος' は「秩序」の意味である。

20——ケプラーは第二版の自注一で次のように叫んでいる。

「まあなんというひどいやりかただ。宇宙からわれわれはそれら〔直線と平面〕を排除しようというのか。しかしまぎれもなく『宇宙の調和』で、当然呼び戻すべくして私はそれらを呼び戻した。なぜにわれわれはそれらを追放すべきなのか。それらが、数において無限であり、したがって秩序とは全く無縁であるからか。しかし、それらは無縁なんかではないのだ。そうではなく、当時私はおおかたの人々と同様に無知であったために、それらの秩序とは無縁だったのだ。そこで私は、『宇宙の調和』第一巻で、無限の中から選択をし、それらのあいだにある非常に美しい秩序を明らかにした。というのも、神が、その〔創造の〕業《わざ》において直線を明らかにしたのであるから、つまり惑星の運動を通して明らかにしたのだから、なぜわれわれは直線を宇宙の原型となるものから除く権利があるというのか。そこで、意味はそのままにして、よりよい表現に変えるべきである。天体の数や、天球の広さを定めるには、まず直線は全く考えなくてよい。しかし、運動をととのえるには、それが直線において起こるのだから、直線と平面を考慮しないわけにはいかない。それらだけがつり合いのとれた比の源となるものだから」。

21——同じく自注二によると、

「すでにそれらの名前が示すとおり、恒星と惑星のあいだには途方もない違いがある。この違いはなぜ両方の種類の飾りにはないのだろうか。秩序を欠いた恒星の集団を認めないなら、だれに秩序の美しさがわかるだろうか。類似した図式あるいは星座がいつも繰り返されるとしたら、誰が天文学を学ぶであろうか。それら特有の飾りは、材料にも形にもある。実際、材料にもそれ特有の立派な飾りがあるだろう。それは、限りない大きさ、位置および大きさの比と明るさの多様性と変化にある」。

22――立体には、正立体とそれ以外の立体という二つの類がある。そして後者の類に属する立体については、立体を構成する側面として、円以外の任意の平面図形を自由に組み合わせることができるので、その種が無限になる。

23――アリストテレスの『天体論』第二巻第三章には、不断に運動するものは円運動をしなければならないことが指摘されている。

24――第二版の自注四によると、

「〔ここで〕私の言う立体とは、五つの幾何学的立体である。それらは、原型となるものである。けれども、軌道は〔その原型となるものをもとにして〕作り上げられるものである」。

25――つまり、その結果として当面の課題に関する真実が、ある人の直観的な思いつきから偶然に数値の上でも明らかにされる、という意味であろう。

26――ケプラーの第二版自注五には、『宇宙の調和』第一巻序文、第二巻命題二十五、第五巻第一章、『概要』第四巻を参照するようにと記されている。

27――正八面体が大気で、正十二面体が水。ここで親縁関係にあるのは、正八面体と正十二面体ではなく、正八面体と大気、正十二面体と水のほうである。なお、以上の配当についてはプラトン『ティマイオス』五五以下を参照。

28――コペルニクスは、キケロの著述を通してピュタゴラス学派のヘラクレイデス、エクパントスおよびシラクサのヒケタス（コペルニクスは Nicetas と書いているが、これは Hicetas の書き誤りとされている。）が、地球を宇宙の中心のまわりに回らせたことを知っていた（『天体の回転について』第一巻第五章）。したがって、ピュタゴラスのことを全く知らなかったことはあり得ない。ケプラーがここで特にこう言ったのは、ピュタゴラス学派によって五つの正立体が宇宙の説明に用いられたことを忘れていた点を強調するためであろう。

29――第一章の図表Iのこと。

30――半球と正立体を組み合わせた次ページ折込に示す模型図のこと。

31――正六角形以上の平面図形を三つ同一点に集めると、その角の総和は四直角以上になってしまうので、立体角を作ることはできない。

第三章
五つの正立体が二種類に分けられる理由
および地球が正しく位置付けられている理由

さて、私が一つ一つの正立体を惑星軌道のあいだにおいたのとまさに同じ序列が、もし正立体のあいだになかったとすれば、コペルニクスの六つの軌道が、ある軌道から他の軌道までの隔たりのあいだにこれら五つの正立体をそれぞれ受け入れるということは、全く偶然で何の根拠もないように思われたであろう。というのも、もし土星が、金星が地球の近くにあるのと同じくらい木星の近くにあり、逆に金星と地球が、コペルニクスの説において、木星と火星が隔たっているのと同じくらい相互に離れているなら、立体をあいだに入れる際に異なった序列を用いるべきだったからである。つまり、最初の二つの軌道のあいだでは、最初の場所〔土星と木星のあいだ〕に正十二面体または正二十面体が、他方、四番目の場所〔地球と金星のあいだ〕には正四面体があることになったであろう。だが、こういう序列は数学上の理論によって承認され得ない以上、考えられた定理が無価値であることを示すのは容易だったであろう。しかしわれわれとしては、いまは、まさに現にあるこの序列で正立体が軌道のあいだに配置されなければならなかったことが、どういう理論によって証明されるのか、ということを見てみることにしたい。まずこれら正立体は、三つの第一次立体、すなわち、立方体、正四面体、正十二面体と、二つの第二次立体、すなわち、正八面体、正二十面体に区別される。この区別がきわめて正しいことの理由については、それぞれの種類の特性に注意してみるとよい。

1　第一次立体は相互に面の形が異なるが、第二次立体は同じく三角形を面として用いている。

2　任意の第一次立体は固有の面をもつ。つまり立方体は四角形を、正四面体は三角形を、正十二面体は五角形をもつ。他方、第二次立体は正四面体から三角形を面として借用している。

3　すべての第一次立体は三つの面に囲まれた単純な角を用いているが、第二次立体は四つあるいは五つの面によって一つの立体的〔三次元的〕な角ができている。

4　第一次立体はその起源と特性を何ものにも負うことはないが、第二次立体〔の特性〕は、大部分、第一次立体〔の特性〕を変化させて取ったものであり、あたかも第一次立体から生まれてきたかのようである。[*1]

5　第一次立体は、一つの面または相対する面の中心を通る直径[*2]を軸にして動かさないとうまく動かないが、他方、第二次立体は、相対する角を通る直径を軸にして動かすとうまく動く。

6　第一次立体の特性は安定であり、第二次立体の特性は不安定である。というのも、第一次立体は基底面[*3]が下にくるようにし、第二次立体は一角の上にまっすぐ立てれば、それぞれ見た目に不格好ではなくなるだろうから。

7　最後に付け加えてもらいたいのは、第一次立体が完全数としての三であり、第二次立体が不完全数としての二であること、[*4]および第一次立体は、立方体が直角、正四面体が鋭角〔六十度〕、正十二面体が鈍角〔百八度〕というぐあいに、あらゆる種類の角度をもつのに、他方、第二次立体は両方ともただ鈍角の種類だけをとっていることである。[*5]もっとも、正八面体の角は、稜の集まる所では鈍角〔二百四十度〕、相対する位置から出た二つの稜が交差するあいだでは直角、だが、立体角自体は鋭角〔六十度〕というように、三つのすべての種類の角のあいだをさすらっている。

したがって、正立体のあいだの区別は明らかであったのだから、全宇宙の総和であり縮図であり、しかも可動な星々〔惑星〕の中で最も品位のあるわれわれの地球が、上述の〔二種類の正立体の〕序列のあいだにあってその軌道のゆえにひときわ目立ち、われわれが先に〔つまり前章で〕地球自体に与えたその位置をとるようにすること以上に適切なことは、何もあり得なかったのである。

第三章の注

1――第七章を参照。

2――立方体と正十二面体の場合は、相対する面の中心を通る直径を用いるが、正四面体の場合は、一つの角からそれに対する面に向けておろした垂線を用いるので、これを特に「一つの面」と言ったのであろう。

3――basis という語は、正立体の基本となる面のことを指す。たとえば、正四面体の basis は正三角形であり、立方体のは正方形である。したがって、必ずしも底面のことを言うわけではないが、ここでは「基本となる」という意味を考慮して、「基底面」と訳しておく。ただし、ときには単に「面」と訳した場合もある。

4――つまり第一次立体は三つ、第二次立体は二つであった。三を完全数と見ることについては、ピュタゴラス学派で 1+2+3+4=10 を完全数としているのにならって、1+2=3 のかたちになる三をも完全だと考えたからであろう。また、二という数から想像される二本の線によっては、ある図形を作ることができない。そこで、二を無限定なものと見なし、不完全だとしたと思われる。第六章の注3参照。さらに六についても、1+2+3=6 となるので、これも完全な数と考えられることになる。第十章で六を神聖な数としてあつかっているのは、ここからの類推と考えられる。

5――基底面の一角をとれば、正二十面体も鋭角をとっているはずである。したがってこの場合、正二十面体を一角の上に立て、上から見おろしたときにできる正十角形の一角（百四十四度）を考えたのであろう。そうすると、第一次立体の正十二面体についても、一側面の上にこの立体を立て、上から見おろしたときにできる正十角形の一角をいったのかもしれない。ただし、基底面の一角をとっても、この立体を一角の上に立てても、正八面体に鈍角は現われない。そこで、ケプラーは、すぐ以下のところで「正八面体の角は…」とことわったのであろう。

第四章

三つの立体が地球のまわりを囲み、残りの二つが中に入る理由

ここでは、学問上の問題から一時《ひととき》はなれ、比喩を用いて説明していくことを、好意ある読者よ、どうか許していただきたい。確かに、宇宙の中の事物の原因はほとんど神の愛によって人に知られ得るものだ、と私は思う。宇宙という住居をととのえるにあたって、神は未来の住人のことを絶えず考慮したということについては、だれも決して否定はすまい。というのも、宇宙と全創造の目的は人間なのだから。そこで、創造主の真の似姿*1〔人間〕を世にもたらし養うことになっていた地球は、その軌道の外側にある惑星と同じ数の惑星を軌道の内側にもつかたちで、惑星のあいだを巡って行くのがふさわしい、と神が判断し給うたと私は思う。神は、そうなるように、種類は全く異なるけれども、太陽を他の五つの惑星の仲間に加えた。そしてそのことは、上述のように太陽が父なる神の映像であるから、神が、家庭的な親しい関係になるほどまでに自《みずか》らを低くし人間に対して示そうとした、人間好き (φιλανθρωπία)、人間びいき (ἀνθρωποπάθεια) の証《あか》しを、太陽と他の惑星のこの組み合わせによって未来の〔地球の〕住人に与えなければならなかった、ということが信じられるだけに、一層ふさわしいように思われる。すなわち、旧約聖書の中では、神は、しばしば人々の仲間に入り、アブラハムの友*2として話を聞こうとし給うた。これはちょうど、われわれが見るように、太陽が惑星の数の中に入るのと同じである。ところで、太陽のまわりを地球が回っている以上は、上に述べたような考えからすると、必然的にあの正立体の序列〔第二次立体〕は、少なくとも二つの惑星を取り囲む地球軌道の内側におかれなければならなかった。それは、二つの惑星が静止した太陽と合わせて、地球軌道の外側を回る惑星の数と同じ三という数を作るためであった。こうして最善の創造主は、ことに地球のまわりを月が回るようにして、七惑星の真中にわれわれの住居をととのえ給うた。というのも、三つの惑星の序列を太陽に加えると、太陽を入れて四つの星が地球軌道の内側にあり、外側には二つの星しかないことになったであろう。しかしこういう数の無秩序(ἀταξία)は理を欠いたものであるから、創造主は採用し給わなかった。同様に、「含む」ということは能動的でより完全なことに属し、「含まれる」ということは受動的でより不完全なことに属するが、第一次立体は他の立体よりも完全であるから、第一次立体の三つの正立体の序列が地球を含み、残りの立体は地球の公転軌道の内側に含まれることがふさわしいのである。こうして、三つの惑星が地球の外側を運行し、二つの惑星が内側を運行する理由が、直ちにわれわれに明らかになる。だがこの理由が読者にあまりなじめなければ、読者は、これが名目上のことであって、本質的なことではないのだと考えてもよい。なぜなら、われわれは、三つの星が地球の上方(プトレマイオスにあっては太陽の上方であるが)を運行している理由はたとえ知らなくても、結果がすでに知られていることと符合するからである。*3 それというのも、事実についてはわれわれに明らかだからである。土星、木星、火星が外惑星であることはだれも決して疑いはしなかった。ただわれわれが心にとめておかなければならないことは、コペルニクス説で三惑星が地球の上方にある以上、われわれのこの仕事で栄冠を勝ち得たいならば、三つの第一次立体、すなわち立方体、正四面体、正十二面体を地球軌道の外側におき、正八面体と正二十面体のほうはその内側におかなければならないということである。

第四章の注

1――神は人間を自らの形に似せて創造した。したがって、人間は「神の似姿」(imago Dei) と呼ばれる。なお、このことは旧約聖書の創世記一・二十六―二十七に記されている。

2――旧約聖書の中に、アブラハムを「神の友」と呼んでいる箇所がいくつかある。すなわち、歴代志下二十・七、イザヤ書四十一・八である。ケプラーはこれらの箇所を念頭においているのであろう。

3――ケプラーが結論として出した正立体にもとづく惑星の配列は、古来知られている惑星の順序と一致していることを言うのである。

第五章

立方体が正立体の第一のもので、最も高所に位置する［二つの］惑星のあいだにくる理由

さあそれでは、われわれは、三つの第一次立体に移り、それら各々の立体にそれぞれの占める空間を割り当ててみることにしよう。その際どうしても立方体はやはり恒星に近接し、土星と木星のあいだにある最初の比を確定するものでなくてはならなかった。なぜなら、地球の外側で、〔中心に次いで重要な〕円の円周として最もふさわしい宇宙の部分は恒星であるが、他方、立方体はその〔第一次立体の〕序列において、第一の正立体だからである。〔その理由は以下のとおりである。〕

1 立方体だけがその基底面から作られており、他の四つの正立体は自らの面から作り出されるのではなく、あるいは立方体を削《けず》って作られたり、あるいは立方体に〔他の立体を〕付加して作り上げられたりする。たとえば、正四面体は立方体から四つの直角四面体を取り除くことによってでき、[*1] また、正十二面体は立方体に六つの五面体を付け加えてできる。[*2]

2 立方体だけが、柱体を出さずに同じ形の立方体に分解され得る。

3 立方体だけがあらゆる方向〔前・後・左・右・上・下の六つ〕を向いており、しかも〔その側面が互いに〕三次元の方向に垂直になるように広がっている。[*3] それに対して、他の正立体の側面は傾斜している。そして、たとえある場所では、その側面が互いに垂直な二本の交線を示していても、そこに残りの〔三番目の〕垂直な交線を導こうとすると、〔それが不可能だとわかって〕その人は期待を裏切られることになる。[*4]

4 その結果として、立方体だけが、三次元がもつ境界と同じ数の、つまり六つの面をもち、その二倍、つまり十二の稜をもつことになる。

5　立方体だけがあらゆるところで等しい角、すなわち直角をもっている。それに対して、正四面体においては、ある角度に固定した定規は、その図形をある角のほうに回すと、中間の平面図形に当てた場合にずれる。また〔正四面体の〕立体角は、〔それを作る二本の稜の〕あいだに入る線の作る大きな角度を測る定規にうまく当たらない。[*5]

6　その結果、シンプリキオス〔紀元六世紀における新プラトン主義の哲学者〕はアリストテレスの『天体論』第一巻第一章の注に、三という数の完全性の理由として、互いに垂直な三本より多くの直線が一点で集まって直角から成る立体角を構成することはできないということを、プトレマイオスの『モノビブロス』(“μονοβίβλος”)から引用しているが、そうするとこの完全性はやはり立方体にだけふさわしいのである。[*6]

7　立方体は、直線で囲まれたすべての立体の中で最も単純な立体である。もっとも、正四面体のことを考えると、この点には議論の余地があるにしても、正四面体の基準は立方体であり、基準は優先するのが当然であるということから、それは容易に克服される。だが、立方体が基準であるのは、人々がある立体の大きさを測るときの決まったやりかたとして、その量を小さな立方体から成るものと想像するから、というだけではなく、それよりむしろ、〔立方体の〕本質にもとづいてのことなのである。すなわち、〔立方体のもつ〕直角は平面上に展開する別の直角と等しい。したがって、直角は絶えずそれ自体と等しく、しかもただ一つのものである。他方、他の角〔つまり、鋭角と鈍角〕の場合には、ある角より大きい角も小さい角も無限にある。しかし基準となるのは、一つで同じく、なおかつ限定されたものであることがふさわしいのである。

8　そこで、直角を円に内接させることはいくらでもできるが、[*7]三角形も五角形もそれから派生する図形も、[*8]

補助〔として直角を作図すること〕なしには、円に内接させることができない。[*9]

9　しかし、この立体〔立方体〕が自然にあってどんなに価値があるか、という論拠を明らかにするには、巧みな自然が最も完全な動物〔人間〕に立方体と同じ六つの方向への広がり（διαστάσεις）を完璧に分かち与えた、ということもなおざりにすべきではない。つまりは、人間自身がいわば立方体なのであって、人自身に六つの面とでもいうべきものがある。それは上・下・前・後・左・右である。

第五章の注

1――立方体内に正四面体が含まれることについては、左の図を参照。正四面体の各側面、たとえばＡＣＤは立方体の一角にできる直角四面体ＡＣＤＢでおおわれる。

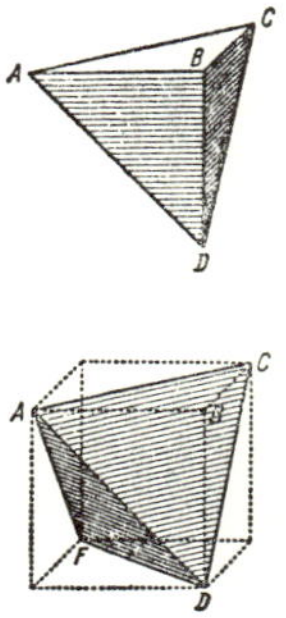

2――正十二面体の中に立方体が含まれることについては、左の図を参照。立方体の各側面、たとえばＡＥＤは正十二面体の二つの角を含む五面体ＡＢＣＤＥによっておおわれている。
第二次立体がさらに第一次立体の変形としてできていることは、すでに第三章に述べられている。

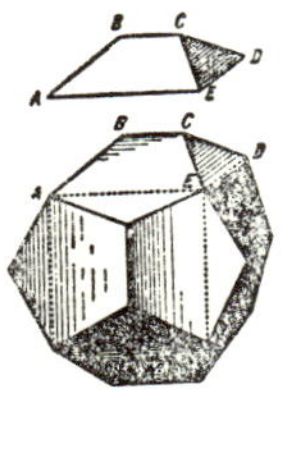

3――立方体のどの角を原点にとって見ても、その交線つまり稜は三次元的な座標軸を形成している。

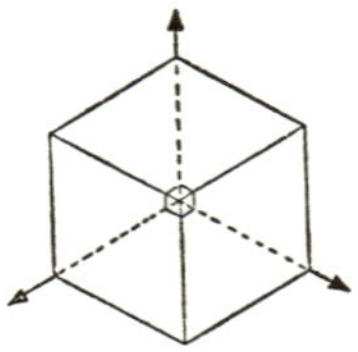

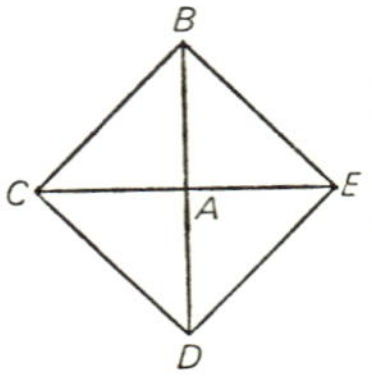

4——正八面体では、一角Aから見おろすと左図のようになり、角B、角C、角D、角Eはそれぞれ直角になる。しかし、たとえばこの中のBEとBCの直角の交わりに対して、残りのABをBE、BCに直角にしようとしても、それはできない。

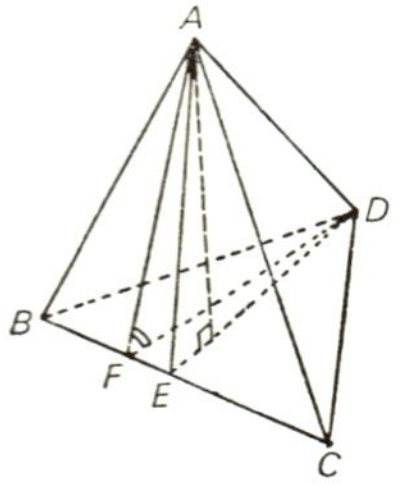

$BE=EC$

5——たとえば、左のような正四面体において、角AEDに当たるようにしておいた定規は、角AFDにはぴったり当たらない。FをBに近づけるにしたがって、角AFDはだんだん小さくなり六十度に近くなるから。そして立体角の六十度は最小だから、角AEDはもちろん、FがBEのあいだにあるときの任意の角AFDを測るべく定めた定規では、測ることができない。

6――つまり、三本の垂直線が一点で集まって直角から成る立体角を作るということは、立方体だけに起こっているので、他の正立体では不可能であるということ。

7――ケプラーは自注一で、「半円の中にある角はつねに直角だからだ」と言っている。これを直角の特性と見たのであろう。

8――三角形と五角形は、それぞれ鋭角をもつ図形と鈍角をもつ図形を代表している。

9――三角形の外接円をえがくときには、各辺の垂直二等分線を作ってその交点を求める。垂直二等分線を作ることは、とりもなおさず直角を作図することにほかならない。正五角形の外接円も、三角形の外接円を求めるときのやりかたが応用される。

第六章

木星と火星のあいだに正四面体がくる理由

いまや、立方体のすぐ後になぜ正四面体がくるのか、だれも全く不思議には思うまい。その理由は次のとおりである。

1　正四面体は、初めから〔優先順位をめぐって〕立方体とあえて対抗していた、と言ってもよいものである。

2　その上、正四面体そのもの、または、正四面体と同様な性質をもつ（ὁμόλοτα）が不規則なところのある立体は、他の立体図形を構成するのに役立つ。たとえば、正二十面体は、正四面体よりやや高さの低い二十の四面体から成り、正八面体は、それよりさらに低い八つの四面体から成る。正十二面体の中には正方形が隠されているけれども、〔それをあらわにするためには〕正十二面体を四面体に分解しなければならない。[*1]

3　正四面体は、稜の長さがもとの立体の半分である一つの正八面体と四つの正四面体に分解できる、ということも軽視してはならない。

4　平面図形ではすべての多角形を三角形に分解するように、他の立体の大きさを測るために、われわれはその立体を四面体に分解する。次いでそれらの四面体の大きさを、三角形の大きさを正方形を通して計算するように、立方体によって測る。[*2] したがって、四面体は他の立体の基準ではあるが、当の四面体の大きさは、立方体によって計算するのが一番簡単である。

5　そこで、立方体と同様、正四面体のとる大部分の線の長さは、対角線との関係を計算することによって、しかもただ平方数だけを用いてたやすく得られる。

6　また正四面体の規則性はただ稜だけによるが、立方体のは角度にもよっている。そこで四面体の中では、稜の長さの等しいものは一つしかないが、六面体（ἑξάεδρον）では、たとえ稜の長さが等しくても、角の多様性は無限である。この観点からすると、他に別の理由がなかったならば、正四面体を立方体の先におくべきか後に立てるべきか、私は疑問のままにしておいたであろう。

7　自然のこの巧《たく》みを模倣した人間は、まず素材〔柱〕を垂直に立て、直角〔壁〕でおおい、次いで三角形〔屋根〕できちっと強固なものにととのえることにしたのである。

8　その上、正四面体は鋭角をもっているから、それは鈍角〔をもつ立体〕に優先する。というのも、ぴったりした大きさ〔直角〕をもつものが、つねに順序において最初で、この大きさより小さいもの〔鋭角〕がこれに続くように思われるからである。なぜというに、それは、ぴったりした大きさより大きいもの〔鈍角〕とくらべ、はるかに無限定から離れているように思われ、また一層単純でもあるからである。実際のところ、鈍角は、直角と鋭角にもとづいていろいろ多様に変化するように思われる。また、だから、正四面体の基底面のもつ角も基底面自体の数も〔立方体より〕少ないのに、立方体のほうをそれより先に立てることが論理と背馳しないのはなぜなのか、と不思議がることもないように。というのも、角と基底面の数よりも、採用された角の種類のほうが、どうしても重視されなければならないからである。そこで、直角が鋭角に優先するならば、正六面体（ἑξάεδρον）はやはり正四面体に、つまり正方形の面をもつ立体は、正三角形の面をもつ立体に優先する。

9　さらにそのことから、あらゆる点で完全なものが最初であり、次いで不足するものが、最後に過剰なものがくる、ということも結論できる。したがって、〔立方体の〕側面の六という数は完全数である*3ことから、それに足りない正四面体は、やはり立方体の前にくるべきではなく、そのすぐ後に続くべきである、という結果になる。[*4]

こうして、われわれには、木星と火星のあいだの第二の場所に正四面体がくる理由が明らかになった。上には、火星と地球のあいだの第三の場所にどんな正立体がくるべきかを言わずにおいた。だが、ここに至って、それはいともたやすく決定することができる。というのも、第一次立体の中では正十二面体だけが残っているので、それが火星と地球のあいだに、〔第一次立体の〕序列の三番目のものとしてくることになるだろうから。正十二面体の特性についてどう考えるべきかは、先行する二つの正立体と比較すれば容易に明らかになることであろう。

第六章の注

1——第五章の注1・2参照。

2——多角形の面積を算出するには、それを三角形に分割し、それらの三角形を長方形の$\frac{1}{2}$と見て、その長方形の大きさを1×1の正方形を単位として測る。それと同様に、立体の体積を算出するには、立体を四面体に分かち、それを直方体の$\frac{1}{6}$と見て、この直方体を1×1×1の大きさの立体を単位として測ることが必要である。それをここではこのように簡潔に表現したのであろう。

3——ピュタゴラス学派の考えに従うと、1,1+2=3,1+2+3=6,1+2+3+4=10は、いずれも完全数である。

右図のように、この三つの数は正三角形を作る。なお、第三章の注4を参照。

4——完全なものとは、直角をとる立方体で、不足するものは六十度の平面角をもつ正四面体、過剰なものが百八度の平面角をもつ正十二面体である。そしてこれがそのまま第一次立体の序列となり、土星—木星、木星—火星、火星—地球の軌道のあいだにくることになる。

第七章
第二次立体の序列と特性について

第二次立体に関しては、正八面体が正二十面体に優先する。そこで、自然の序列で後にあるものが宇宙の中ではどうして先にくるのか、不思議に思う人がいるかもしれない。だが実のところ、火星は地球と共に正十二面体をとっているので、われわれがすでに述べたことから、[*1]地球と金星のあいだには正二十面体がくる、という結論になるのである。ところで、正八面体が正二十面体に優先することは、〔次のような〕多くの点から証明される。

1　まず正八面体は、〔第一次立体の〕序列においては第一の立方体と正四面体から生まれた（といっても、実際にそうだというのではなく、いわば生まれたようなものだ、という意味であるが）。というのも、二つの正立体のうちの立方体の稜の数と正四面体の基底面である三角形を借用しているからである。他方、正二十面体は、その序列の中では後にくる正四面体と正十二面体から生まれる。というのも、今度は、それが、正四面体からは基底面の形を、正十二面体からは稜の数を借用しているからである。

2　正八面体と正二十面体を一つの角を頂点として眺めると、前者は立方体の基底面である正方形を、[*2]後者は正十二面体の基底面である正五角形を示す。[*3]

3　後に見るように、正八面体は立方体と、正二十面体は正十二面体と高さが等しい。[*4]

4　正八面体は立方体と、正二十面体は正十二面体と、相互の面と角の数を交換しあっている。つまり、立方体の面と正八面体の角は六つ、立方体の角と正八面体の面は八つである。同様に、正十二面体の面と正二十面体の角は両方とも十二であるが、正十二面体の角と正二十面体の面は二十である。

5　正八面体は立方体の直角を、正二十面体は正十二面体の鈍角を模倣している。[*5]

以上のことから、立方体が第一次立体の長〔第一の位《くらい》〕であるように、正八面体がその〔第二次立体の〕序列の先頭にくることは明らかである。

第七章の注

1——第五章では、第一次立体の中で最も優位にある立方体を恒星に一番近い場所におく理由として、恒星天球が円の中で中心に次いで重要な円周を形成している、ということを考えた。同じ理由から推すと、第二次立体については、円の中で一番重要な中心に近い場所に、より優位にある正立体をおかなければならなくなる。逆に言えば、第一次立体については一番劣位にあるものが地球の一番近くにくるのと同様に、第二次立体についても、より劣位のものがやはり地球の近くにくることになる。ただし、第二次立体の場所のことについては第八章で詳しく論じられているので、ここで特に「われわれがすでに述べたこと」として直ちに正十二面体と正二十面体のことを出しているところから推すと、ここで考慮されているのは、第二章で、金星と地球、地球と火星のあいだの比がすべての軌道間の比の中で最小であり、ほぼ等しく、また正立体の中では、正二十面体と正十二面体のそれぞれの内接球と外接球の比が同じような関係にある、と述べたことのほうかもしれない。そこで本文では、「……という結論になるのである」の後にくる“Et”を、「そして」ではなく「ところで」と訳しておいた。

2——左図参照。

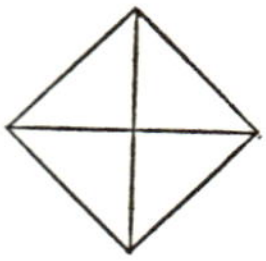

3——実際には左図のように正十角形になるが、まわりの小三角形を無視すると、確かに正五角形が現われてくる。

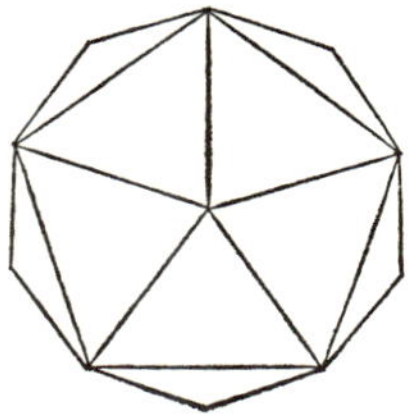

4——左図参照。

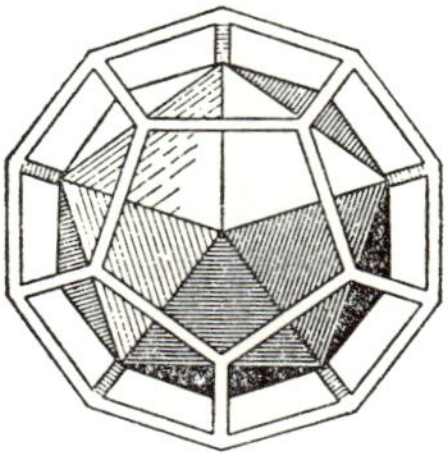

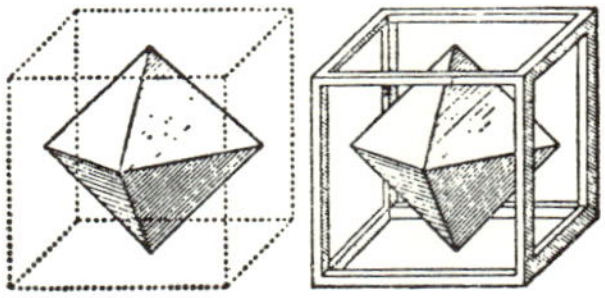

5——第三章の七番目の所説と同章の注5参照。

第八章

金星と水星のあいだに正八面体がくる理由

ところが、宇宙においては、上に述べたようなことから直ちに正八面体が正十二面体の後に続かねばならない、という結論は出てこない。〔その理由は次のとおりである。〕

1 実際のところ、正立体は相異《あい》なる二つの序列に分けられる。だから、この二つの序列では、それぞれの先頭が宇宙の相異なる側にきてさしつかえない。

2 さらにまた、立方体は、地球の外側で〔球形をした〕宇宙の最も威厳的な領域である円周、すなわち恒星〔天球〕の近くにあるので、もう一方の〔第二次立体の〕序列の先頭〔の正八面体〕も、やはり地球軌道の内側で宇宙のより威厳のある場所に接近するのが、ふさわしかった。だが、宇宙の中心である太陽よりも威厳のあるものは何もないのである。

3 またもしわれわれが正立体の各序列を合わせて一つの〔一貫した〕序列と見なすならば、その序列〔の始めと終り〕を相互に類似した第一の正立体で締めくくることよりも精妙なことがあり得ようか。*1

4 もし別に障害がなければ、多くの面をもつ立体〔正十二面体〕の後に少ない面をもつ一つの立体〔正八面体〕が続き、次いで逆にその各々よりはるかに多くの面をもつ別の立体〔正二十面体〕が続くよりも、中間に多面体〔正十二面体と正二十面体〕が相互に連続し、両側へと、面のより多い立体から次第に面のより少ない立体へ遠去かっていくほうが、なお一層見事である。

5 さらに、正十二面体は、その属する〔第一次立体の〕序列の中では最後のものであるから、その類似物〔正二十面体〕は、もう一つの〔第二次立体の〕序列からすると、正十二面体に続くのが適切であった。

6　また、地球の軌道の両側〔内と外〕ができるだけ同じような条件のもとにあるようにするのが、地球の重要性にふさわしいことである。そこで、地球の軌道は、すぐ外側では多面体〔正十二面体〕によって取り囲まれるようになったから、やはりそのすぐ内側では多面体〔正二十面体〕を取り囲むのがふさわしかった。したがって、全知の創造者は、五つの正立体のこの二つの序列を、それぞれの末尾がその序列そのものを締めくくる壁である地球のほうへ向かい、その先端が宇宙の相《あい》異なる側に遠去かるようにして、一つのまとまったものにととのえ給うたのである。[*2]

第八章の注

1——つまり、第一次立体と第二次立体の各序列の中で最も優位にある立方体〔正六面体〕と正八面体のこと。

2——第三章から第八章までに述べてきた正立体のさらに詳しい特徴と、問題になっている事柄についての細かな議論は、『概要』第四巻に見える。また、正立体の成立とその結合については、『宇宙の調和』第五巻第一章参照。またこの『宇宙の神秘』第十三章をも参照。

第九章

惑星間の立体の配置、それにふさわしい特性、立体から明らかにされる惑星相互の親縁性[*1]

ここで惑星の性質をあつかっている自然学[*2]の分野について話すことは、どうしても必要なことだと思う。それは、惑星そのものの自然の力もまた、いまのような宇宙のこの秩序をまもり、惑星軌道どうしの〔現にあるような〕比を維持しているということを明らかにするためである。すなわち、もし地球の外側を回る〔三つの〕惑星軌道を、それぞれに内接するあの正立体に結び付け、地球軌道の内側にある〔二つの〕惑星軌道には、それぞれに外接する正立体を割り当てるとするなら——これは全く十分な理由からそうなり得る、と私は思うのだが——土星〔軌道〕は立方体を、木星〔軌道〕は正四面体を、火星〔軌道〕は正十二面体を、金星〔軌道〕は正二十面体を、水星〔軌道〕は正八面体をとることになるだろう。しかし地球は、境界にすぎないから、どんな正立体にも結び付くことはない。また、占星術師は太陽と月をほかの五つの惑星とは大いに違ったものとして区別するので、ここでは太陽と月を考慮に入れる必要はなく、正立体の数はまさに五惑星〔の数〕と一致することになる。

ところで、木星は、素行の悪いもの〔すなわち土星と火星〕のあいだにありながらも、自分自身はきちんとした振舞をするので[*3]、多くの人々は感心したし、そのためにまたプトレマイオスも、その原因を探究してみたいという意欲を起こした。同様な性質は正四面体にも認められる。正四面体は、ある点では互いに親しく結び付き、ある点では反撥しあう二つの正立体のあいだにありながら、それぞれの正立体とは異なったものである。だから、その位置は、上のように考えてくると、だいぶ危険な状態におかれることになる。三つの外惑星のいずれもみな、残りの〔二つの〕外惑星に対しては敵意を含んだ憎しみを示すのである[*4]。また外惑星のとる三つの正立体も、その外見は互いにぜんぜん似てはいない。それでも、火星は、素行の悪さという点だけで土星とは一致する。素行の悪さというのは、角度の変わりやすさ〔不安定性〕の比喩である。これが火星と土星の特性で、両者に共通したものとなっている。だから、善い性質を論証するのは、それとは逆のもの、言うまでもなく、稜だけに依存する角度の安定性であろう。これが、木星と金星と水星の素行がなぜ善いかということの論証である。[5] 土星の立体である立方体は、自分が直角であることから、残りのすべての立体の基準となっている。そしてこの惑星自身が、計量器を作り上げるのである。この惑星は、徹底的に堅固で、直線的なものを保護し、爪の幅ほどのことも譲らず、冷酷で不屈である。直角がこのような性質をもたらすわけである。[6]

親縁性は、正立体の基底面において最も明らかである。[7]〔正立体の代わりにそれをとる惑星をあげると〕木星・金星・水星は同じ形の基底面〔正三角形〕をもっているから、上のようなそれらのあいだの友愛の原因を知ることができる。すなわち、何よりもまず第一に、〔それらの基底面である〕正三角形には安定性が内在している。[8]

〔親縁性の〕第二段階は、一つの角がいわば臍《へそ》のように真中に現われる面に見出される。だから、たおやかなビーナス〔金星〕が夫との婚姻を裏切ってマルス〔火星〕と交わったのは愛のためではあるが、[9] 火のように輝く無情なマルスに一体どんな愛が隠されていたのか、もうあまり不思議がることのないようにしよう。というのも、火星〔正十二面体〕の正五角形は金星〔正二十面体〕の中にもあるのだから。同様に、土星〔立方体〕の正方形は、水星〔正八面体〕の中にもあり、それぞれに同じ性質を与えている。〔次ページの図形を参照。〕

〔親縁性の〕第三段階は、ある正立体のもつのと同一の形が、同時にほかの二つの正立体の中にあるか、または現われる場合に生ずる。そのときには、その二つの立体は、互いの共通の友人を通して協調関係にある。したがって、木星的な事柄を通して金星は水星と協調する。なぜなら、この二つは木星の基底面〔正三角形〕という共通のものをとっているからである。土星的な事柄を通して水星は火星といくらか協調する。なぜなら、水星〔正八面体〕には土星の正方形があり、火星〔正十二面体〕の中には立方体がひそんでいるから。[*10] さらにここから、なぜ金星は土星とは全く親縁性がないのか、また親縁性が最も強いものは何なのか、また水星は融通のきく性質のためほかの四つの惑星のすべてに結び付くが、それでも結び付き方が火星に対してはなぜ一番弱いのか、ということが明らかになる。

さらにまた、土星は孤独であり孤独を愛しているが、それはまさに、土星の角度が直角であるため、多様化の原因となる不等性が全く許されることがないか、あるいは許されるとしても最小限でしかないためである。それに対し、木星は、数限りなく多い鋭角の中からある一つの〔鋭〕角を得ているおかげで、交際の範囲が広くなる。とはいっても、度を過ごすことはなく、ほどよい程度にであるが。実際のところ、ジュピター〔木星〕というのは誠実な友情の元祖である。同じく、火星と金星もまた交際範囲は広い。しかしこの場合は度を過ごしている。というのも、これら両者の豊かな鈍角は不節制を示しているからである。水星は、その角のため土星と木星の性質をもっている。[*11]

ところで学識ある人たちも、確か

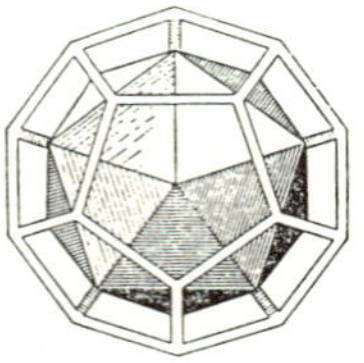

正十二面体内の正二十面体

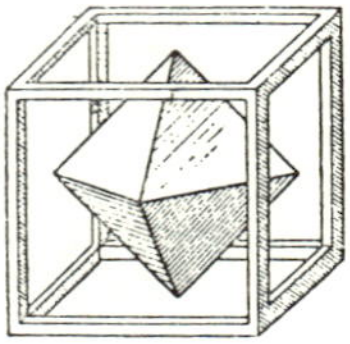

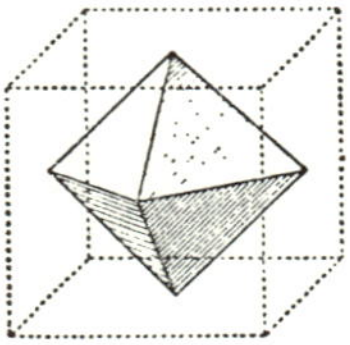

立方体内の正八面体

程よく会話を楽しむのである。

に孤独を愛する者ではあるが、かといって決して人間ぎらいというわけではない。彼らは、同じく学問に喜びを感ずる人々を愛するが、人々の親しい会合とか宮廷人たちのあいだでしか行動しないジュピターよりも、もっと程よく会話を楽しむのである。

ジュピター〔木星〕とビーナス〔金星〕は多産である。なぜというに、まさに、ジュピター〔正四面体〕は非常に多くの立体の構成に寄与するし、ビーナス〔正二十面体〕のほうはジュピター〔正四面体〕のいわば子孫だからだ。もっとも、ビーナス〔正二十面体〕だけで二十ものより小さいジュピター〔正四面体〕を自身の内に含んでいるのではあるが。さて、ジュピターは男性に対し、ビーナスは女性に対し、一層の好意をいだく。そこでジュピターは男性、ビーナスは女性と言われる。確かに、正四面体は作るもの、正二十面体は作られるものであり子孫である。これと同じ考え方をしていくと、なぜマーキュリー〔正八面体〕が男女両性で、その生産力が中くらいなのか、ということもかなりはっきり説明できる。[*12]

性行の安定性と平静さの順位は、まず木星〔正四面体〕、次いで土星〔立方体〕、最後に水星〔正八面体〕となる。この安定性と平静さは〔正立体のもつ〕面の少ないことに由来する。一方、金星〔正二十面体〕と火星〔正十二面体〕の不安定性と軽率さは、その〔立体の〕面の多いことから来ている。女性はいつも変わりやすく動じやすい。そして金星のとる立体図形は、なかでも一番変化しやすく回転しやすい。これが、各惑星のとる正立体の安定性の順位である。この順位から見ると、水星〔正八面体〕は真中にあって、その信頼性は中くらいである。

水星が融通のきく敏捷な性質をもっているのは、正八面体の可動性のゆえである。すなわち、〔相対する〕二つの角を極として正八面体を回転させると、四つの連続する稜は、この立体の中心を通るまっすぐな道すじをえがいて行く。他の正立体は、どのように回転させてみても、稜が立体の中心を通る斜めの線になって、運動を妨げるように進むことに気付くであろう。[*13]

火星〔正十二面体〕は、稜が多いわりには、わずかな面しか作っていない。だが、金星〔正二十面体〕は火星と同数の稜で一層多くの面を形作っている。また、マルス〔火星〕の多くの試みは実を結ばないのに対し、ビーナス〔金星〕は、マルスと同じ試みをしても、一層多くの幸運を受ける。それはべつに驚くべきことでもない。というのも、戦争よりも合唱にあわせた輪舞を企てるほうが簡単であるし、怒りよりも愛のほうがすばやく目的を遂げるのに適しているからである。なぜなら、怒りは人々を滅ぼすが、愛は人々を生むからである。同様に、〔稜数は同じなのにより多くの面をもつ〕水星〔正八面体〕は、土星〔立方体〕よりも恵まれている。

第九章の注

1――ケプラーは第二版の解説で、第九章について次のように言っている。
「この章が、占星術的な遊戯以外の何ものでもなく、また著作の一部というよりは脱線であると思われるにちがいないとしても、それでも、読者はそれを、プトレマイオスが『テトラビブロス』や『調和学』の中で述べている理論と比較していただきたい。そうすれば、われわれの理論は、プトレマイオスのそれに劣るどころか、偶然にも一層すぐれたものであることがわかるであろう」。

2――原典には "Physice" (Φυσική) という言葉が使われている。これが近代のいわゆる「物理学」でないことは、かなり神話めいたことをまじえたこの所説から明らかである。そこで、ここでは「自然学」と訳しておいた。

3――惑星の「素行」の善し悪しについて言ったことに対し、ケプラーは第二版の自注一で、自分は占星術師たちにならってこういう言い方をしただけで、自分の考えを言うと、天にはどんな素行の悪いものもないと思う、と弁じている。

4――これは単なる比喩にすぎないけれども、この比喩の物理学的な根拠を考えると、憎しみという語は、惑星の位置、運動、光り、色の相違を示唆するものと解される。

5――火星と土星のそれぞれがとる正十二面体と立方体については、その角の大きさは稜の数だけからは決まらない。それが角度の不安定性ということなのであろう。他方、木星、金星、水星のとる正四面体、正二十面体、正八面体はいずれも正三角形を基底面としている。したがって、その角も稜（辺）の数によって決定される。それが角度の安定性なのであろう。しかし前ページでは、特に外惑星については、そのとる正立体と切り離して、「素行」の善さ悪さを問題にしている。そうすると、惑星の運行の仕方そのものに即して角度の不安定性を考えなければならない。
ケプラーの第一法則によると、惑星の軌道は楕円である。そして火星、木星、土星の離心率はそれぞれ、0.0934, 0.0485, 0.0557となる。だから、外惑星の中では木星の角速度の変化が一番小さいことになる。ケプラーが『宇宙の神秘』を著わしたときにはまだ楕円軌道に気付いていなかったが、各惑星の角速度が変化することは観測によって知られていたにちがいない。だから、ここにいう外惑星の角度の不安定性（=変わりやすさ）では、角速度の変化の仕方をも問題にしているように思われる。ただし内惑星については、水星の軌道が0.2056という大きな離心率をもつのに、それも「素行」が善いとしているので、各惑星のとる正立体だけを問題にしていると見なければならない。
なお、水星については、離心率が大きいために、軌道の形を円もしくは球と考えるとさまざまな問題が起こる。そこでケプラーは、第十七章でこの問題を特にとりあげている。

6――こういう性質が、あいまいなところのあってはならない計量器に必要なものと考えられているのであろう。

7――ここでは親縁性に段階を設けているが、この段階は必ずしも厳密に親縁性の強弱を区別するものではなく、いわば異なる観点から親縁性の原因を考えることが主になっているらしい。だから、ここで初めにあげられたのと同じようなことが、見方を変えて第三段階にもう一度出てくるのである。

8――正三角形の一角の大きさは、辺の数だけから決まる。正方形の場合、四辺が同じ大きさでも、違った形の図形ができる。

9――ギリシア神話によれば、愛の女神アプロディテは、鍛冶の火神ヘパイストスと結婚したが、この神との愛を裏切って軍神アレスと情を通じた。ローマ神話上の名前を借りていえば、アプロディテはビーナス〔ヴィーナス〕、軍神アレスはマルスである。

10――このことについては第五章に説明されている。

11――正八面体は直角（正方形）と六十度（正三角形）とをもっている。それぞれは立方体と正四面体の特性から来ている、と見るのである。

12――水星の生産力が多産な木星や金星にくらべて中くらいとされるのは、正八面体が、多様化を許さない立方体のもつ正方形もとるからであろう。水星が男女両性とされる理由は、あまり明らかでないが、推測すると、上述のように、水星は木星と土星の性質をもつ一方で、その正立体である正八面体はやはり正四面体から作られるものなので、そこに正二十面体と同様の女性的なものをも認めたのであろう。

13――正立体を回転させるときに軸となる中心線に対し、正八面体の四つの稜はすべて直角に交わる。それをまっすぐな道すじとしたのである。他の正立体の稜は、回転軸とする中心線に対して直角にはならない。それを斜めになるとし、回転軸に対して稜のえがく軌跡が幅をもつことを、運動を妨げるように進むと表現したようである。

第十章

いくつかの高貴な数の起源について[*1]

すべての数を一つ一つ調べていくのはきりがない。しかし、占星術師は、数についていろいろと思弁を続けていくだろうし、それはそれで何らか得るところもあるだろう。ただ、われわれとしては、天文学者たちの算術、つまりは彼らにとっての神聖な数である六、十二、六十を見ていくことにしよう。さて、六十の四分の一と六分の一、すなわち十五と十を除くと、六十のさまざまな分数〔約数〕はすべてわれわれの問題にしている五つの正立体の中に見出される。また逆に、正八面体と立方体のそれぞれの平面角は二十四であるが、この数を除くと、正立体において数えられるすべての数は、六十のさまざまな分数〔約数〕である。だから、自然の事物をどんな数に当てても、この六十という数と上に述べた五つの正立体との関連にまさる適切な関連をそれらのあいだに立てることは、ピュタゴラスさえもほとんどできなかった、と思われるほどである。

一つということなら、正立体は一つ、正四面体は一つ、正十二面体は一つ、正二十面体も一つ、正八面体も一つで、それぞれ一つ一つは似たもののない個々別々の立体である。

二つなら、五つの正立体の中で第二次立体は二つ、正立体にも二つの序列がある。またいつでも二つずつが互いに類似しているのであり、このような類似性というのは二つである。*2

三つということなら、正四面体と正二十面体と正八面体は、基底面がそれぞれ三辺から成っているので、その基底面の角は三つある。五つの正立体の中で第一の序列に入る第一次立体は三つ。角の相違も、鋭角と直角と鈍角の三つである。

四つなら、立方体の基底面の角と辺はそれぞれ四つ。また正四面体の角も四つであり、この正立体の面の数も四つである。

五つということなら、正立体は五つ。正十二面体の基底面の角と辺もそれぞれ五つである。

六つなら、正八面体の角は六つ。正四面体の稜が六つ、立方体の面の数も六つ。六は見事な数である。[*3]

八つなら、正八面体の面の数が八つ、立方体の角も八つある。

十二なら、正十二面体の面の数は十二。正八面体の稜の数も十二。立方体の稜の数も同じである。正二十面体の角は十二。正四面体の平面角も十二ある。

ごらんあれ。この数〔十二〕は、五つの正立体すべての中にある。

二十なら、正二十面体の面は二十、正十二面体の角も二十ある。

二十四なら、正八面体と立方体の平面角の数がそれぞれ二十四ある。これは別の数ではあるが[*4]、特別なものとする必要はないし、全く別の数というわけでもない。というのも、二十四は十二の二倍、八の三倍、六の四倍であり、これらの数は、すべて六十の中にあるからだ。

三十なら、正二十面体と正十二面体の稜はそれぞれ三十ある。

六十なら、正十二面体と正二十面体の平面角はそれぞれ六十ある。

そのほかには、こうして数えあげられる数は特にないが、すべての稜と角の合計を出そうとすると話は別である。なぜなら、そういうことは一層特異な試みだからである。そのときには、五つの正立体の各々を確定している基底面としての三つの正三角形と正方形と正五角形のすべての角の合計は十八[*5]で、すべての正立体の面の合計は五十、立体角も同数、稜は九十、平面角は百八十となる。すべての数は親縁の関係になっている。

第十章の注

1――ケプラーは第二版の自注一で次のように言っている。

「すでに上に述べたように、数の高貴さ（ピュタゴラス神学は、特にこれに感嘆して、これを神聖な事物になぞらえている）は、すべてもとは幾何学に由来している。だが、幾何学には多くの部門があるから、確かに、この五つの立体図形は数のこの高貴さの第一の原因でもなく唯一の原因でもない。しかし、〔立体図形において〕多くのものが同一の数に符合するということが起こる。というのも、〔高貴な〕いくつかの数の特性の第一の起源は、円に内接する正多角形とその図形の合同に由来しており、そこから、次に、立体図形が生ずるからである。『宇宙の調和』第一巻と第二巻を見よ。〔第一巻の主題は、調和的比例を証明する正則図形の起源と記述であり、第二巻の主題は、平面と空間における正則図形の合同である。なお、正則図形とは、平面図形としての正多角形と立体図形としての正多面体を意味する。〕だがそこで、立体図形のとる稜の数が角の数から明らかにされるということを読んでも、読者は混乱しないようにしてもらいたい。またそのために、まるで〈数える数〉（“numerus numerans”）が初めに存在し、より価値があるかのようには考えないでほしい。全くそういうことはないのだから。というのも、図形の角は、その数の概念がまず初めに存在するから数えられるようになるのではなく、幾何学的な事柄が、それ自体〈数えられる数〉（“numerus numeratus”）として存在し、自らの中にあの多様性をもっているので、初めて、数の概念がそれに続いて生ずるのだからである」。

すでに読者への序の注20で述べたように、ケプラーは、プラトン的なイデアとしての数（ものを限定していく能動的な数、すなわち、“numerus numerans”）を認めない。数は、幾何学で考えられる量の属性、もしくは偶有性として生ずるものである。そしてまたこの幾何学的な量というのは、数えられるかたちで現われるので、それは〈数えられる数〉(先の能動的な数に対し、いわば受動的な数、すなわち"numerus numeratus")と呼ばれる。

なおケプラーが注に〈多様性〉と言ったのは、数が数であるためには、一から始まる多くの数がなければならないから、そのもとのものもやはり幾何学に内在することを示唆したのであろう。

2——一を語るときは、似たものがないことを強調するが、二を語るときには、一転して、それらの正立体のあいだに共通するところを認めようとする。第二章の〈原注II〉で見たように、第一次立体の立方体は第二次立体の正八面体と類似し、第一次立体の正十二面体は第二次立体の正二十面体と類似している。したがって、この場合、類似したものは二組あることになる。それが二つの類似性としてあげられているのである。

3——六も、ピュタゴラス学派流にいうと、1+2+3=6, ∴ となる。つまり、1+2+3+4=10 という完全数と同様のかたちになり、正三角形という基本図形を作るので、広い意味の完全数というグループに入れられるわけである。

4——つまり、六十の約数ではない。なお、八もまた六十の約数ではない。八については特にそれを言わず、それどころか六十の約数のように考えたのは、ケプラーの錯覚である。第二版の自注二でケプラー自身がそう言っている。

5——3×3+4+5=18 となる。

第十一章

立体の位置と獣帯の起源について[*1]

以下〔二つ〕の章で私が述べることに対しては、物理学者たちが反論してくるだろう。というのも、私は、惑星の本性を非物質的なものと数学に用いられる図形とから推論したからであり、またさらに大胆に、単なる想像上の〔正立体どうしの〕交差の仕方から、天の円軌道の起源を解明しようとしているからである。ところでそういう物理学者たちには、私は次のように簡潔に答えることにしよう。「創造者である神は、精神であり、欲することは何でも行えるのだから、力を按配したり円軌道を決定していくときには、非物質的なものや、あるいは想像によって構成された事柄を重視することを、何ものによっても妨げられることはないのだ」と。すると、神は至高の理法を用いることなしには何もなそうとしないし、またどんなものも神の意志に逆《さから》っては生じなかったのだから、反対者たち〔つまり物理学者たち〕はこう言うかもしれない。「量以外には何も存在しなかったはずなのだから、一体、神には、力を按配したりそのほかのことをするための〔量のもとになるような〕別のどんな理法があったのだろうか」と。しかし彼らには、特にこれといったものは何も見出せないで、創造者の知恵という測り知れない力に逃げこむしか手だてがないのだから、そのあいだは、彼ら自身で研究に十分な節度をもち、それに満足しながら同時に人々から敬虔であるという評判をうけることになるだろう。とすれば、われわれとしてもこれほど偉大な創造者にふさわしくないようなことをいっさい言わないかぎりは、われわれが量から出発しながら、〔さらに探究を進めて〕真実と思われる諸原因を導き出すことを、彼らとしても許してくれるようになるだろう。そこで私は、〔あくまで敬虔であるということで〕宗教的なことに何も拘束されることなく、獣帯の研究に進んで行くことができるのである。

まず初めに、最大の立体図形である立方体を、何らかの仕方で軌道球に内接させる場合より以上に当を得た立体の位置は、想像できないと思う。実際は、円にはどんな始めもない。だが、論証が無限にさかのぼることのないようにするため、[*4] そしてある時点で無限定の可能性から限定された現実への移行を得るため、[*5] 始め〔つまり、原理〕というものを論証なしに設定しておかなくてはならない。[*6] そこでとりあえず、面のうちのどれか一つを基底になる面として定めることにしよう。次には、正四面体を立方体の内側にある木星軌道に内接させ、この正四面体の下面は、立方体の下面と平行に（παράλληλον）保たれるようにしなければならない。そして〔火星軌道に内接すべき〕正十二面体の下面も、正四面体の下面と平行でなければならない。すでに見たように、第二次立体の特性は異なっている。そこで、正二十面体の対角線が正十二面体の互いに反対の位置にあるそれぞれの平面と、その面の中心で垂直に交わるように、正二十面体を正十二面体の内側に立てなくてはならない。同様に、正八面体は、最小の立体図形として正二十面体の内側に入れなければならないであろう。そのとき引かれる直線は、以下のような条件をみたすものでなければならない。

1　立方体の基底面の中心を通ること。

2　正四面体の基底面の中心を通ること。

3　正十二面体の正五角形の中心を通ること。

4　正二十面体の角を通ること。

5　正八面体の角を通ること。

6 宇宙の中心である太陽を通ること。

そしてさらに、

7 正八面体と、

8 正二十面体の、同様の間隔で反対側にあるそれぞれの角、

9 正十二面体の面の中心、

10 正四面体の角、

11 立方体の面の中心、を通ること〔の十一の条件である〕。

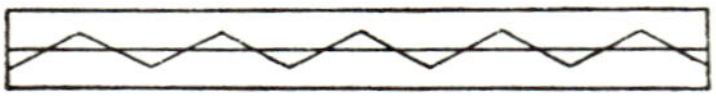

図 1

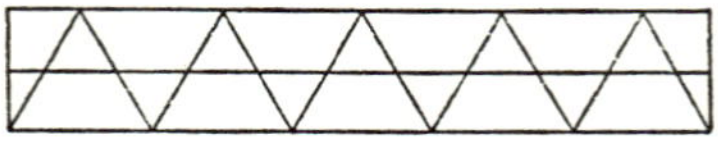

図 2

正立体の配置の仕方が一層明らかになったところで、読者は、上に述べたような仕方ですべての正立体が表示されていた第二章の〔第Ⅲ〕図を、再び参照していただきたい。このように正立体を配置すると、正八面体の中の、上に述べた二つの相対する角から等距離にあるところに現われる正方形は、周辺に延長されるならば、すべての立体図形とさらに全宇宙をも二つずつの等しい部分に分割するだけではない。それだけでなく、上に述べた角と面の中心とのあいだの真中にあると考えられるすべての稜についても、それが正しい位置にあるならば、中心から見るときに現われるそれらすべての稜の交点が、やはり正八面体の正方形の同じ延長面上にある、と言えるのである。そしてこのことは、まるで親縁関係によって結ばれているかのよ

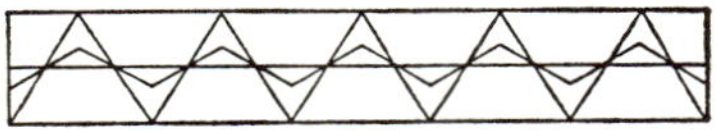

図　3

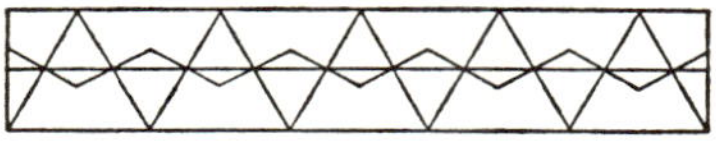

図　4

うな多面体〔正二十面体と正十二面体〕において特に顕著である。というのも、そのほかの〔上に述べたような〕稜は、すべてがうまく合致するようにはおけないからである[*7]。こうして、正十二面体は〔真中の〕十の稜によってこのような跡をえがく〔図1〕。このとき、平面上を、延長された正八面体の正方形が真中をつらぬいて通っている。

他方、正二十面体は、〔真中の稜によって〕このように明らかな筋をえがく〔図2〕。正八面体の正方形はやはり直線となって通っている。

そこで、この親縁関係をもつ二つの正立体が回転するように組み合わされ〔というのも、一つの立体の二つの角ともう一つの立体の二つの面の中心とは、上のように、いわば両極として〔軸を形成するように〕接していることが知られるからである〕、そのために、正二十面体に現われる二つずつの見かけ上の正五角形と正十二面体の二つずつの実際の正五角形とが、角のところで重なっているならば、立体の周囲での交差が生じ、それを正八面体の正方形と共に平面上にひろげると、このようになる〔図3〕。

だが、上に述べた正五角形において一つの立体の角がもう一つの立体の稜の中点と組み合わされると、交差の仕方はこのようになるだろう〔図4〕。

したがって、特に、上で取り上げられて結び付けられた立体の面の中心と角とのあいだには、それらを両極とするかのように、その真中の道があることから、創造者である神により、諸惑星はこれほど多くの点によって指示された道を運行するように命ぜられている、というほかないのである。〔これが獣帯である。〕

第十一章の注

1――『宇宙の神秘』第二版の自注一で、ケプラーは次のように述べている。

「この章全体は、重要なものではないから、この著書の目的のためには省略してもさしつかえなかった。というのも、以下に明らかになるように、この所説は幾何学における五つの正立体どうしの本質的な位置もしくは相互関係を示すものではないし、また、たとえこの所説がそういうことを示したとしても、そのことから獣帯が説明できるわけではないからである」。

2――神が創造者であるという思想は、言うまでもなくユダヤ・キリスト教のものである。だが、プラトンも対話篇『ティマイオス』の中で、デミウルゴスによる宇宙の創造について語っている。他方、アリストテレスに関しては、ケプラー自身が第二版の自注二で、彼は創造者を認めず宇宙を永遠のものと仮定した、と述べている。

神を精神（mens）としたのは、中世以来の考えに従ったものであろう。しかし、すでにプラトンの思想においても、魂（または精神、ψυχή）もしくはその最善の部分である知性（νοῦς）を神的なものとしている。また、プラトン後期対話篇『法律』第十巻八九九A―B、あるいは『エピノミス』九八一E、九八二B―九八四Aには、宇宙を動かす魂の最善なるものを神とする考えが見える。

3――ここにいう力（複数）とは、各惑星にそれぞれの公転周期をとらせるのに作用している運動力のことであろう。また円軌道を決定するというのは、各惑星軌道の大きさとその位置を決めることである。

4――アリストテレス『形而上学』九九四b一六―二三には、次のように出ている。

「しかしまた、〈そもそも何であるか〉という〈ものの本質〉も、〔定義する〕言葉《ロゴス》を次々とふやして、一層もとになる定義にさかのぼっていくことはできない。というのも、先に立てられた定義のほうが一層本質的なものであって、後のはそうではないので、まず最初の定義が本質的でない場合には、その次にくるものもそうではないからである。なおまた、次々と他の定義へとさかのぼれると主張する人々は、ものを認識することを否定することになる。というのは、不可分なもの〔それ以上にさかのぼれない定義、最も一般的な言葉、つまり類と種差とにもはや分析できない言葉〕に達しないかぎり、ものを識ることは不可能だからである。そしてまた、単にものを知るということもあり得ないことになる。なぜなら、そのように無限にさかのぼれる事柄を、一体どうしてわれわれは思惟することができようか、いやそれはできないからである」。

ケプラーは、こういう見解を、おそらくここでは念頭においていたのであろう。しかし後になって、すなわち第二版の自注四で、ケプラーは、こういう見解への言及がここでは不適当だった、と言っている。

5――一般に、現実とは、これまでさまざまな可能性としてだけ考えられたことの中の一つが実現された結果であろう。したがって、現実は、無限の可能性が限定されて出てきたものと考えてよい。

6――以下、この章で問題になっている宇宙の構造もしくは形態に関する議論については、『概要』第一巻を参照。

7――第二版自注十一で、ケプラーは次のように説明している。

「私の言う意味は、ある立体のすべての稜を他の立体の陵とぴったり合うようにすることはできない、ということである。特に、正四面体の場合にその困難はいちじるしいものがある。言うまでもなく、立体どうしの配置組み合わせの始めの箇所が一定の仕方で立てられないから、それらをぴったり符合するようにおくことができないのである」。

第十二章

獣帯の分割と星位*1

獣帯を十二宮に分けるのは人間の単なる作為で、決して自然の事実にもとづくものではない、と見なす人々がこれまでは多かった。すなわち、彼らの考えによると、分けられたこれらの部分部分は自然の力なり影響なりによって区別されるのではなく、むしろ十二という数値が計算のために適当だという理由だけで考案されたことになる。私は必ずしもこういう見解に反対するものではないが、*2しかしむやみに何でもしりぞけてしまうことのないように、〔先に第十一章に述べたのと〕同じ諸原理から、獣帯がこのように分けられた理由を明らかにしてみたいと思う。創造者の神は、おそらくさまざまな特性〔十二の部分がはっきり違った特性をもっているとしてのことであるが〕をその区分にうまく合わせたのであろうから。

数のもとになるものが何かということは、上に見たとおりである。確かに、量もしくは量と同様のもので何らかの力をもつものを除けば、全宇宙の中に数えられるものは何もない。*3もっとも、神聖な三位一体そのものであられる神は何でも数えることができるであろうが。さてわれわれは、すでに獣帯によってすべての立体を切断してみたのだから、*4〔この章では〕獣帯そのものが立体のこの切断〔つまり正立体との交差〕によって何を得るのか、どんな影響を受けるのか*5を調べてみよう。すでに指定されたような仕方で〔すなわち、その延長が恒星天球と交わり獣帯となっ

ているような平面によって〕切断すると、立方体の切断面は正八面体の場合と同じく四角形に、正四面体のは三角形に、他の二つの正立体のは十角形になるであろう。ところで4と3と10をかけあわせると120になる。したがって、一点を共通にもちながら同一の円に内接する正方形・正三角形・正十角形は、その同じ点に向かって円周上にさまざまな弧を切っていくが、これらの

弧は、全円周の1/120よりも大きな弧を単位にとると、共通の単位で計ることができない。[*6] だから、それぞれの惑星軌道のあいだにある立体の秩序正しい位置からいうと、獣帯を120に分けるのが自然である。この数の3倍が360だから、この分割が決して根拠のないものでないことがわかる。他方、正方形と正三角形を同一の点から別々にえがくと、弧の最小部分は円周全体の$\frac{1}{12}$になるだろう。これがすなわち獣帯の一つの宮にあたる。不思議なことには、太陽と月の月々の運動[*7]も外惑星の大会合も、それぞれの天体のもつ立体がその三角形と正方形によって区切るこの弧と非常にうまく相応する。[*8]

さらに、この十二分割が自然の中でどれほど重んぜられているかを、読者には少し奇異であるかもしれないが、以下のような例によって理解してもらいたい。そうするのは、たとえ五つの正立体の存在する根拠がまだすっかり知られていなくても、今後、この五つの立体についてなお一層よく考える機会をもてるようにするためである。[*9]

さてまず、ここに一本の弦があり、その音はGだとしよう。このGから一オクターブ離れた音までのあいだに、Gと協和する音が何回か現われる。その回数だけこの弦を分かつことが適切であるが、[*10] これ以上には分けられない。〔次ページの上の音階図を参照。〕そうすると、分けられたこれらの弦は互いに協和するし、またもとの弦とも協和するようになる。耳を傾けて聴けば、そのような音がどれだけ現われるかがわかる。だが、とりあえず、私は図と数値によって説明することにしよう。

ここでさまざまな和音そのものと弦の長さの数比とをよく見ていただきたい。次の〔下の音階の〕図では、一番下の音符はもとの弦全体の音を示しており、一番上の音符は弦の短い部分のほうの音を、

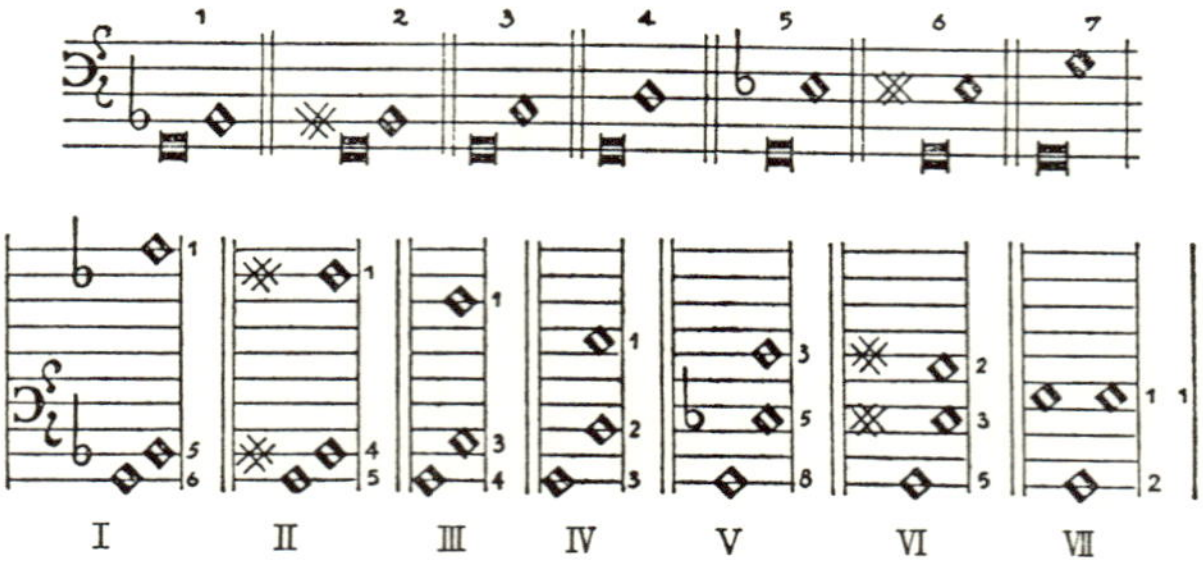

中間の音符は弦のより長い部分のほうの音を示している。一番下の数字は、弦をどれだけの部分に分けることができるかということを表わし、他の二つの数字は、実際に分けられた弦の二つの部分の長さの比を表わしている。[*11]

これらの音だけが、議論の余地のない明白な数値をもっているので、私には自然なものだと思われる。[*12] 他の音は、すでに定められた音との一定の比によっては表わすことができない。というのも、Fの音は、高いほうのCから導き出しても低いほうのBから導き出しても、それぞれ二つの音程が完全五度であるように思われるにもかかわらず、別の音になってしまうからである。[*13] だが、本題に入ろう。第一の和音と第二の和音は、第五と第六の和音と同じく、いわば仲間どうしである。なぜなら、これらの和音はみな不完全であるけれども、長和音と短和音の二つを組み合わせると[*14]、いつも協和して個々の完全和音とある程度等しくなるからである。また、これらの和音の比例数は互いに大きくずれてはいない。すなわち、第一と第二の和音は$\frac{1}{6}$と$\frac{1}{5}$だから、$\frac{5}{30}$と$\frac{6}{30}$になり、ただ$\frac{1}{30}$の差があるだけである。同様に、第五と第六の和音は$\frac{3}{8}$と$\frac{2}{5}$だから、$\frac{15}{40}$と$\frac{16}{40}$となり、したがってただ$\frac{1}{40}$の差しかない。このように述べてくると、音楽においても、正立体の数とちょうど同じく、ただ五つの和音だけしかないのである。[*15] さらに、6・5・4・3・8・5・2の七とおりの弦の分割の仕方があるが、これらの数の最小公倍数を求めると、先にわれわれが獣帯の分割について述べたときのように、再び120が得られる。だが、完全和音だけについていうと、4・3・2の三とおりの分割しかなく、これらの最小公倍数は12である。それは、まるで完全和音のほうは立方体・正四面体・正八面体の四角形と三角形に由来し、不完全和音のほうは残りの二つの正立体の十角形に由来するかのようである。そしてこれが、立体と音楽における和音との二番目の共通点である。しかしわれわれにはこういう共通点のある原因がわからないので、[*16] 個々の和音をそれぞれの正立体にあてはめるのは難しい。

われわれは確かに、三つの第一次立体と二つの第二次立体を想定したのと同じように、三つの単一で完全な和音と二つの複合した不完全和音という二組の和音を認める。しかし、立体と和音とをこのように対応させると他の点がしっくり行かないので、両者のあいだにこのような対応を立てるのをあきらめ、もっと別の対応を考えてみなければならない。そこで注意してみると、先には正十二面体と正二十面体がその十角形によって十二という数を百二十にしていたように、ここでは不完全和音が同じ働きをしている。

したがって、完全和音は立方体・正四面体・正八面体に、不完全和音は正十二面体と正二十面体に当てるのがよかろう。その上、ほかにもこれらの事柄の深く隠された根拠を示唆するものがある。[*17] それをわれわれは次の章で見るだろう。[*18] 要するに、幾何学の宝は二つある。その一つは、直角三角形における斜辺と直角をはさむ二辺の関係〔いわゆるピュタゴラスの定理〕であり、もう一つは、線分の外中比による分割〔いわゆる黄金分割〕である。そのうちの前者から立方体・正四面体・正八面体が作られ、後者から正十二面体と正二十面体が作られる。それゆえ、正四面体を立方体に、正八面体を立方体と正四面体のそれぞれに内接させ、同様にして正十二面体を正二十面体に内接させることは、容易であるしまたうまく行く。もっとも、個々の和音を正立体の一つ一つに当てはめることができるほどには、和音と正立体の関係は明らかでない。*19 ただし、正四面体がいわゆる五度、〔音階の図の〕順序では、四番目にくる和音にふさわしいことは明らかである。*20 というのも、その和音では、弦の小さいほうの部分は全体の$\frac{1}{3}$であり、それはちょうど正四面体が用いている正三角形の一辺が全円周の$\frac{1}{3}$の弧に張るのと同じだからである（補一）。星位について述べる以下のくだりで、繰り返しそのことを詳しく確かめることになるだろう。だがここでも、とりあえずこのことを一層よく理解するために、弦が直線ではなく円であるかのように考えてみよう。こうしておいて、先にあげた四番目の和音の比に従って分割してみると、正三角形ができる。三角形では一角が一辺と相対《あい》しており、それは、正四面体で一角が一面と相対しているのと全く同様である。それゆえ、立方体と正八面体に当たるものとして残っているのは、いわゆる四度と八度、順序でいうと三番目と七番目の和音である。しかし、二つの正立体のどちらがどの和音に当たるのだろうか。第二次立体は線をえがくような調和比をもち、第一次立体は平面図形をえがくような調和比をもっている、と言うべきであろうか。もしそうだ

（補一）

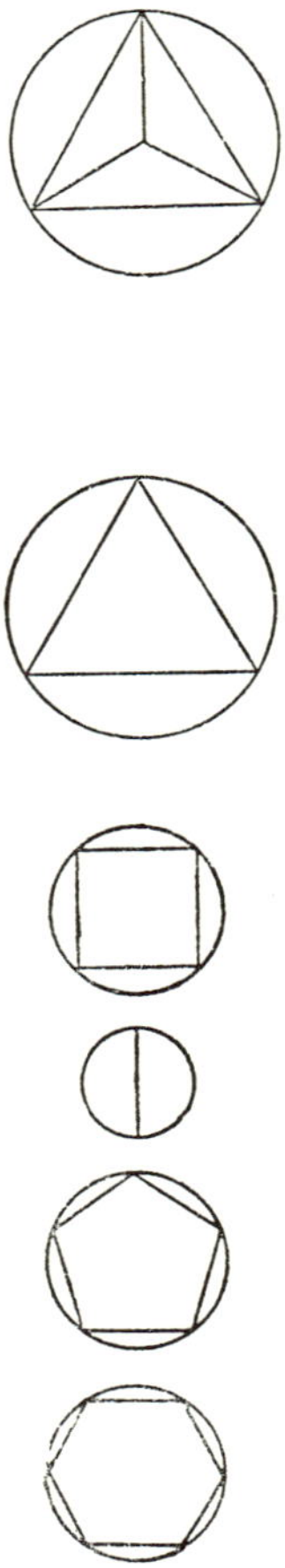

（一）

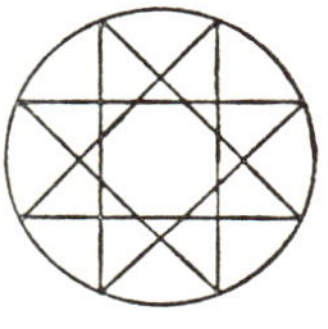

（二）

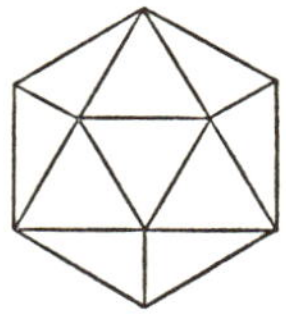

（補二）

とすれば、上に述べた四度の和音は立方体に帰されることになろう。なぜなら、弦から円を作り、この円周を四分割して分割点を直線で次々と最初の点にもどるまで結んでいくと、四角形ができあがり、また立方体は四角形の面をもっているから。これに対して、弦の$\frac{1}{2}$に当たる八度の和音は正八面体に帰されるであろう。なぜなら、円周を二分し直線で分割点を結ぶと、ほかならない一本の線を作ることになるからである。同じようにして、初めの不完全な二重和音（長三度と短三度）は正十二面体に帰されるだろう。というのも、円周を五分割するか六分割して次々に線で結んでいくと、それぞれ五角形と六角形ができるから。そこで、残された後のほうの不完全な二重和音（長六度と短六度）が正二十面体に当たることになろう。というのも、円周を$\frac{2}{5}$に分割する点を次々に初めの点まで直線で結んでいくと、（一）のような線（つまり五角星形）ができるし、同様に、円周を$\frac{3}{8}$に分割する点を次々に初めの点まで結ぶと、（二）のような線（つまり八角星形）ができるからである。あるいはむしろわれわれは、四度の和音のほうを正八面体に当ててみたい。というのも、正八面体の十二の稜の各々は弦として全円周の$\frac{1}{4}$に張るのだから。立方体のどんな稜もこのような特徴をもっていないのではなかろうか。*21 そうすると、立方体そのものは最も完全な立体であるから、これには最も完全な八度の和音が残されることになるだろう。そしておそらく、正二十面体は六角形をもっているから〔補二〕、これには初めの不完全和音〔短三度〕を当てるほうがよい。なぜなら、六角形は、五角形よりも、正二十面体の基底面である正三角形と一層親密な関係があるから。他方、立方体は正十二面体に内接することができ、8がちょうど立方数〔つまり2^3〕だから、正十二面体には8という数をもつ分割〔短六度〕を当てるほうがよい。もっとも、だれかが十分な理由を見つけ出すまでは、こういうことはおそらく決定できないであろう。

次に星位の問題[22]に移ることにしよう。さて、先ほど弦から円を作っておいたので、三つの完全和音〔八度・五度・四度〕がどのようにして最も見事に三つの完全な星位、すなわち☍〔衝〕△〔三分〕□〔矩〕と対応できるのか[23]、ということを見るのは簡単である。他方、初めの低い不完全和音B〔短三度〕は、*を象徴としてもつ互いに六十度離れた星位と全く似ており[24]、この星位が一番効力が弱いと言われている[25]。

こうして、獣帯の一つまたは五つの宮を介して相隔たっている惑星[26]が、なぜ星位では考慮されないのか、その理由〔そのような理由をプトレマイオスは示さなかった[27]〕をわれわれは知ることができる。それはつまり、われわれが見たように、自然は音階の中にそのような和音を全く認めていないからである[28]。こういうことが言えるのは、他の場合でも星位と和音が対応している以上、この場合もやはり両者が対応しているにちがいないと思われるからである。それぞれの拠り所はおそらく同じで、五つの正立体に由来するのであろう[29]。だが、こういう問題を考えることは他の人々に任せよう。さて、四つの和音はすべてそれぞれの星位と対応するが、音楽にはなおそのほかに三つの和音があるのだから、結局、私には、惑星間の相互の隔たりが七十二度か百四十四度か百三十五度かであ

[*30]るときの生成力の衰退を見のがしてはならない、と思われた。ことに、不完全和音の一つ〔短三度〕がそれに応ずる星位をもつことを見ているのであるから。[*31] 実際、天象を注意深く観察する者にとっては、大気の変化が他の星位〔の効力〕を裏付けることが絶えず経験される以上、この三つの角度を作る光線の中に何かある効力が内在するかどうか、ということを明らかにするのは簡単だろう。だがともかく、弦においては $3/8$・$1/5$・$2/5$ が協和するのに、獣帯〔の円〕においてこういう比に相当する弧を区切る光線に効力がないことは、おそらく次のような理由によって説明されるかもしれない。[*32]

1　星位の中で、一つの衝〔百八十度〕、二つの矩〔九十度〕、そして三分〔百二十度〕は六分〔六十度〕と共に、それぞれ半円を切り出す。だが、これらの星位〔つまり、衝・矩・三分〕では、その三つの光線は[*33]〔星位としての〕効力を発揮するのに、音楽が完全にはしりぞけていないような仲間というものを、何一つとしてもたない。[*34]

2　他の星位では、光線〔の作る弦の大きさ〕は直径から簡単に計算されるが、正五角形の一辺〔$1/5$〕、正五角形の二辺分に張る対角線〔$2/5$〕、正八角形の三辺分に張る対角線〔$3/8$〕は、〔可知性の〕等級がより離れており、[*35]しかも無理数で表わされる。

3　三分は六分と共に、矩は矩と共に平角を作るが、他の星位〔つまり $3/8$・$1/5$・$2/5$〕の光線は、〔別の星位から〕線をどのようにとって合わせてみたところで、決してそのような角〔平角〕は作らない。これがさらに一つの理由となる。

4　低い不完全和音B〔短三度〕は、ある意味では完全だと言える。というのも、完全和音と同じ分割を用いており、五度の半分であるから。[*36] そこで、不完全和音の中ではただ一つこれだけが、一つの星位、すなわち六分に対応しており、それが同じく三分の$\frac{1}{2}$であるのは、別に驚くにあたらない。実際、他の和音は十二という数に適当ではないし、[*37] また何かある完全な和音の一部分でもない。

5　最後に、三角形の六つの角〔60°×6〕、四角形の四つの角〔90°×4〕、六角形の三つの角〔120°×4〕、および二つの半円に含まれた二つの広がり〔180°×2〕は、平面上にあるすべての場所をみたしている。ところが、五角形の三つの角〔108°×3〕は四直角より小さく、四つの角〔108°×4〕は四直角よりも大きい。そこからまた、どうして八角形や十二角形やさらに他の平面図形となる星位を作る光線が何の効力ももたないのか、ということが明らかになる。[*38] さらに言えば、私はここでは全体として、星位の根拠を和音の根拠と区別したい。理由は次のとおりである。すなわち、角度をもとにしてなされた推論は、確かに星位を作る光線の本質にかなっている。[*39] というのも、星位の効力は、光線の交わる地表の一点に作られた角度から生ずるのであって、獣帯の円の中にえがかれた、事の真実よりもむしろ想像によって支持されているだけの図形のためではないのだから。[*40] 他方、弦の分割のほうは、円の中に生ずるわけでなく、また角度を用いてもいない。むしろそれは、平面上において直線を介してなされる。しかしそれにもかかわらず、和音と星位が何か共通のものをもつことはあり得る。[*41] なぜなら、上に述べたように、それぞれに対して同一のことが言えるからである。いずれにしても、この問題は、他の人々が探究すべき課題として残しておこう。レギオモンタヌス[*42]がポルピュリオス[*43]の注解を付けて出版しようとしていたが、カルダーノの言うところによるとまだ上梓されていないプトレマイオスの音楽論(Musica)が、おそらくこの問題をあつかっているだろう。[*45] なお、この点について、ユークリッドの音楽論からどのような事柄を引用できるか[*46]ということは、読者が調べてみるとよいだろう。

第十二章の注

1――星位(aspectus)というのは、一個ずつの惑星から放出された二つの光線が、一点として考えられた地球の上で交わる角度、もしくはその角度が獣帯の全円周から切り取る弧をいう。星位は、二つの光線が適切な角度を形成するときに、地上の自然と生物の低位の能力を刺激するのに効力を発揮する（ケプラーの『宇宙の調和』第四巻第五章を参照）。したがって、占星術的な概念であるといえる。

ケプラーが『宇宙の調和』第四巻の中で論じている星位と、その星位によって獣帯の円の中に形成される図形は、上のようになる。

ただし、ここでケプラーが星位として効力をもつと考えているのは、Ⅰ・Ⅱ・Ⅲ・Ⅳだけであり、また和音との関係から問題になっているのは、Ⅵ（3/8）・Ⅸ（1/5）・Ⅺ（2/5）である。他の星位は、考慮されていないか、もしくは星位として認められていない、といってよい。

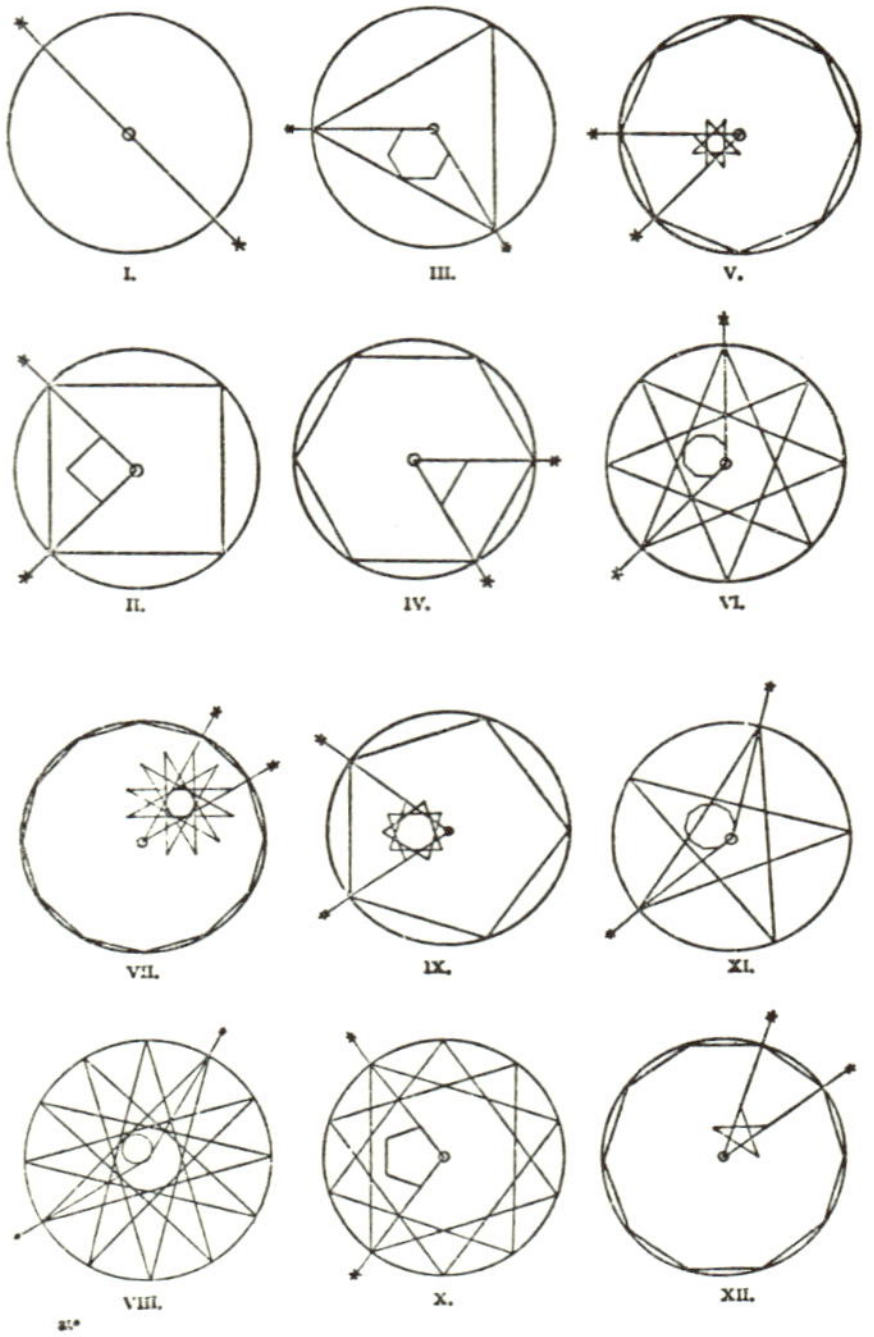

星位を表わす多角形・多角星形

2——このテーマは、ケプラーの『新星について』、およびレスリンの論証に対する回答の中であつかわれている。

3——この問題については、『宇宙の調和』第四巻第一章を参照。

4——ケプラーは、『宇宙の神秘』第二版の自注三の中で、次のように言っている。

「すべての正立体の共通の中心を通り、その稜を切断し、恒星天球まで広がる平面を想像することによって、この平面と恒星天球との交わりが黄道であるということが、われわれに理解された」。

5——幾何学図形のありかたと獣帯の分割に関する問題については、ケプラーの『概要』第二巻を参照。

6——正方形・正三角形・正十角形を、図にあるように、その一点を合わせて同一の円に内接させると、これらの図形の一辺は、全円周をそれぞれ$\frac{1}{4}$、$\frac{1}{3}$、$\frac{1}{10}$ずつに切っていく。そのとき切り取られた最小の弧の大きさは全円周の$\frac{1}{30}$になり、以下、$\frac{1}{20}$、$\frac{1}{15}$、$\frac{1}{10}$になる。したがって、実際には$\frac{1}{60}$を単位とすればそれらの弧を計ることができる。これは、4、3、10の最小公倍数が60だからである。しかしケプラーは、むしろ12×10のかたちを強調したかったのと、4、3、10をかけあわせた数を用いたかったので、120を出したのであろう。

7——ここで問題になっている太陽と月の運動の関係については、ケプラーの『天文年鑑序論』および『概要』第四巻を参照。

8——太陽は一年で黄道十二宮を一巡するが、そのあいだに月のほうは地球のまわりを約十二回転する。そこから、一対十二という比が出てくる。ケプラーが本文のように言ったのは、この比に注目したか、あるいは月の一周が太陽の一宮の移動と等しいからであろう。

なお、外惑星の大会合については、ケプラーは自注六で、「実のところ、これは偶然のもので、モデルにはならない」と言っている。

9――ケプラーの自注七によると、これが『宇宙の調和』の本来の方針であるという。

10――『宇宙の調和』第三巻第二章を参照。

11――ケプラーは、ここにあげた和音を左から順序づけて、一番目、二番目……と呼んでいる。一番目は短三度、二番目は長三度、三番目は四度、四番目は五度、五番目は短六度、六番目は長六度、七番目は八度である。

12――ケプラーは自注九で次のように言っている。

「副次的な推論によって、いわば人為的に、しかも自然の模倣によって作り上げられたものと区別するために、先行する諸原因のいわば足跡の中に現われるかのように、弦を分割して調整するや直ちに生ずるものを、『自然なもの』というとき、それは妥当なことである」。

13――『宇宙の調和』第三巻第十二章を参照。

14――短三度と長三度、短六度と長六度をそれぞれ組み合わせるので、それらは長和音と短和音の組み合わせになる。

15――つまり、第一と第二の和音の組み合わせ、第五と第六の和音の組み合わせ、第三の和音、第四の和音、第七の和音の五つである。

16――ケプラーは自注十四で次のように言っている。

「しかしながら、読者はすでに指示された原因を見ている。それはつまり平面図形である。だが、そこには近縁関係、血縁関係はなく、あるのは単なる近隣関係にすぎない。実際、平面図形は、一方では円を調和的に分割するが、他方では五つの正立体と折り合う。したがって、円の調和的分割と五つの正立体とは、一つの第三者の中で、すなわち平面図形の中で結び付くのである」。

つまり、円の調和的分割と五つの正立体は平面図形を介して結び付くけれども、平面図形だけをもとにして考えても、双方を一々対応させるに足るだけの論証を立てられないことをいうのであろう。

17——これについては、なお『宇宙の調和』第三巻第一章を参照。

18——第十三章では、以下に述べるピュタゴラスの定理と黄金分割を用いて、正立体の内接球と外接球の半径の比を、正立体の基底面を介して計算している。このことを指していったのであろう。ただし、第十三章には和音に関することは何も述べられていない。

19——ケプラーは自注十八で次のように言っている。

「和音と正立体の対応が明らかでないのは、別に驚くべきことではない。なぜなら、自然の内奥に存在しないものは引き出すことができないからである」。

なお、和音と正立体の関連については、『宇宙の調和』第五巻第九章にも論ぜられている。

20——ケプラーは自注十九では「これもまた絶対に正しいというわけではない」と述べて、慎重な態度をとるようになっている。なお、『宇宙の調和』第四巻第六章および第五巻第二章を参照。

21——一角より見た正八面体と四つの同一平面上にある角に外接する円を図示すると、上の右の図のようになる。立方体をその一角から見ると左の図のようになるが、しかしＡＢＣＤＥＦの六角は同一平面上に、すなわち同一円周上に配することができない。

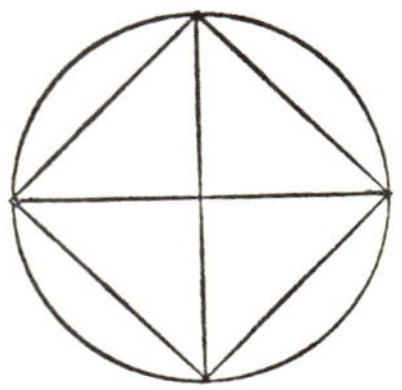

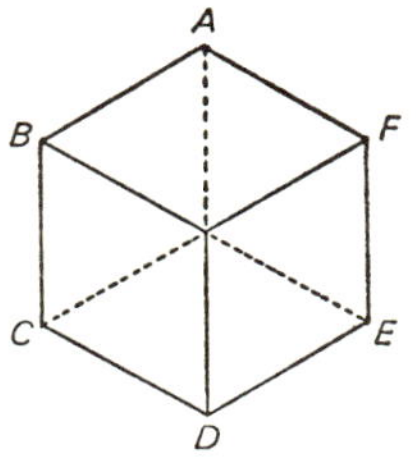

22——星位のことは『宇宙の調和』第四巻に詳しく述べられている。

23——最初の注にかかげた図形と対応させると、☍はⅠの図形、△はⅢの図形、□はⅡの図形になる。星位と和音の対応は、八度が$1/2$で衝に、五度が$1/3$で三分に、四度が$1/4$で矩になる。

24——＊は、最初の注にかかげた図形の中のⅣに当たる。この星位は$1/6$で短三度に当たることになる。

25――ケプラーは自注二十六で、六分の星位がしばしば三分よりも強いことを指摘しており、『宇宙の調和』第四巻第五章では、最も効力の弱いのは十角形（Ⅻ）、十角星形（Ⅹ）、八角形（Ⅴ）、八角星形（Ⅵ）であるとしている。星位に関するケプラーの思索は、『宇宙の神秘』初版の段階ではまだ十分に展開していなかったのであろう。

26――つまり、その円弧は1/12（最初の注にかかげた図形の中のⅦ）もしくは5/12（Ⅷ）であり、したがって、二つの惑星の光線の地上での角度は三十度もしくは百五十度である。

27――プトレマイオスが占星術について記した書である『テトラビブロス』だけを考えると、そういえる。ケプラーの自注二十七によれば、当時彼がまだ読んでいなかった『調和学』（“Ἁρμονικά”）の中ではプトレマイオスはこの理由に言及しているが、その言及の仕方はよくないとケプラーは言っている。

28――ケプラーの自注二十八によれば、これは文字どおりにとると間違いで、弦の場合には1/12、5/12も和音を作る、したがって、この言葉を書き記したとき心の中で考えていたのは、それとは別のことで、十二から一と五を減じた残りの十一と七とが、共にそれぞれの他の項と反撥するので、円のこういう分割に対応するような三重の調和的な〔弦の〕分割が存在しない、ということだった、と述べている。なお、星位と和音の根拠が同じでないことは、後にも述べられているが、『宇宙の調和』第四巻の特に第六章を参照。

29――自注二十九では、ケプラーは、正立体からではなく平面図形に由来する、と考えを改めている。

30――七十二度、百四十四度、百三十五度は、弧の全円周に対する比では、それぞれ1/5、2/5、3/8となり、最初の注にかかげた図形の中では、Ⅸ、Ⅺ、Ⅵに当たる。それぞれ、長三度、長六度、短六度から連想される星位であることは言うまでもない。

31——再び、『宇宙の調和』第四巻第六章を参照。

32——ケプラーは自注三十一で次のように述べる。

「全く無駄なことだった。というのも、経験から$1/5$と$2/5$に相当する星位〔の効力〕が確認されるからである。他方、$3/8$について、この星位がなぜ他のすべての星位よりも効力が弱いかということの別の諸原因は、『宇宙の調和』第四巻第五章で詳しく述べられている」。

33——一方の光線を固定しておいて、もう一つの光線がそれと交わると考えたのであろう。その場合、固定された基準となる光線は太陽から来るものと想定されているように思われる。

34——音楽のほうでは、ある和音に他の和音を組み合わせて和音としての効果を強めることが行われるのに、星位の場合は、ここにあげたものだけで効力を発揮するのに十分であることを言ったのであろう。

35——弦の大きさ（長さ）は、衡のとき一番簡単に計算される。すなわち、直径そのものの大きさと等しい。以下、矩では直径の$\sqrt{2}/2$、三分では$\sqrt{3}/2$、六分では$1/2$である。ところが、ここにあげた図形においては、計算がやや複雑になり、それにともなって弦の大きさがわかりにくくなる。その度合を等級（gradus）としてとらえたのであろう。『宇宙の調和』第四巻第五章を参照。

36——五度を得るには、弦全体を三分割しなければならない。六分割は、それをさらに半分にしたものである。

37——長三度、短六度、長六度を得るには弦を五分割もしくは八分割しなければならないが、5や8は12の約数ではない。

38——正八角形や正十二角形あるいはさらに他の正多角形の一角の度数は、360の約数にならない。したがって、そういう正多角形を作る星位には効力がないと見なすのであろう。八角星形の一角は四十五度、五角星形の一角は三十六度であるが、星形の一角は特殊なので考慮しないのであろう。

なお、ケプラーは自注三十三では、正十二角形を作る星位の光線も効力をもつことが経験から確かめられる、としている。『宇宙の調和』第四巻第五章では、十二角形を作る星位を三角形や六角形を作る星位と同列においていることを参考。

39――『宇宙の調和』第四巻を参照。

40――ケプラーは自注三十六で次のように言っている。

「これは言いすぎで、前述のことども矛盾する。効力が角度から生ずるとすれば、やはり図形からも生ずる。なぜなら、図形は角度によって形作られると共に、どういう角度をとるかということは図形によって決まるからである」。

41――これは、『宇宙の調和』全体の中であつかわれている課題である。すなわち、第一巻と第二巻では星位と和音にとって共通の基礎となる幾何学のことが、第三巻では音楽のことが、第四巻では星位のことが論ぜられる。なお、最後の第五巻であつかわれているのは、調和的比例による惑星軌道の離心の起源と天体運動の完全な調和についてである。

42――Regiomontanus（一四三六―七六年）。本名はヨハネス・ミュラー（Johannes Müller）。ドイツの天文学者、数学者。ルネサンス期の天才の一人で、少年時代からその偉才を認められていた。十二才で一四四八年の最良の天文年鑑を出版し、十五才のとき皇帝フリードリッヒ三世の王女の結婚式のための星占いを依頼された。ところで、彼は十一才でライプチヒ大学に入学し、十六才でウィーン大学に行き、ゲオルク・ポイルバッハ（一四二三―六一年。ドイツの天文学者。ウィーン大学教授。彼はプトレマイオス説についての教科書を著わした。これは五十六回も版を重ね、イタリア語・スペイン語・フランス語・ヘブライ語にも翻訳されたという。しかし彼自身は、すべての惑星が太陽に支配されていると考えた）の弟子にして協力者となった。その後、彼はイタリアに行き、ギリシア語を学んでプトレマイオスをギリシア語原典を通して研究した。だが、彼はプトレマイオス説が信じ続けられないことを公言し、むしろアリスタルコスの太陽中心説を高く評価した。なお、彼は、一四七一年にニュルンベルクの裕福なある貴族の助力を得て、ヨーロッパで最初の天文台を設立している。一四七六年にローマでペストにかかって死亡した。

43――Porphyrius (Porphyrios)（二三二もしくは二三三―三〇五年）。シリア人として生まれ、アテネで勉学し、ローマで熱烈なプロチノスの徒となった。著作は非常に多かったが、特に代表的なものとして、『プロチノスの生涯とその著書の順序について』（"περὶ Πλωτίνου βίου καὶ τῆς τάξεως τῶν βιβλίων αὐτοῦ"）がある。また、プラトン、アリストテレス、テオプラストス、プロチノスの著作に対する多くの注解があるが、アリストテレスの『カテゴリー論』注解を除けば、完全な形で残っているものはない。そういうものに加えて、プトレマイオスの『テトラビブロス』に対する序論およびここで問題になっているプトレマイオスの音楽論（"Ἁρμονικά"）の注解がある。

44――Gerolamo Cardano（一五〇一―七六年）。イタリアの医師にして数学者、哲学者、占星術師、賭博師。その他もろもろの分野に秀でたルネサンス人の一典型。一五四五年には『数学総論』（"Ars magna"）を出したが、その中で、三次方程式の解法や虚数の概念を論じている。彼の自伝の中には、一五五二年にロワール河をくだって旅をしていたとき、何もこれといってすることがなかったので『プトレマイオス注解』を書き上げた、というくだりが見える。

45――レギオモンタヌスは、死ぬ少し前に、自分が出版するつもりだった古代数学者たちの作品のカタログを出していた。しかし彼が早く死んでしまったために、結局、これらの作品は完成しなかった。その中に、ポルピュリオスの注解の付いたプトレマイオスの Musica（つまり"Ἁρμονικά"）も入っていたのである。なお、ケプラーのこの期待はむなしかった。ケプラーと違って、プトレマイオスは数だけにこだわって図形のことを考慮していないし、また古人と同じく、いくつかの調和をしりぞけ、調和にならない音程を調和と見なしていたからである。

46――ケプラーは、自注三十九において、自分の見たかぎりでは、プトレマイオスやポルピュリオスの述べていないことがユークリッドのものに見出されるということは、やはり期待されないだろう、と言っている。

第十三章

正立体に内接しまた外接する球の計算について

以上に述べたのは、〔宇宙の神秘を解く〕いくつかの〔天宮や天体などの〕配置図が適切なものであり、それに用いられた定理が真実らしいということ（εἰκότα）だけであった。われわれは、これから、天文学上の問題である惑星軌道の距離（ἀποστήματα）と〔それに関する〕幾何学上の論証へと話を進めていこうと思う。もしこの両者が一致しなければ、疑いもなく、われわれのこれまでの仕事のいっさいは無益なたわむれにすぎないことになってしまうだろう。[*1] そこで何よりもまず初めに、この五つの正立体それぞれに内接する球と外接する球の比がどうなるのか、を見ていくことにしよう。

さて、外接球の半径はその正立体の対角線の$\frac{1}{2}$に等しい。というのも、立体図形のすべての角が同一の球面に接するのでなければ、正立体にはならないだろうから。ところで、互いに向かいあう二つずつの角と立体図形の中心は、つねに同一線上に、すなわち球の軸の上にある。ただし正四面体は別である。この立体図形では、それぞれの角が各々の面の中心と相対するからである。

さらに、カンパヌス版ユークリッド[*2]の第十五巻の最後の命題によると、立体図形の中心と基底面の中心を結ぶ直線は、内接球の半径である。というのも、内接球は立体図形のもつすべての面の中心に接しなければならず、また立体図形の内接球はすべて外接球と同一の中心をもつからである。

そうすると、簡単にわかることだが、求める線の二乗、すなわち内接球の半径の二乗を得るには、外接球の半径の二乗から、当の正立体の基底面に外接する円の半径の二乗を引かなければならない。いまここにかかげた図では、HOMが外接球の軸であり、この球とそれに内接する立体図形の共通の中心はOにあり、HGLは立体図形の一つの面、つまり基底面であり、Ｉはこの基底面の中心、ＨＩは基底面に外接する円の半径である。そして球の中心Ｏから小円の中心Ｉにおろした直線は、円と線分ＨＩに垂直となるだろう。したがって、三角形ＨＩＯにおいてＩにできる角度は直角である。それゆえ、ＨＯの二乗は、ＨＩの二乗とＩＯの二乗の和に等しい。そこで、ユークリッドの第一巻四十七〔いわゆるピュタゴラスの定理〕により、ＨＩの二乗をＨＯの二乗から引くと、求めるＩＯの二乗が残るというわけである。

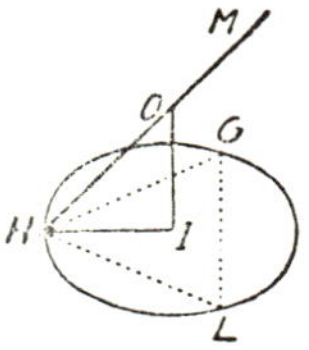

以上から明らかになるのは、すべての立体図形において、ＩＯを得るには、まず基底面の〔外接円の〕半径ＨＩを求めなければならないということである。ところが、半径ＨＩは、この円が外接する正多角形の一辺〔の大きさ〕がわかれば得られる。次に、基底面に外接する円の半径を得るには、まずそれぞれの任意の立体図形の稜〔の大きさ〕を求めなくてはならない。

そこで、任意の〔正立体の〕外接球の半径〔の大きさ〕が全体で1000と仮定しよう。〔われわれの目的のためには、これだけの半径の大きさで十分である。〕ユークリッドの『幾何学原論』第十三巻十五によると、立方体の稜の二乗はその軸の二乗の$1/3$であり、軸を2000とすると、立方体の稜は1155である。正八面体の稜の二乗は、同巻の十四によれば、軸の二乗の$1/2$である。正四面体の稜の二乗は、同巻の十三によれば、軸の二乗の$3/2$である。[*3] ここまでは、第一巻四十七の、直角三角形における各辺の二乗に関するピュタゴラスの黄金の定理を用いてきた。だが、残りの二つの正立体においては、幾何学の第二の宝が必要である。それは、第六巻三十の線分の外中比にもとづく分割〔いわゆる黄金分割〕[4]に関するものである。というのも、正十二面体の稜は、第十三巻十七の系によると、黄金分割された立方体の稜の大きいほうの部分だからである。同様に、正二十面体の稜を出すには、まず正二十面体の五つの角に接する円の半径が求められる。すなわち、円ABにおけるACがその半径である。この半径の二乗は、第十三巻十六の系によると、軸の二乗の$\frac{1}{5}$である。ゆえに、同巻五および九によって、黄金分割されたその半径ACの大きなほうの線分ADが正十角形の一辺であり、この十角形は同一の円ABに内接し得る。したがって、半径全体つまりACと、その大きいほうの部分の線分ADのそれぞれの二乗の和は、第十三巻十により、同一円上にある正五角形の一辺EFの二乗と等しい。正二十面体の二つの角のあいだにはこのような関係があるから、同巻の十一および十六によって、正二十面体の稜〔の大きさ〕が得られることになる。

　そこで、すべての立体図形の稜〔の大きさ〕を、その外接球の軸に対する比のかたちで得ることになる。したがってわれわれは、すでに〔大きさの〕知られた稜から、〔各正立体の〕基底面に外接する円の半径を求めることになる。それは、この際、特に精密な数値は必要ないと考える人ならだれでも、サインを用いることによって、いともたやすく求めることができる。[5]それでも、もっと精緻に仕事を進めてみたいというのであれば、そういう人には、

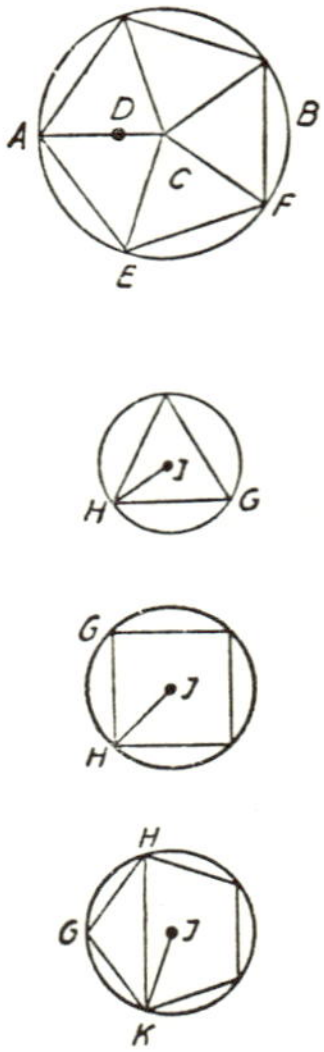

ユークリッドから、当の問題の基礎となるものを提示してみたい。その場合、正立体の基底面の形は、正三角形、正方形、正五角形の三つだけであるが、正三角形の場合は、しばしば述べた〔第十三巻の〕十二により、辺ＧＨの二乗は求める半径ＨＩの二乗の三倍であり〔$GH^2=3HI^2$〕、正方形の場合は、辺ＧＨの二乗は求める半径の二乗の二倍〔$GH^2=2HI^2$〕、次いで正五角形の場合は、カンパヌス版ユークリッドの第十四巻四から、辺ＧＨの二乗とその下に張る対角線ＫＨ〔これはすでに〔大きさの〕知られた線の中の一つである〕の二乗の和が、求める半径の二乗の五倍となる〔$GH^2+KH^2=5HI^2$〕。こうして基底面の外接円の半径は、稜に対する比のかたちで得られるのである。

そこで、外接円の半径の二乗を、外接球の大きさである $\sin\angle R$〔つまりこの球の半径〕の二乗から引くと、上に証明したように、われわれの求める内接球の半径の二乗が残ることは言うまでもない。だが読者は、私が先に述べたように、サインを用いるほうが一層やさしくて便利であろう。

とにかくこういうわけで、仕事に余計な苦労をしないで済むように、他にも仕事を簡素化できることがあれば、どんなことでも見落としてはいけない。まず、正十二面体と正二十面体の内接球は、これらの立体図形が同一の球に内接する場合、同じ大きさ〔半径〕をもつ。というのも、二つのうちのいずれの立体図形の基底面の外接円も、第十四巻二によると、同じ〔大きさの〕半径をもつからである。同じようなことが立方体と正八面体についても言える。というのも、〔立方体の外接球の〕軸の二乗は、立方体の稜の二乗の三倍であり、この稜の二乗は、基底面の外接円の半径の二乗の二倍なので、軸の二乗は、基底面の外接円の半径の二乗の六倍になる。他方、正八面体においては、〔その外接球の〕軸の二乗は稜の二乗の二倍であり、この稜の二乗は基底面の外接円の半径の二乗の三倍なので、したがって、この軸の二乗もまた〔外接円の〕半径の二乗の六倍になるからである。ゆえに、仮定から、外接球の半径、すなわち〔この章の一番初めの図における〕ＯＨが同一で、かつ基底面の外接円の半径ＨＩも同一であり、そして角ＯＩＨはつねに直角だから、したがって、内接球の半径すなわち第三の辺ＯＩもまた、第一巻にもどってその二十六により、同一となる。そこで、立方体と正二十面体の内接球が得られたら、正八面体と正十二面体については、わざわざ〔その球の大きさを〕算出する必要はないのである。

次に、立方体では、一つの稜がまたこの立体図形の高さでもあるので、稜の半分が高さの半分であろう。そしてこの高さが、この立体図形の中心と基底面の中心を結ぶ線にほかならない。だから、基底面に外接する円の半径をわざわざ求める必要はない。

三番目に、稜の大きさの等しい正八面体の高さと正四面体の高さは同じである。[*6] したがって、正四面体の稜が大きければ大きいほど、立体図形そのものの高さも高い。同様に、正八面体と〔この立体の稜の〕二倍の大きさの稜をもつ正四面体は、同じ大きさの内接球をもつ。というのも、正四面体を各稜の中点で切ると、半分の大きさの稜をもつ四つの正四面体と一つの正八面体になる。そして正四面体は四つの面をもつが、切断によってできた小さな四面体は、もとの四つの面のいずれからもその中心点を取り去ることはない。それらの中心点は切断線よりもずっと下にあるからである。したがって、〔もとの正四面体の〕内接球は切断によってできた正八面体の中にとどまり、もとの四つの面の中心と、[*7] 正立体の定義に従って、切断により生ずる四つの新しい面の中心にも、同時に接している。そこで、正四面体もしくは正八面体あるいは立方体のいずれかの内接球がまず得られると、〔これらの立体の〕

稜の比によって、他の立体の内接球の大きさもたやすく得られるだろう。

以上述べたことに、カンダラ[*8]やその他の人々が正立体についてすでに証明したことを付け加えてみられよ。それは、次のようなことである。すなわち、正四面体に外接する球の直径NMの二乗は、第十三巻の十三と一の系によると、正四面体の基底面の外接円の半径HIの二乗の$4\frac{1}{2}$である。同じ箇所により、高さ、つまりこの立体の垂線NIは直径NMの$2/3$であり、そのNIの二乗は稜GHの二乗の$2/3$である。カンダラ版ユークリッドの第十三巻十三と三の系により、正四面体に内接する球の半径OIは、同じ垂線NIの$1/4$であり、同じく外接球の半径NOの$1/3$、つまり直径NMの$1/6$である。[*9]

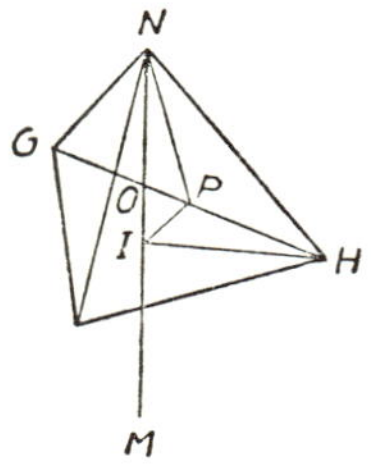

したがって、それぞれの立体図形に外接する球の半径を1000とすると、それに対して各数値は次のようになる。[*10]

	稜の長さ	基底面に外接する円の半径	内接球の半径
立方体	1155	$816\frac{1}{2}$	577
正四面体	1633	943	333
正十二面体	714	607	795
正二十面体	1051	607	795
正八面体	1414	$816\frac{1}{2}$	577

参考—正八面体の中にある正方形に内接する円の半径は707である。

第十三章の注

1――ケストラーは、『宇宙の神秘』が、序曲と第一楽章および第二楽章から成り立つ、と言っている。序曲は「読者への序」と第一章で、以下、第二章から第十二章までが第一楽章、第十三章以下が第二楽章というわけである（『ヨハネス・ケプラー』河出書房新社版、小尾信弥・木村博訳、五四ページ）。確かに、第十三章からは調子が違い、非常に実証的になって、ここが一つの明らかな節《ふし》を作っている。第十二章までが古代・中世的、観念的、神秘的な要素が強いものとすれば、第十三章以下は、いわゆる近代的、経験的、実証的な傾向が強くなっていることは事実である。したがって、この書物自体は、古代中世的思考と近代的思考をつなぐ一つのかけ橋であると言うこともできよう。

2――ヨハネス・カンパヌス・ド・ノヴァラは、十三世紀のイタリアの天文学者、数学者。ユークリッドの『幾何学原論』をアラビア語からラテン語に訳した。これは最初のラテン語版ユークリッドとして、一四八二年にベニスで出版され、後に復刻された。

3――すでに本文で述べられているように、正四面体の軸はその外接球の直径と同じ大きさではない。この場合の軸とは、正四面体の高さにほかならない。

4――線分ABをP点によって二つの部分に分割するものとする。このとき、AB：AP＝AP：PB になるよう点Pを定めることを、外中比にもとづく分割、一般には黄金分割という。これが、古代ギリシア以来、最も調和的な美しい分割法として知られているからである。

なお、ケプラーは「黄金分割」という呼称を用いないで、つねに「外中比にもとづく分割」としているが、以下

の訳では、前者の呼び方がよく知られているので、それを用いることにした。

5——正立体の稜、すなわち基底面の一辺の大きさから、それに外接する円の半径の大きさを求めることは簡単である。基底面が正方形の場合、その辺の大きさを**1**とすると、外接円の半径rは、$r=\sin 45°$。正三角形の場合、$r=\dfrac{1}{2\sin 60°}$。正五角形の場合、$r=\dfrac{1}{2\sin 36°}$となる。あとは、サイン表でこの角度のサインを調べて計算すれば、およその数値が得られる。

6——第二版の自注一に見えるケプラーの考えに従うと、ここにいう正八面体の高さというのは、相対する二角の距離ではなく、平行する二つの側面のあいだの距離である。すなわち、この立体の一側面を平らな所につけたときの高さが考えられている。そして、稜が同じ大きさであるとき、正八面体のこの高さと正四面体の高さが等しいことを、ケプラーは、正四面体を各稜の中点から切断して、四つの正四面体と一つの正八面体に分割した場合を想定して明らかにしている。しかし、次のように考えればこれはもっとよくわかる。

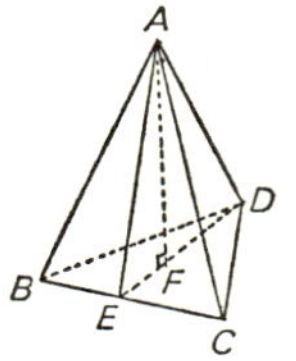

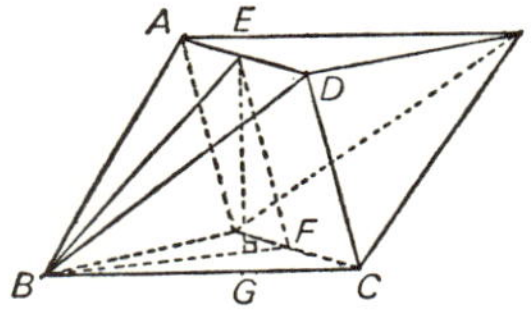

正四面体の高さは、三角形ＡＥＤを取り出したときのＡＦであるが、この三角形の大きさは、

$$AE=ED=\frac{\sqrt{3}}{2}AD$$

したがって、　$AF=\sqrt{\frac{2}{3}}AD$

正八面体の高さは、三角形ＢＥＦを取り出したときのＥＧである。この三角形についても、ＥＦは稜の長さと等しいので、

$$BE=BF=\frac{\sqrt{3}}{2}EF$$

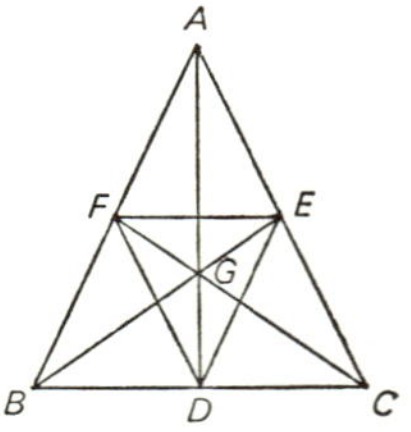

したがって、　$EG=\sqrt{\frac{2}{3}}EF$

こうして、両者の高さは、各正立体の稜の大きさの$\sqrt{\frac{2}{3}}$になる。

7――切断した後でも、これは新たに正八面体の一側面となった正三角形の中心であることに変わりはない。上図を参照。

正三角形ＡＢＣの中心Ｇは、辺の長さが$\frac{1}{2}$の正三角形ＤＥＦの中心でもある。

8――フルサテス・カンダラのユークリッドは、初版が一五六六年にパリで、第二版が一五七八年に同所で刊行された。カンダラは、自らの刊行したユークリッドに、正立体に関する一層詳しい研究を付け加えている。

9――この文章の後、第二版には次のような言葉が本文に加えられている。

「こうして、簡単にいうと、ＯＩ、ＩＰ、ＨＰ、ＨＩ、ＮＯ、ＮＩ、ＮＰ、ＮＨ、ＮＭのそれぞれの二乗の相互のあいだの比は、1、2、6、8、9、16、18、24、36である」。

10――ケプラーはここではそれぞれの大きさを数値として出しているが、対照するために、各正立体の外接球の半径を１としたときのそれぞれの大きさを、無理数を用いて正確に表わしておこう。

	稜	基底面の外接円の半径	内接球の半径
立方体	$\frac{2}{3}\sqrt{3}$	$\frac{1}{3}\sqrt{6}$	$\frac{1}{3}\sqrt{3}$
正四面体	$\frac{2}{3}\sqrt{6}$	$\frac{2}{3}\sqrt{2}$	$\frac{1}{3}$
正十二面体	$\frac{1}{3}\sqrt{6(3-\sqrt{5})}$	$\frac{1}{15}\sqrt{30(5-\sqrt{5})}$	$\frac{1}{15}\sqrt{15(5+2\sqrt{5})}$

正二十面体	$\frac{1}{5}\sqrt{10(5-\sqrt{5})}$	$\frac{1}{15}\sqrt{30(5-\sqrt{5})}$	$\frac{1}{15}\sqrt{15(5+2\sqrt{5})}$
正八面体	$\sqrt{2}$	$\frac{1}{3}\sqrt{6}$	$\frac{1}{3}\sqrt{3}$

第十四章

本書の第一の目的、すなわち、五つの正立体が諸軌道のあいだにくることの天文学的証明

ではここで主題に移ることにしよう。すでに知られているとおり、惑星軌道は離心している。そこで、その軌道球は、〔離心しているために生ずる〕運動の仕方の多様性を明らかにするのに必要なだけの厚さ〔軌道球の厚さ、すなわち球殻〕をもつ、という見解を自然学者たちはとっている。そしてここまでは、コペルニクスもやはりわれらが哲学者たちに[*1]賛成している。しかし他方では、またかなりの見解の相違が認められる。すなわち、自然学者たちの考えでは、月天の最下層面から第十天球まで、天体の軌道球には間隙が全くないのである。つねに一つの軌道球はほかの軌道球と接し、より上方にある天体の軌道球の最下層の面は、より下方にある天体の軌道球の最上層の面と完全に重なる。だから、たとえば、自然学でいわれる火星の位置はどこなのか、とたずねる人に対して、自然学者たちは、木星の軌道球の下層面だと答える。そして彼らは、おそらくプトレマイオスの見解とか旧来の天文学の記述の中にこう答えなければならない理由を見出すかもしれない。なぜならその場合、諸軌道の比を探究する〔他の〕どんな機会もどんな手がかりもないからである。実際のところ、自分自身でその土地を踏破したことのない者はだれでも、新インド人〔アメリカン・インディアンのこと〕について記述した人々を容易には反駁できない。それと同様、天体観測の経験が豊かでさまざまの独創的仮説を立て、宇宙そのものと諸軌道のあいだにまで飛翔した天文学者でなければ、やはり、諸軌道の接触に関する自然学者たちの薄弱な論拠さえしりぞけることはできないのである。だが、すでにコペルニクスの仮説から、ことに地球のあの運動を考えることから、隣接する惑星軌道の間隔の割合は[*2]、つねに両者の軌道の離心率を大きく上まわる、という結果が出てきている。そこで、相互の間隔が一番小さい地球と金星の軌道を、この問題の例にとってみ給え。宇宙の中心から地球までの平均距離を60の割合とすると、同じ中心から金星までの平均距離の割合は$43\frac{1}{6}$であり、その差は$16\frac{5}{6}$になる。[*3] 他方、地球は近日点で[*4]金星軌道に $2\frac{1}{2}$の割合だけ接近し、金星は遠日点で同様に $2\frac{1}{2}$の割合だけ地球軌道に向かって接近してくる。この総計は5の割合になる。したがって、二つの惑星が互いに最も接近しているときでも、やはり差し引き12の割合で[*5]隔たっている。そこで、この二つの惑星のあいだの間隙が、諸交点[*6]を誘導する円、つまり、惑星の黄緯の変動を説明するための円によってみたされる、と主張する人があったとしても、その目的は、そんなに大きな間隙をうめつくすものよりもはるかに薄い軌道球によって果たされ得るし、また自然はそれほど厚い軌道球の巨大な荷物を負わされるべきではない、とその人は考えることだろう。確かに、コペルニクスの仮説は、すべて全く周到にととのえられた適切なもので、互いにうまくかみ合っているので、諸運動を可能にするために、手っ取り早く他の惑星の通り道の上にはみ出るような軌道球を必要とすることなど全然ない、と思われる。しかしとりあえず、隣接する惑星のあいだの間隙が、上のような軌道球によってみたされるとしてみよう。その上であらためて、それがどういう結果になるかを調べてみよう。木星軌道の近地点から火星軌道の遠地点までの距離は、火星軌道から宇宙の中心までの距離よりも二倍大きい（というのも、宇宙の中心から木星までの距離は、火星までの距離の三倍だから）。すると一体、ごく小さな惑星について、黄経と黄緯におけるかろうじて目にとまるような運行の変動を表わすために、火星軌道の全体の大きさよりも二倍も厚いこの空間全体が、それほどまでに巨大な諸軌道球によって、果たしてみたされることになるのだろうか。自然のこの過剰さは何であろうか。これは何と馬鹿げたことか。何と無駄なことか。こんな自然のありかたは、自然そのものに全くなじまないではないか。が、これと対照的に見られるのが次のことである。すなわち、コペルニクス説では、どんな軌道もほかの軌道と接触せず、各惑星系のあいだの巨大な間隔は、至るところ宇宙の霊気にみたされているが、隣接する惑星系のどちらに属することもなく残されている、ということである。

そこでここの図表〔図Ⅳ〕を見ると、それぞれの軌道とそのあいだにある空間の大きさは、コペルニクスが数値で表わしたとおりに、実際の比にもとづいて示されている。だが、そういう空間があることの原因、つまり、至高至善の創造者である神が、どうして二つずつの惑星のあいだに現にあるようなそれぞれの空間を残したのか、ということは五つの正立体から説明される。すなわち、各々の立体図形がそれぞれの間隙を構成しているのである。このことは私が初めに述べておいたから、いまはただ、それがどんなに幸運な試みだったかを見てみることにしたい。そして、天文学という裁判官とコペルニクスという仲裁者の面前で、この訴訟の決着をつけてみたい。私は、惑星軌道自体にも、その惑星の上下動に必要な厚さを残している。しかし、その厚さが十分かどうかは、以下の第二十二章で見ることになろう。ところで、私が言ったように、立体図形があいだにおかれているとすれば、上位の惑星軌道球の最下層面は立体図形の外接球と、下位の惑星軌道球の最上層面は内接球と、それぞれ等しいものでなければならない。他方、立体図形は、私が上にさまざまな推理によって確認したとおりの順序で配列されなくてはならない。そこで、

土星	の軌道球の最下層面を半径1000の大きさとすると	木星	の軌道球の最上層面の大きさは	577	のはずだった。*7 他方、コペルニクス説によると、	635（コペルニクスの書の第五巻（第九章）
木星		火星		333		333（第十四章）
火星		地球		795		757（第十九章）
地球		金星		795		794（第二十一章と第二十二章）
金星		水星		577または707		723（第二十七章）である。

ところで、地球軌道の厚さに月の系を加え、こうして月も入れた地球の軌道球の最下層面を1000とすると、コペルニクスの説では、金星の軌道球の最上層面は847となる。そして火星の軌道球の最下層面を1000とすると、月も入れた地球の軌道球の最上層面は801になる。ここで、あの第二章でかかげた図、すなわち正立体を軌道のあいだにおいた例の想像の図を、とにかく絶えず参照されるようお願いしたい。

では、上の表の上下にならんで対応している数値を見ていただきたい。*8 火星と金星の数値は同じである。地球と水星の場合は、互いにそんなに異なるというわけではない。*9 ただ、木星の数値はかなり相異なっている。しかし、こんなに宇宙の中心から遠い惑星にこれだけの差異が出てきたところで、だれも別に驚きはしないだろう。なお、月の小軌道は、地球の軌道の大きさを60の割合とすると、かろうじて3の割合にすぎなくなるけれども、*10 この月の小軌道を地球の軌道の厚さに加えると、地球軌道に隣接する火星と金星の軌道において、どれほど大きな差異をもたらすか、ということもあなたにはわかるであろう。*11

以上のことから、読者は次のように結論することができよう。すなわち、もしわれわれの試みが宇宙の本性に反するものなら、言いかえると、神御自身が創造のときこういう比例数のことを考慮されなかったとすれば、そういうことに気付くのは何とたやすかったか、また、上のように対応する数値にどれほど大きなくい違いが生じてきたか、ということである。確かに、五つの正立体の比の作り出す数が、惑星の軌道のあいだのこの実際の間隔とこれほど近似しているのは、決して偶然ではあり得ない。ほかの理由もあるが、なかんずく、実際の惑星軌道のあいだの間隔の序列が、私が上に最善の推論によって正立体に割り当てた序列と同じだからである。これについては、第三章を参照されたい。実際、なるほど〔木星の場合の〕635と577のあいだには差異があるけれどもそれでも、577以上に635に近似する数値はどこからも得られないのである。

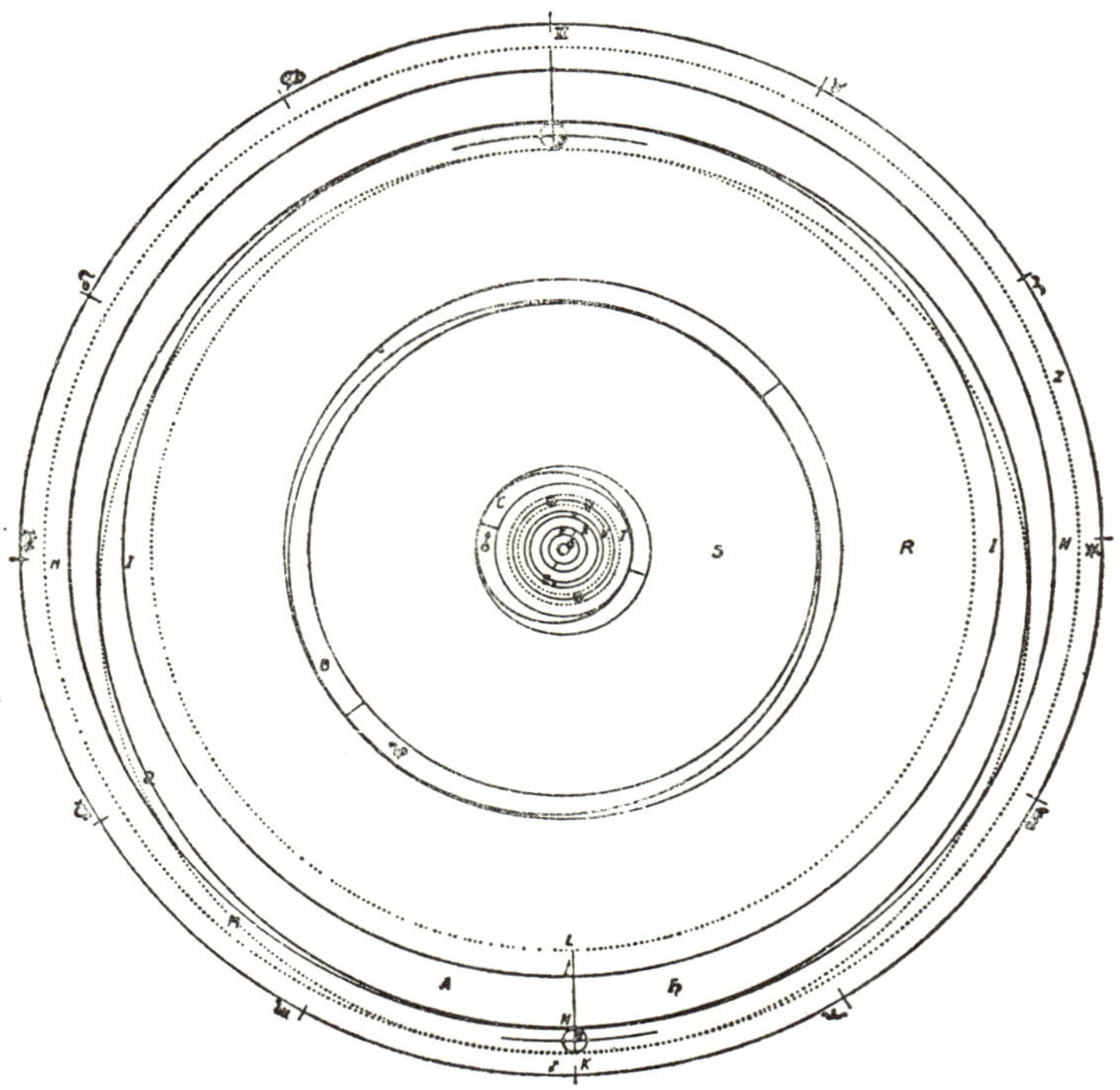

図表Ⅳ　コペルニクスの算出した数値とその説にもとづき、惑星軌道とそのあいだの間隔の事実上の大きさを示す。（Cは図の下の小さな周転円の中心、Pは上の小さな周転円の中心である。）

一番外側の円は、恒星天球における獣帯を表わしている。この円は、宇宙または大軌道（地球軌道）の中心から、あるいはまた地球自体からえがかれる。なぜなら、大軌道の大きさはすべて、一番外側の円とくらべれば、無視できるからである。

A　土星系　大軌道の中心Gからの同心円

B　木星系

C　火星系

D　中心Gからの同心円である地球自体の中心の軌道あるいは円。これには、二箇所で月の小軌道球が加えられている。二つの点線の円は、そのあいだに月の軌道をもつ地球軌道の厚さを示している。

E　二つの小円は、金星系の厚さをえがき出している。この厚さのあいだに、金星の運行のいっさいの変化が現われる。

F　水星の運行のいっさいの変化がそのあいだに現われる空間を、二つの小円のあいだに示している。

G　すべての軌道の中心であり、またほぼ太陽そのものとしてよい。

OとPを通過する円（ここでは、ただその円の二つの弧だけが示されている）は、周転円をもつ土星の離心円（軌道）である。

Qと、その離心円の遠地点Oにある周転円の近地点と、同じく離心円の近地点Pにある周転円の遠地点とを通る曲線は、土星の離心した通り道である。それは確かに円でないけれども、見た目には円になる線と異ならない。HIは、二つの同心円に囲まれた厚さである。土星の離心した通り道が、自身のためにこの厚さを必要とする。

MとOにある周転円の遠地点と、同じくPにある周転円の近地点とを通る曲線、あるいはほぼ円といってもよいが、それは離心円で、これをプトレマイオスは等化円[*12]と呼んでいる。

KLは、二つの点線の同心円によって区切られた厚さである。周転円全体とあの等化円が、この厚さを必要とする。

土星は、Hを越えて上昇することもなく、Iより以下に下降することも決してない。

土星以外の惑星の軌道も、やはりそれぞれ同じような特殊な円軌道をもっていることが知られるが、線が多くなりすぎて、事柄を明らかにするよりもむしろあいまいにすることがないよう、ここではそれを省略する。そういうわけで、木星と火星については、それぞれの離心軌道とそれを含む二つの同心円で、ほかの惑星については、ただここにえがかれた同心円だけで十分ことたりる。

惑星のあいだにある空間では、

R　立方体の位置

S　正四面体の位置

T　正十二面体の位置

V　正二十面体の位置

X　正八面体の位置

Zは、土星と恒星のあいだの空間であり、ほとんど無限といってよい大きさである。

第十四章の注

1――ここでは、ケプラーは、哲学者たちという言葉で特にプトレマイオスを念頭に思い浮かべていると思われる。哲学的に思慮深く考える（philosophor）ということの代表としてはアリストテレスが考えられ、哲学者といえばアリストテレスというように、中世末からこの時代まで考えられがちであったことは前にも見たとおりである。ここでは、アリストテレスの哲学的見解に従うプトレマイオスということから「われらが哲学者たち」のように複数で表わしたのであろうが、ケプラーの自注一には、"……ne Ptolemaeus quidem adeo crasse philosophatur" とあり、プトレマイオスは球殻を確かにそう厚くは〔そう粗雑には、という意味もこめられていよう〕考えなかった、として、その「考える」というところに philosophatur（先の philosophor の直説法現在単数三人称の形）をもってきている。ケプラーは、言外の意味としては、自然学者たちが思慮深いどころかだんだん行き過ぎて球殻をかなり厚く考えるようになったことを批判しているものと思われる。

2――ある軌道の半径に対する、これと隣り合う軌道の半径との差の割合。

3――ここのところは、コペルニクス『天体の回転について』第五巻第二十章、第二十二章を参照のこと。

4――‘in perigaeo’（近地点で）とあるが、ここではむしろこう訳したほうがわかりやすいと思う。

5――実際は$11\frac{5}{6}$になる。

6――天体の軌道面は一般に基準にとった平面とある傾きをなしているので、この二つの平面は一直線で交わる。したがって、軌道面を天球に投影して考えた場合、この交わりの直線は天球と二点で交わる。これを交点（nodus）という。この基準面としては、ここでは黄道面が考えられているのであろう。なお、二つの交点のうち、天体が基準面を南側から北側へ通過する点を昇交点、北側から南側へ通過する点を降交点という。

7——前章の数表を参照。

8——すぐ前の数表の上下に対応しているもの、たとえば、577に対して635，333に対して333，というように。

9——水星の場合、正八面体の内接球の半径577をとらないで、正八面体の正方形に内接する円の半径707をとるならば、この数値は723からそう異なるというわけではない、とケプラーは自注三で述べている。

10——このところは、ケプラーの自注四にもあるように、『概要』第四巻を参照のこと。

11——つまり、地球の757が801に、金星の794が847になる。

12——第二十二章の注1参照。

第十五章
距離の補正と、プロスタパイレシスの差異

親愛なる読者よ。ささやかなくい違いがあるからといってこの仕事全体を放棄するきっかけが生ずることのないよう、私は、読者に次のようなことをよく心にとめておいていただきたいと思う。すなわち、コペルニクスの企図は、宇宙形状誌ではなく、天文学に関わっているということである。言いかえると、彼は、ただ、運動の仕方を説明し惑星の位置を計算するのにできるだけふさわしい数値を、観測にもとづいて定めさえすれば、あとは、それぞれの惑星軌道どうしの実際の大きさの比を出すとき、何らかの間違いをおかしていないかどうかは、ほとんど気にかけていない。逆に、たとえだれかが、よりふさわしい数値を算出することを試み、プロスタパイレシスにどんな混乱も起こさないか、あるいは、ほとんど混乱を起こさないようにコペルニクスのこの数値を修正しても、彼はそういう試みをたやすく認めてくれるであろう。

そこで次は、われわれの仕事の仕上げをし、地球軌道の視差[*1]において、個々の惑星にどんな変化がどれだけ起こるかを明らかにするため、私は新しい宇宙像を作り上げてみたいと思う。まず、任意の惑星軌道の半径に対する離心値の割合〔つまり離心率〕については、すでに〔天文学の〕専門家たちが調べあげている。そこで、もし正立体をあいだにおくことにより、惑星軌道において宇宙の中心から一番遠い距離または一番近い距離に、何か〔大きさの〕変化が生ずるならば、この変化は、その仕方に応じて離心値に認められるにちがいない。〔各正立体をおくときの〕起点は、地球の最大距離からは上方に向かっていき、最小距離からは下方に中心へと向かうだろう。[*2]

だが、何よりもまず、コペルニクスの数値を計算しなおし、特に現在のわれわれの課題に適合するようにしなければならない。というのも、彼が太陽を全宇宙の中心にしたことは疑いないとしても、とにかく計算を簡単にするためと、プトレマイオスの説からあまり離れすぎることによって自分の熱心な読者を当惑させることがないようにするため、すべての惑星の最大距離と最小距離、およびその時の惑星の獣帯上の位置（これらの位置が、遠地点・近地点という名称をもっている）[*3]を、太陽の中心からではなく、大軌道（すなわち地球軌道）の中心から、いわばこれが宇宙の中心であるかのように計算したからである。しかしながら、大軌道の中心は、どんな時でも地球（もしくは太陽）の最大離心値の分だけ、つねに太陽からずれている。私がこういう性質の（コペルニクスの）数値を現在のこの仕事の中で用い続けようとするなら、結果としては次のような不都合が生ずることになるだろう。すなわち、地球の軌道が立体（すなわち、厚みをもつ中空の球）として考えられるか、前章の図Ⅳで見られるように、少なくとも面（すなわち、二つの同心円で囲まれた、一定の幅をもつ図形）であると考えられるかぎり、内接の仕方に誤りをおかすことになるだろう。さもなければ、地球軌道には、私が他の惑星軌道に残しておいたような厚み（球殻）を全く残してはならないことになるだろう。だが、厚みを残さないと、正十二面体の各面の中心と正二十面体の角とが同一の球面上にあることになり、こうして全宇宙は、惑星運動についての経験的知識と観測によって許される以上に窮屈に見え、ずっと圧縮されたものとなるであろう。私がこの微妙な困難[*4]を、私の高名な先生であるミカエル・メストリンに打ち明け、私が立てたばかりのこの定理を証明しては下さらないかと打診してみたところ、先生は、私を助けようと、思いもかけないほど熱心にこの難しい仕事を引き受け、あらためてプルテニクス表[*5]から惑星の距離を算出しただけでなく、以下にあげる表（図表Ⅴ）を私のために作成する労をとったのである。こうして先生のおかげで、当時ほかのいろいろな用事に没頭していた私は、重大で困難なしかもわずらわしい仕事から免《まぬが》れることができた。作者のメストリン先生自身が許可してくれたので、私は読者にもその表を示すことにしよう。

私が読者にこの表を見るように勧めるわけは、表が現在の課題を理解するのに役に立つだけではなく、もつれきった結び目を読者の眼の前で解きほぐし、さらに手をとるようにして、読者をプルテニクス表とコペルニクス説の内奥の聖域に案内してくれることになるからである。実際のところ、諸惑星のさまざまな長軸端*6が獣帯上のさまざまな位置にどのようなぐあいに当たるのか、ということをこの表から学び知るのは、楽しいことである。すなわち、そこでは、金星において完全に三分（120°）以上の違いが生じている。というのも、金星の遠地点は金牛宮（♉）と双子宮（♊）にあり、遠日点(ἀφήλιον)は磨羯宮（♑）と宝瓶宮（♒）にあるからである。さらに気付かれることは、太陽からの距離*7を示す直線が、地球軌道の中心からの距離を示す直線とは全く異なることである。〔太陽からの〕土星の距離には地球の離心値の分全体が加算されているから、この差異は土星（♄）において最大となる。だが、木星では〔両者からの〕差異はわずかである。なぜなら、木星は、土星のように太陽—地球方向において一番大きな高度になるのではなく、天秤宮（♎）にあって、その位置は、太陽と大軌道のそれぞれの中心からほとんど等しい距離だけ離れているからである。さらに、コペルニクスは、『天体の回転について』第五巻の第四章、第十六章および第二十二章の終りで、地球の離心率の変化に対応する火星と金星の離心率の変化については*8、非常に簡単な言葉で示唆し、他方、レティクスは、その『第一解説』の中でこの問題を一層詳しく追究しているが、この図表はまたこの問題の論証もたちどころに明らかにしてくれる。そのほかにも、この図表がわれわれに教えてくれることがある。しかしそれは別の場所で言うほうが都合がよいので、目下はあとにのばして、ここでまた本題にもどることにしよう。さて、私はここに四列の数値をならべることにしたい。

第一列にくるのは、大軌道の中心から惑星までの距離である。その距離は、コペルニクスの説とプルテニクス表から単純に得られるとおりの、修正のない数値である。[*9]

第二列にくるのは、太陽の中心から惑星までの距離である。この距離は、上の数値を吟味したあとで、コペルニクスの説から出てくるものである。それと関連のある図表は、いま見たばかりである。

第三列と第四列には、やはり太陽(☉)から惑星までの距離がくる。ただし、その距離は、正立体を軌道のあいだにおくことによって改められたかぎりの数値である。なお第三列のは、月の系が結び付いてはいない、基礎としては単に地球軌道の厚さだけしかもたない宇宙の構造を考えたとき出てくる数値である。最後に第四列は、上方と下方で月の軌道の半径をおおえるだけの地球軌道の厚さを想定したときの数値である。

以上が、それぞれの惑星の距離である。さらに私は、次のような角度の一覧表を付け加えておこう。これらの角度は、地球の平均距離を $\sin\angle R=1$ とする場合の金星と水星の最大距離が作るサインから、また外惑星については、惑星の最大距離を $\sin\angle R=1$ とする場合の地球の平均距離が作るサインから、それぞれ得られるものである。[*10] これらの角度の中で、内惑星は金星と水星の太陽からの最大離角に、[*11] 他方、外惑星は土星、木星、火星の遠地点(ἀπόγειον)におけるプロスタパイレシスに最も近似するであろう。第一列には、月を除いて正立体をあいだにおいたときに出てくる角度がある。第二列には、コペルニクスの算出した太陽から惑星までの距離から出てくる角度がある。最後の第三列には、地球軌道に月の軌道を結び付けた上で、正立体をあいだにおいたときに出

		°	′	″	°	′	″	°	′	″	°	′	″
♄	最高	9	42	0	9	59	15	10	35	56	11	18	16
(土星)	最低	8	39	0	8	20	30	8	51	8	9	26	26
♃	最高	5	27	29	5	29	33	5	6	39	5	27	2
(木星)	最低	4	58	49	4	59	58	4	39	8	4	57	38
♂	最高	1	39	56	1	38	52	1	33	2	1	39	13
(火星)	最低	1	22	26	1	23	35	1	18	39	1	23	52
地球	最高	1	0	0	1	2	30	1	2	30	1	6	6
	最低	1	0	0	0	57	30	0	57	30	0	53	54
♀	最高	0	45	40	0	44	29	0	45	41	0	42	50
(金星)	最低	0	40	40	0	41	47	0	42	55	0	40	14
☿	最高	0	29	24	0	29	19	0	30	21	0	28	27
(水星)	最低	0	18	2	0	14	0	0	14	0	0	13	7
☉	最高	0	2	30	0	0	0	0	0	0	0	0	0
(太陽)	最低	0	1	56									

	°	′		°	′	°	′		°	′	°	′
♄	5	25	−	0	20	5	45	−	0	41	5	4
♃	10	17	−	0	12	10	29	−	0	6	10	23
♂	40	9	+	2	47	37	22	+	0	30	37	52
♀	49	36	+	1	45	47	51	−	2	18	45	33
☿	30	23	+	1	4	29	19	−	1	1	28	18

てくる角度がある。[*12] そして第一列と第二列、第二列と第三列のそれぞれのあいだには、相互の差異があげられている。

プトレマイオスの時代。紀元140年ころ。

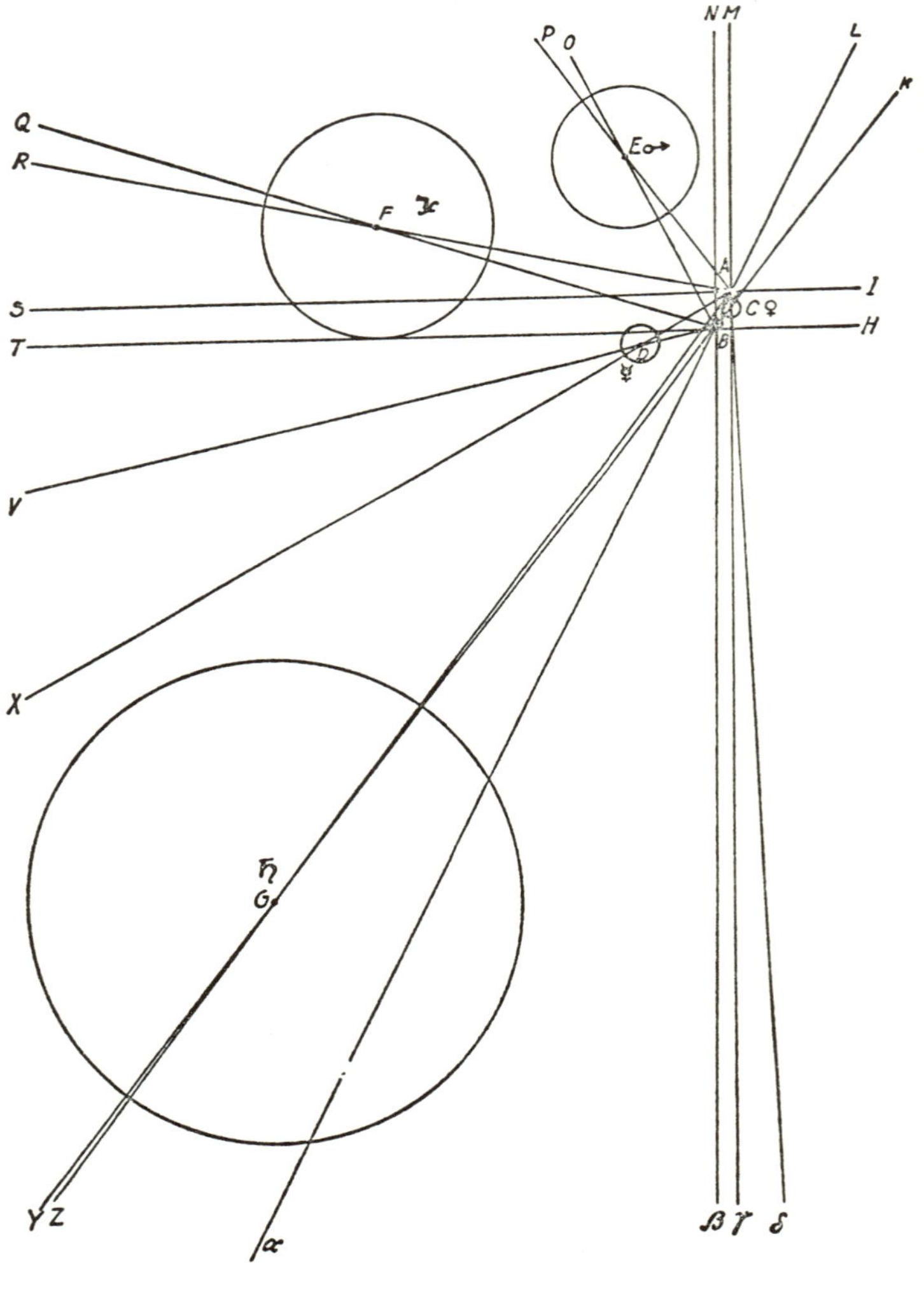

図表V　コペルニクスの説とプルテニクス表の数値にもとづき，宇宙の離心軌道の中心の位置を示す。

コペルニクスの時代。紀元1525年ころ。

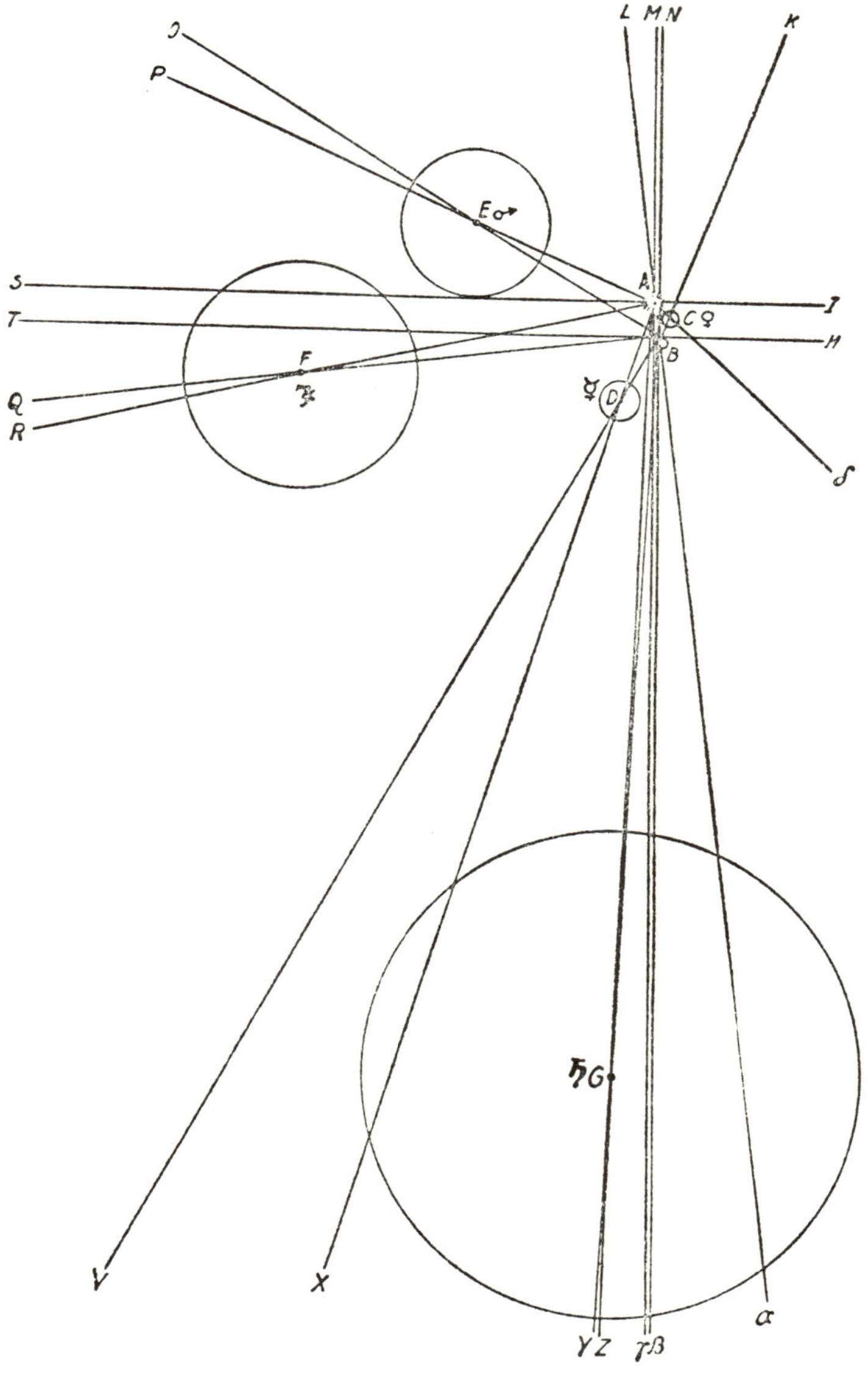

Aには太陽があり、それが宇宙の中心である。

Bの小円は、地球の大軌道の離心率の円 (circulus eccentricitatis)[*13]である。地球の離心軌道の中心は、プトレマイオスの時代には、この頂点、すなわち太陽から一層離れた位置にあったが、コペルニクスの時代には、一層近い位置にある。つまり、大軌道の離心率は、プトレマイオスの時代にはほぼ最大であったが、コペルニクスの時代にはほとんど最小である。前者は初めの、すなわち右の図で、後者は、後の、すなわち左の図で見ることができる。

初めの図の線分ABは、地球軌道の半径を 100000 の割合とすると 4170 である。そこで、地球の太陽からの最大距離は 104170 であり、最小距離は 95830 である。しかしあとの図では、離心値はほぼ最小で 3219.5 である。

Cは、金星の離心率の小円である。この小円の半径は、(地球軌道の半径を 100000 とすると) 1040 であり、地球軌道の中心Bからこの小円の中心まで、すなわち(左の図の)離心値BCは、3120 である。しかし同じ小円の中心の、太陽Aからの離心値は 1262 である。そこで、金星の太陽からの最大距離は 74232, 最小距離は 69628 になる。

Dは、水星の離心率の小円の中心である。この円の半径は、上と同じく地球軌道の半径を基準にとると $2114\frac{1}{2}$であり、地球軌道の中心からの離心値DBは $7345\frac{1}{2}$であるが、その太陽からの離心値ADは 10270 である。そこで、水星の太陽からの最大距離は $48114\frac{1}{2}$, 最小距離は $23345\frac{1}{2}$になる。

Eは、火星の離心率の小円の中心である。この円の半径は $7602\frac{1}{2}$であり、地球軌道の中心からの離心値BEは $22807\frac{1}{2}$である。だが、太陽からの離心値AEは 20342 である。そこで、火星の太陽からの最大距離は 164780, 最小距離は 139300 になる。

Fは、木星の離心率の小円の中心である。この円の半径は 12000 であり、Bからの離心値BFは 36000 であるが、太陽からの離心値AFは 36656 である。木星の太陽からの最大距離は 549256, 最小距離は 499944 である。

Gは、土星の離心率の小円の中心である。この円の半径は 26075, BGは 78225 であり、太陽からの離心値AGは 82290 である。[*14]土星の太陽からの最大距離は 998740 最小距離は 834160 である。

直線HBTは地球から見たときの昼夜平分線であり、IASのほうは太陽から見たときの昼夜平分線[*15]である。同様にして、直線NBβは地球から見たときの至線、MAγは太陽から見たときの至線である。

位置	天体	方向	プトレマイオスの時代	コペルニクスの時代
〈遠地点の位置〉	♄	BGY	♏（天蝎宮）二三度	♐（人馬宮）二七度四二分
	♃	BFQ	♍（処女宮）一一度	♎ 六度二一分
	♂	BEO	♋（巨蟹宮）二五度三〇分	♌（獅子宮）二七度
	♀	BCK	♉（金牛宮）二五度	♊（双子宮）一五度四四分
	☿	BDV	♎（天秤宮）一〇度	♏ 二八度三〇分
	☉	BAL	♋ 六度八分	♋ 六度四〇分
〈遠日点の位置〉	♄	AGZ	♏ 二三度四〇分	♐ 二八度三分
	♃	AFR	♍ 一七度三一分	♎ 一一度三〇分
	♂	AEP	♌ 四度二七分	♍ 四度二一分
	♀	ACδ	♑（磨羯宮）四度三九分	♒（宝瓶宮）一九度四八分
	☿	ADX	♎ 二九度四二分	♐ 一三度四〇分
	地球	ABα	♐ 六度八分	♑ 六度四〇分

＊16

第十五章の注

1――この視差というのは、第一章の注39で述べたように、地球を中心とした各惑星のプロスタパイレシス、つまり外惑星については、各惑星から地球軌道に引いた二本の接線が作る角度、もしくはその半分、内惑星については、地球から各惑星軌道に引いた二本の接線が作る角度、もしくはその半分をいうのであろう。

2――外惑星の軌道間に正立体を配置するときには、地球の最大距離を計算の出発点として、次々に正立体と惑星の軌道球を組み合わせ、内惑星の場合には、地球の最小距離を計算の出発点として、正立体と軌道球を組み合わせながら、中心すなわち太陽に向かっていくことをいうのである。

3――本来ならば地動説である以上、「遠日点」、「近日点」と訳したほうがふさわしいが、ここではテキストに従って一応このように訳しておく。

なお、ケプラーは第二版の自注一で次のように言っている。

「惑星系のこのいわば脱臼によってどんな間違いが起こるか、そしてこの間違いが、どのようにしてチコ・ブラーエの火星観測にもとづき反証されるか、ということは、この惑星の運動に関する注釈〔『新天文学』〕の中で、特にさまざまな仮説の影響範囲についてあつかった第一巻の中で、詳しく説明した。そしてこういう間違いを避けるために、宇宙の基礎を太陽の中心そのものにおきなおすことがどうしても必要なので、その書では、各惑星の最大距離と最小距離をとるときに当たる獣帯上の位置を、もはやこれ以上遠地点(apogaeum)と近地点(perigaeum)と名付けたままにしておくことはできないようになった。コペルニクスさえも、まだ誤ってこういう名称を用いていた。そこで私は、適切で正確な意味をもたせるべく、遠日点(aphelium)

と近日点（perihelium）と呼ぶことにしたのである」。

4——前章のコペルニクスの数値は、環状の地球軌道の中心を宇宙の中心とする場合のものとして立てられている。この場合には、ケプラーの構想に対して地球軌道の離心値は何の役割も果たしていないのに、ケプラーはこの離心値を、他の惑星の離心値と全く同じように考慮せねばならないと思っているので、困難におちいっているのである。

5——プロシア表。ヴィッテンベルク大学におけるレティクスの同僚であるエラスムス・ラインホルトが、一五四四—四九年にわたり、ヒッパルコス、プトレマイオス、コペルニクスの説をもとにして惑星の軌道要素を計算し、作り上げた天文表。これはプロシアのアルブレヒト公（一四九〇—一五六八年）を記念して、"Prutenische Tafeln" すなわちラテン語で "Tabulae Prutenicae" と呼ばれる。第一章の注33を参照。

6——このメストリンの図では、長軸端として遠日点—近日点ばかりでなく、遠地点—近地点も含まれている。ただし、その獣帯上の位置を示すのには、遠地点と遠日点の位置だけをあげている。後に出てくる金星の例をあげると、プトレマイオスの時代のこの星の遠地点は金牛宮の二五度、遠日点は磨羯宮の四度三九分であり、コペルニクスの時代の遠地点は双子宮一五度四四分、遠日点は宝瓶宮の一九度四八分である。

なお、「長軸端」と訳したラテン語の言葉は 'Auges' である。この語はアラビア語の 'awj' をラテン語化して 'Aux' としたものの複数である。

7——この場合の距離（distantia）というのは、太陽から惑星までのそれではなく、惑星自体の偏心点がある範囲を示す小円の中心までのそれをいうのであろう。

8——離心率の変化については、第一章の注16でもふれておいた。この図に付された説明では、地球の離心率が、最大で0.0417，最小で0.032195に変化するようにいわれている。ケプラーの第一法則によって地球の軌道を楕円とした場合の離心率は0.01672で、これが変化しないことは言うまでもない。楕円軌道が発見されるまでは、惑星の距離が一見複雑に変化することから、円軌道と離心率の変化の組み合わせによって、その現象を説明していたのである。

9――この数表では、各惑星の距離を表わすために、太陽からの地球の平均距離を単位(一度)とする六十進法が用いられている。最高とは、惑星の最大距離、最低とは最小距離である。こういう場合に十進法を用いるのはケプラーのころになってようやく流布したので、当時としてはこのように六十進法を用いるのがむしろ一般的だった。現在では、惑星の距離を示すために、地球の軌道の平均半径が一となるようにとった、いわゆる天文単位 (astronomical unit) が用いられる。その時には十進法で表わすことは、言うまでもない。そこで、ケプラーの数表をこの表わし方に準じてなおしておくと、次のようになる。

♄	最高	9.7000	9.9875	10.5989	11.3044
	最低	8.6500	8.3417	8.8522	9.4406
♃	最高	5.4581	5.4925	5.1108	5.4506
	最低	4.9803	4.9994	4.6522	4.9606
♂	最高	1.6656	1.6478	1.5506	1.6536
	最低	1.3739	1.3931	1.3108	1.3978
地球	最高	1	1.0417	1.0417	1.1017
	最低	1	0.9583	0.9583	0.8983
♀	最高	0.7611	0.7414	0.7614	0.7139
	最低	0.6778	0.6964	0.7153	0.6706
☿	最高	0.4900	0.4886	0.5058	0.4742
	最低	0.3006	0.2333	0.2333	0.2186
☉	最高	0.0417	0	0	0
	最低	0.0322			

第一列で太陽が0にならないのは、コペルニクスが太陽ではなく地球軌道の中心を宇宙の中心としたためで、最高の0.0417と最低の0.0322という数値は、図の説明の中に見る通り、地球の最大と最小の離心率にほかならない。

10――内惑星については、図1において、

$$\angle STP=\sin^{-1}\frac{SP}{ST}$$

外惑星については、図2において、

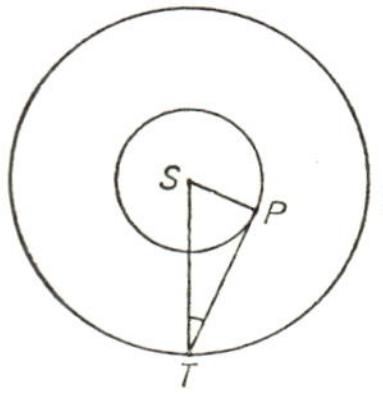

1

S：太陽
P：惑星
T：地球

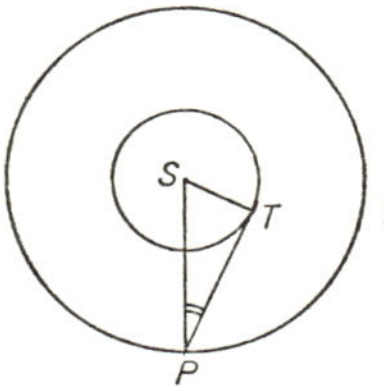

2

$$\angle SPT = \sin^{-1}\frac{ST}{SP}$$

となる。

したがって、たとえば第一列目の一番上にある土星の角度については、

$$5°25' = \sin^{-1}\frac{1}{10°35'56''} = \frac{1}{10.599}$$

という計算から得られる。

11——地球の中心から見て、太陽と惑星のはさむ角を離角という。太陽を基準に、東まわりに衝の位置まで測り、これを東方離角、衝をこえた場合は西まわりに測り、西方離角と呼ぶ。水星、金星では太陽から一定の角距離以上離れて見えることはない。東あるいは西に最も離れたときを、それぞれ東方あるいは西方最大離角という。これらの惑星は、このとき地球から見て、軌道の接線と視線がほぼ一致するところにあり、この付近で留（地球から見て惑星が静止しているように見える現象）となる。惑星はこのとき半月形に見える。

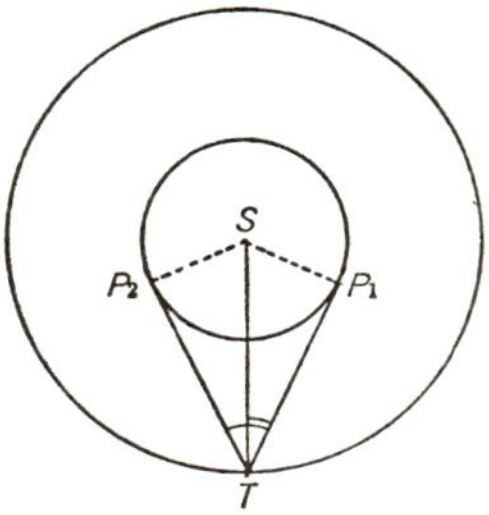

$\angle STP_1$：西方最大離角
$\angle STP_2$：東方最大離角

12——初めの数表とこの角度の表との対応を示すために、それぞれの角度がどのように算出されたかをここにかかげておく。各数値については、注9の数表を参照。

まず一番左の第一列から見る。

♄：$\sin^{-1}\frac{1}{10.5989} = 5°24'50''$

♃：$\sin^{-1}\frac{1}{5.1108} = 11°17'1''$

♂ : $\sin^{-1}\dfrac{1}{1.5506}=40°9'33''$

♀ : $\sin^{-1} 0.7614=49°35'15''$

☿ : $\sin^{-1} 0.5058=30°23'4''$

つまりここでは、木星は一一度一七分で、ケプラーは一度間違えている。

次に真中の第二列を見る。

♄ : $\sin^{-1}\dfrac{1}{9.9875}=5°44'47''$

♃ : $\sin^{-1}\dfrac{1}{5.4925}=10°29'24''$

♂ : $\sin^{-1}\dfrac{1}{1.6478}=37°21'48''$

♀ : $\sin^{-1} 0.7414=47°51'3''$

☿ : $\sin^{-1} 0.4886=29°14'54''$

一番右の第三列は、次のようになる。

♄ : $\sin^{-1}\dfrac{1}{11.3044}=5°4'30''$

♃ : $\sin^{-1}\dfrac{1}{5.4506}=10°34'18''$

♂ : $\sin^{-1}\dfrac{1}{1.6536}=37°12'36''$

♀ : $\sin^{-1} 0.7139 = 45°33'11''$

☿ : $\sin^{-1} 0.4742 = 28°18'26''$

以上のように、やや違っているところも若干あるが、角度表の第一列は、初めの数表の第三列の最高の数値から、角度表の第二列は数表の第二列のやはり最高の数値から、角度表の第三列は、数表の第四列の最高の数値から、それぞれ算出されていることが知られる。（違いの原因については、注16を参照。）

13——本章の注16を参照。

14——以上にあげられた各惑星の最大距離と最小距離を、初めの数表の数値と対照すると、地球・火星・木星・土星のものは第二列の数値とほぼ一致しているが、水星と金星のは若干ずれていることが知られる。

15——昼夜平分線と至線については、第一章の二分経線と二至経線に関する注35を参照。同じ昼夜平分線、至線であっても、地球の中心から見た地心黄道座標と、太陽の中心から見た日心黄道座標とでは、取り方が違ってくるので、本文のようなことが言われるのであろう。

16——カスパーは、ケプラー全集第一巻の『宇宙の神秘』に対する注釈の中で、この章に付された図や数表について詳細に論じている。そこで、以下に彼の解説を訳しておく。

「二つの図とそれにともなう表を含めたこれらの図表は、この書の一つの弱点となっている。単に本文が不十分で、読者にとって数値と図を理解することが難しいというだけではない。本文には、むしろ直接に誤解を引き起こすようなあいまいさがある。その上、その数値にはさまざまな性質の誤りが生じており、それが、出てきた結果を誤らせている。ところが、不思議なことに、ケプラーはその書の第二版でも、誤りをそのままにしておいた。そして最も厄介なことに、フリッシュ（一八五八年ケプラー全集を初めて世に出したクリスティアン・フリッシュ）もその誤りに気付かなかったのである。だが、ケプラーがその

第二版で各章に付け加えた注は十分なものであり、ケプラーがこれらの章で言おうとしていることは簡単なので、彼はもはやこういう数値の迷路の中に入り込みたくなかったのだ、という印象を受ける。

何はさておき、図を説明するために若干の言葉を添えておこう。

Aは太陽であり、Bは地球軌道の中心である。BC・BD・BE・BF・BGの方向は、〔各惑星の〕長軸端となる線〔この場合は遠地点と近地点を結ぶ線〕の位置を示す。これらの各方向は、Bが宇宙の中心であるという仮定のもとに、コペルニクスの説とプルテニクス表から出されたとおりのものである。BC・BD・BE・BF・BGの長さは、各惑星軌道の離心値であり、上のと同じ仮定のもとに、コペルニクスの説に従って算出されたとおりのものである。この際、叙述は、軌道決定のための三つのコペルニクス的方法の中で、ケプラーが「離心円の離心円」("Exzentriexzenter")〔ケプラー自身のいうところによると、"eccentrus eccentri"〕の方法と称するあの方法にもとづいている。周知のように、この方法では、宇宙の中心からeの距離だけ離れている一点のまわりに、半径$e/3$の円がえがかれる。この「離心率の円」("circellus eccentricitatis")〔もしくは"circulus eccentricitatis"〕の周囲の上を、惑星がその円周上を公転する、より大きな半径の円の中心が、一定の仕方で動くのである。われわれの見る図では、あの「離心率の円」が円としてえがかれている。惑星と惑星を運ぶ離心円の中心の運動は、いま、惑星の宇宙の中心からの最大距離が$a+\frac{2}{3}e$、最小距離が$a-\frac{2}{3}e$になるものとして処理されている。したがって、宇宙の中心からの惑星の最大と最小の距離を得るためには、つねに平均距離に、長軸端の線上にある、Bからこの線と離心率の円とのより近いほうの交点までの距離を加えるか、または平均距離からそれを引かなければならない。

図表にある数値の基礎となった平均距離は、土星では916450、木星では524600、火星では152040、金星では71930であり、その際、地球軌道の半径がちょうど100000とされている。これらの数値と、離心値としてあげられている数値を用いて惑星の最大および最小距離を計算すると、そこでケプラーの数表の第一列の数値が出てくるはずだった。〔この数表の数値は、コペルニクスもまだ使用していた旧式の方法に従って六十進法で表わされている。その際、地球軌道の半径がちょうど一度とされている。）しかし実際には、両者の系列の数値（すなわち、数表に見える最大および最小距離と、図の説明の中で与えられた平均距離と離心値から算出される最大および最小距離）は多かれ少なかれ互いに異なっている。特に木星の場合に。こういうことが起こるのは、ケプラーは、数表では、コペルニクスが『天体の回転について』第五巻第九・十四・十九・二十一章の中で土星、木星、火星、金星についてあげている数値をそのまま転用しているだけなのに、メストリンの図表に見える数値は、プルテニクス表にもとづいて新たに計算されたものだからである。しかし、原則上の誤りは金星の場合にある。ここでは、メストリンとコペルニクスの数値はまさに一致しており、二人とも最大距離として〇度四四分二五秒〔0.740278〕を与えている。それに対して、ケプラーが〇度四五分四〇秒〔0.761111〕を立てるのは、彼が間違ったやりかたで、最大および最小距離として $a \pm \frac{2}{3}e$ の代わりに $a \pm \frac{4}{3}e$ を計算したからである。

また水星においても、結果として大きなずれが生ずる。図の説明の数値から最大距離として出てくるのは、二七分七秒〔0.451944〕なのに、それに対してケプラーは二九分二四秒〔0.49〕を与えている。原因は次のようなことにある。すなわち、水星は、他の惑星の軌道を計算したときの理論となるようなものには従わない。そこでコペルニクスは、水星のためにある特別の理論を立てた。その際、単に「離心率の円」(circellus eccentricitatis) が他と違った仕方で決定されるばかりでなく、さらに離心円の半径 a にもまた、水星軌道の長軸端の線と関わる地球の位置に応じて、さまざまの大きさが与えられる。その大きさは、35730 と 39530 という数値のあいだで変化するのである（『天体の回転について』第五巻第二十七章）。上述の二つの数値は、いま、軌道半径の基礎となっているのが、第一のでは 35730、第二のケプラーのでは 39530 なので、そのために互いに異なっている。

図の中では、Bにある小円が誤解をまねく。この小円は、ケプラーが図の説明として付けた本文の中では、他の円と同じく

「離心率の円」(circulus eccentricitatis) と称されているけれども、他の円とは全く異なる意味をもっている。Bにある円によって、何世紀もたつあいだに地球もしくは太陽の軌道の離心率に書き添えなければならないと考えられた変化を、明らかにしようとしているのである。この変化は、本文の記載によると、プトレマイオスの時代には〔半径 100000 に対して〕4170, それに対してコペルニクスの時代には 3219.5 に等しいとされている(『天体の回転について』第三巻第十六・二十および第二十一章。同じく『第一解説』)。同様にして、ケプラーの数表においても、第一列の、最高〇度二分三〇秒、最低〇度一分五六秒という太陽に対する記載は、惑星に対する記載とは全く別の意味をもつ。前者の記載は、ちょうどいま地球軌道の離心率の変化についてなされたのとまさに等しい証言を含んでいる。

さて、第二列の数値に移ろう。これは、ケプラーの一層詳しい研究にとって、第一列のよりも重要である。ここでケプラーは、地球軌道の中心ではなく太陽の中心を宇宙の中心として採用したときの、惑星の最大および最小距離を与えている。これらの距離を得るためには、AC・AD・AE・AF・AGの長さを計算しなければならない。この長さは、三角形ACB・ADB・AEB・AFB・AGBから算出される。これらの三角形においては、それぞれ二辺の大きさとBにおける角度とが知られている。なぜなら、ABの方向と長軸端の線AC・AD等々の方向が既知だからである。これらの方向は、図表に対する解説文の終りにまとめて述べられている。それからケプラーは、AC・AD等々の長さから離心率の円の半径を引き、その結果出た残りを〔各惑星の〕平均距離に加えるか、もしくは引いている。こういうやりかたで、図表に対する解説文の最大および最小距離を算出したのである。実際には、ケプラーは、太陽から算出された離心率の代わりに新しい離心率の円を算出し、単純に以前の離心率の円の半径をAC・AD等々の長さからさし引きはしなかっただろう、と期待されるかもしれない。そんなわけで、さらに詳しく検討してみると、他の惑星では、ずれはわずかなのに、金星においては、適用された方法を通して軌道理論の改竄がまぎれこんだことが明らかになる。地球の場合には、ケプラーはまさに 4170〔つまり0.0417〕の〔古い〕離心値〔率〕を基礎にしたのである。

これらの数値をケプラーの数表の第二列の数値と対照すると、結果としてほぼ完全に一致している。ただ水星の場合にわずかのずれが現われる。しかし、いま図表そのものに見えるあの計算には、二つの非常に重大な計算違いが入り込んでおり、しかもそれは、土星と金星の場合においてである。土星においては、最大値としてまさに 98740 があげられている。この数値はあまりにも大きすぎるのである。その間違いは、平均距離に長さAGを加えながら、その後で「離心率の円」の半径を引いていないために起こったのである。したがって、太陽からの正しい最大距離はもっと小さく、972665 すなわち九度四三分三六秒である。それと同様のことが最小距離についても言える。金星の場合にも、太陽からの最大距離が 74232 では、大きく計算されすぎている。この場合には、太陽から算出された離心値ACと「離心率の円」の半径との差が、平均距離に加えられる代わりに、金星の地球軌道の中心からの最大距離に加えられたのである。したがって最大距離の正しい数値は 72152, すなわち〇度四三分一七秒である。

ケプラーがこの二つの間違いに気付かなかったのは奇妙である。というのも、すでに、図をよく見て求められた結果をざっと査定すれば、土星と金星について彼の出した〔数表の〕第一列と第二列の数値のあいだの差は、間違っているにちがいない、ということが明らかになったはずだから。さらに、このことは水星についても当てはまる。つまり、図に従うと、水星の太陽からの最大距離は、地球軌道の中心からの最大距離よりも確かに大きくなければならない。この場合には、第一列の数値では、コペルニクスの水星理論のいう最大の軌道半径が、第二列の数値では、最小の軌道半径が、それぞれもとになっている。現在の章に見られるこれらすべての不一致は、まず第一に次のような事情から生じている。すなわち、ケプラー自身は〔この書の〕印刷を監督することができず、チュービンゲンにいて彼の代わりに監督を行ったメストリンは、ケプラーと了解し合うことなく訂正を〔印刷者に〕申し入れた。したがって、〔この書は〕すべての部分が必ずしも一人の手に成ったのではない、という

第二列		°	′	″
♄	972665	9	43	36
	860235	8	36	08
♃	549256	5	29	33
	499944	4	59	58
♂	164780	1	38	52
	139300	1	23	35
♁	104170	1	02	30
	95830	0	57	30
♀	72152	0	43	17
	71708	0	43	01
☿	48114 1/2	0	28	52
	23345 1/2	0	14	00
第三列		**°**	**′**	**″**
♄	1001130	10	00	41
	885420	8	51	15
♃	510900	5	06	32
	465030	4	39	01
♂	155010	1	33	00
	131040	1	18	37
♁	104170	1	02	30
	95830	0	57	30
♀	76185	0	45	43
	75717	0	45	26
☿	53531	0	32	07
	25973	0	15	35

ことがある。

第三列の数値は、第二列の数値から簡単に計算される。ケプラーは、地球の最大および最小距離を出発点として、先に示された順序でその上方と下方へ正立体を惑星軌道のあいだにくるようにはさみこんでおり、こうしてそのつど外惑星の最小距離がそれに応ずる正立体の外接球の半径であり、最も近くにある内惑星の最大距離がそれに応ずる正立体の内接球の半径であるようにしている。そのときに用いられているのは、個々の正立体の内・外接球の半径の比として第十四章で述べられた数値である。ただし水星の場合には、ケプラーは、内接球の半径の代わりに、正八面体の正方形になる切断面にできる内接円の半径を用いている。ケプラーのあげた数値と対照できるように、ここに、第二列と第三列の正しい数値をまとめておこう。

第四列の数値は、第三列のと同じやりかたで地球を出発点として計算されている。ただ最初に、6000すなわち三分三六秒に相当する月の軌道の半径を、〔地球の〕最大距離に加え、またそれを最小距離から引いている。そこで、地球の軌道球は総計二倍の厚さ〔球殻〕を得る」。

	° ′	° ′	° ′	° ′	° ′
♄	5 44	−0 10	5 54	−0 29	5 25
♃	11 17	+0 48	10 29	+0 11	10 40
♂	40 10	+2 48	37 22	+0 14	37 36
♀	49 38	+3 27	46 11	−0 35	45 36
☿	32 23	+3 35	28 48	+1 19	30 07

以上が、カスパーが初めの数表に対して加えている解説である。これによって、数表の数値がどのように算出されたかが知られる。

次に角度の表に対するカスパーの解説もあげておこう。

「この表は、およそ外惑星の場合には、その惑星の遠日点からそういう角度のもとに地球軌道の半径が見える角度が、内惑星の場合には、その惑星の太陽からの最大離角が示されている。それぞれの角度は、先の数表の後の三つの列の数値に対応するものである。そこで当然のことながら、この場合には、先の解説の中で確かめた誤りが入り込んでいる。ケプラーは、さらに以下の章でもさまざまなかたちでこの表を証拠として引き合いに出しているので、ここでこの表を訂正して書きなおしておきたい。

ケプラーが、真中と最後の列の角度の差が、概して彼が発見したよりも一層小さくなっている、ということにもし気付いたならば、彼は自分の勝利を祝ったことであろう」。

つまり、カスパーの訂正したこの角度の表に従うと、月の軌道を含めた上で正立体をあいだにおいて算出した第三列の角度が、コペルニクスの説にもとづいて算出された第二列の角度と一層近似し、こうして、ケプラーの説の正しさをより力強く裏付けることになるのである。

第十六章

月に関する私見および立体と軌道の素材について

前章で見たように、月の軌道は小さなものではあるが、しかしその影響は決して小さくはない。だからいまや、月についていくらか詳しく述べてみなければならない。そこでまず初めに、読者よ、あなたに私の意図をはっきり率直に打ち明けるのだが、私は、〔自分の立てた〕この構想に一番ふさわしい数値に従っていくつもりである。さて、月をあいだにおくと、コペルニクスの算出した数値と角度が一層真実なものとなるようならば、あの月の系は大軌道の厚さに加えるべきだ、と私は言いたい。だが逆に、われわれにとって、月を除くことで一層よくコペルニクスの説と一致し得る場合については、やはり私はこう言うだろう。すなわち、大軌道の周囲は月天をおおうほど厚くはなく、月の軌道の半分が大軌道の厚さを上下で限定している縁《ふち》の上方や下方にすっかりはみ出したり、もしくは大抵の場合は、半分とまではいかない月の軌道の小さい部分が、一般に、月の軌道の中心である地球自体がその軌道の球殻の中を上下に動くのに応じ、大軌道の厚さからとび出すことになる、と。宇宙形状誌的あるいはさらに形而上学的な論証がどの説をより正しいとするのか、私は本当のところはわからない。[*1] それでも、宝石つきの指輪のように何か結び目をもっていて、その突起のために軌道としてふさわしい完全な丸みを保てないような軌道を天からなくそうとする仕事は、やはり当を得ているように思われる。[*2] しかし見方を変えると、物理学的には周転円によって最もうまく説明されるほかの惑星のあちこちへの運行と違って、つまり、これらの周転円がそれぞれの惑星の軌道に属しているのと異なり、月は本来の意味では地球軌道に属さない以上、地球軌道の形を定める際、月のことを考慮に入れても何の役に立つのだろうか。というのも、コペルニクスの説が教えてくれるように、地球は、太陽から三番目のあの軌道をとっていて、独自にほかの惑星のあいだを運行しながら太陽のまわりを回っており、月の特別の助けを借りなくても、自身と自身の周転円によって、惑星としての自らの変化を完遂している。ところが月のほうは、地球のまわりのこの小さな家をいわば仮に借用しているのである。そして月は、地球が思いのままに変化しつつ進むところにはどこにでも従う。いやむしろ運ばれて行くのである。地球が静止した状態をまあ想像してみ給え。そのとき、月は太陽のまわりを回る道を決して見出せないであろう。まして、実際に太陽のまわりを一巡するどころの話ではない。というのも、月は、狭い空間で地球のまわりに閉じ込められ、光りと潤《うるお》いをもたらす地球の召使いとして、あちらこちらを行ったり来たりするだけだからである。そのありさまは、主人につき従う家令のようであり、あるいは船に乗って遊覧する人々のようでもある。実際、自分たちがどこへ行くのかも知らないのにじっとしているこういう人々を、水の強い力が運んで行ってくれるのでなければ、彼らは疲れ果てて途中で先に進むことはできなくなる。さらに月は、地球の軌道から、〔軌道としてとる〕空間と運動を得ているのと同様、ほかにも地球上に見出される多くのもの、たとえば大陸、海、山、大気、あるいは何らかの点でこれらに相当するものを与えられているのである。[*3] このことは、メストリンが多くの推測をもとに証明していることだし、私も若干の推測からそう考えている。だから、ただこういうことだけからでも、月と地球というこの二つの天体にその位置と運動の相関関係を認めるコペルニクスは、一層当を得ていることになる。またきっと創造の神は、人間好きであり（φιλάνθρωπος）、そこで結局、地球をこの月の軌道で飾ってくれたように思われる。なぜなら、神は地球に太陽と相似た地位を与えようとし給うたのだから。そうしたのは、もし地球自身も（太陽が全天体の中心であるように）ある軌道の中心であるならば、太陽に匹敵する天体と考えられんがためである。そのおかげで、これまで地球自身が、まるで全宇宙の共通の中心であるかのように一般には考えられてきたのである。

いま一度比喩を使わせていただきたいのだが、全体として、人間は宇宙の中では神のような存在で、その人間の住居《すまい》が地球なのである。それは、まさに、神に物体的なものを仮定するなら、確かに神の住居はあの近付きがたい光、太陽であるようなものである。だから、人間が神に相応するのと同様、地球は太陽に相応しなければならなかった。このことを証明するのは、地球自体の大きさと月の軌道の大きさとの比が、太陽自体の大きさと太陽から水星までの平均距離との比にほぼ等しい、ということである。[*4]

ところで、月の軌道は、地球の軌道そのものの中に隠され閉じ込められていないと、〔地球軌道に〕隣接する正立体の広がりに圧迫され押しつぶされてしまうのではないか、と心配する必要はない。それというのも、これらの正立体を、ほかの立体の通行を阻《はば》むようなある素材でおおわれたものとして宇宙の中に立てるのは、不条理で途方もないことだからである。確かに、多くの人たちは、そもそも天にそのような鋼《はがね》みたいに堅い軌道があるのか、と疑ってはばかるところがない。むしろ、ある神的な働きによって、幾何学的な比例のもつ知的な力がその運行を規制するという状況の下に、[*5]星々は、軌道という枷《かせ》から解放されて天の広野、エーテルの霊気の中を運ばれて行くのではないか、と考える。実際、可動者〔惑星〕の歩調をあぶなっかしくよろよろさせ、こうして、いつかはその円軌道からはずれさせるような重さは存在しないのである。というのも、どんな点も中心も重さをもたないからである。[*6] ただし、立体と同じ性質をもつものには、すべて求心的な作用がある。それでも、中心は、ほかのものを自らに引きつけるか、もしくはほかのものがそこに向かって行こうとするからといって、重さを得ることはない。それは、ちょうど、磁石がその作用によって鉄を吸引しながら、自身はそのために重くならないのと同様である。それとも、この地球、われわれが全くコペルニクスに賛成して運行するものと考えているこの地球は、どんな挺《て》子《こ》、どんな鎖《くさり》、どんな天の鋼によって、その軌道の中にはめこまれているのであろうか。そういうものがあるとすれば、それは、すなわち、地球の表面を取り囲んで住むわれわれ人間すべてが吸い込んでいるもの、〔わき立ち蒸気とまざる〕空気にほかならない。われわれは手をもって、身体をもって、空気の中に入り込むが、だからといってそれを押しのけたり除去したりはできない。というのも、空気こそ、媒介として天体の影響力をその内にある物体に伝達するものだからである。*7 実際、われわれと世界のすべての物体がその内で生活し、運動し、存在する、そのもの〔空気〕こそ天である。だが一体、どうしてこんなに多くの言葉を費やす必要があろうか。たとえ月の小軌道が地球軌道〔の球殻〕からはみ出すとしても、〔火星軌道に内接する〕正十二面体もしくは〔金星軌道に外接する〕正二十面体に、月の小軌道の通過を妨げるどんなものがあるというのか。上の第十一章の、獣帯の作る面がこの二つの正立体を切断することを述べたところで読者がすでに見たように、二つの正立体は互いの角や面の中心が決してぶつかることなく組み合わさるので、〔獣帯の作る面による〕切断によって二つの正立体のそれぞれに正十角形が現われる。そしてその正十角形の中心から一辺へ垂線をおろすと、その垂線は、正十二面体では内接球の半径よりもはるかに長く、正二十面体では外接球の半径よりもはるかに短い。さらにこれらの垂線は、それぞれ、あの月の小軌道ばかりでなく、地球軌道の上にさらに大きくはみ出る円さえも、この二つの正十角形のあいだを、その中間の道をとりながら通過して行くことができるのに適当な長さである。しかしたとえ以上のことすべてを特に考慮に入れなくても、何のさしさわりもない。というのも、〔第十五章で〕月の軌道を含めて計算した各惑星距離の作る角度が、[*8] 金星の場合を除けば、コペルニクスが〔自説の距離の〕サインから算出した角度の数値にどれほど近い[*9]か、ということが読者にはわかるだろうから。

第十六章の注

1——ケプラーは第二版の自注一で、この論点は『宇宙の調和』第五巻で決定されたとしている。

すなわち、軌道の比はただ一部だけが五つの正立体そのものに由来しているので、結局、最も絶対的な比は正立体と調和とから共通に作られる。だから、月については、正立体だけから論じてあれこれの結論を出すことはできない。次に、五つの正立体だけから軌道の比を作っても、軌道の物理学的な配置の仕方を幾何学的な比の完全さの程度にまでもっていこうとするかぎり、比の作り方が違ったものになる。第三に、『宇宙の調和』の公理と命題のすべてから、最終的な惑星距離の比は必ず惑星の運動から定められなければならない、つまり、遠日点と近日点における運動のあいだには一定の調和があり得る、ということが明らかになる。

こうなると、地球のまわりを公転する月は軌道の比には何の関係ももち得ない。月は、どんな惑星の加速や遅滞にもかかわらないし、太陽のまわりに自らの軌道もとれず、太陽から眺めたその運動は規則的でもないからである。というのも、太陽から眺めると、月は飛びはねながら動くように見えるから。したがって、地球の軌道については、月天がそれにどんな厚さも与えないように見なして論ずべきなのである。

2——ケプラーは第二版の自注二で、結び目のような月の軌道をなくする、という言葉が二つの意味をもつことを指摘している。
その一つは言葉どおりの意味で、そのような結び目をもつ円が確かに存在することはするが、その円はこの結び目、すなわち月天がすっかりその内に入るほどの球殻をもつような惑星軌道に含まれており、したがって、内側と外側の表面の絶対的な丸さは全くそこなわれない、とすることである。もう一つは、その言葉に別な意味をしのび込ませて、すでに太陽のまわりを回っている地球に、さらにそのまわりを回る月があるとする考え方がそもそもおかしい、とすることである。しかし後の方の主張は、木星の衛星やその他の新たな天体現象が発見されたことからくつがえされた。

『星界からの使者』の中で、ガリレイは、反コペルニクス派の主要な論法が、太陽のまわりを運動している地球、その地球のまわりの月の複合的運動は不可能だとする点にある、と見た。そこで、自身が望遠鏡で見た木星の四個の衛星の存在によって、その論法が打ち破られたと考えた。上のようなケプラーの自注の内容も、それにもとづいているのであろう。

なお、一六一〇年には、ケプラー自身も望遠鏡で木星の衛星を観測する機会を得て、『観測された木星の四つの衛星についての解説』という小冊子を著わしている。「衛星」(satelles もしくは複数で satellites) という語自体、ケプラーが初めて用いたものである。

3——ケプラーは、こういう見解について、第二版で次のような補足を加えている。

この点では、大衆にぬきんでた知をもつ多くの哲学者たちの見解は、あらゆる時代を通じて一致している。たとえば、ディオゲネス・ラエルティウス（二〇〇―二五〇年ころ。彼の作として『すぐれた哲学者の生涯と見解』が伝わっている）はこういう見解をアナクサゴラス（前五〇〇年ごろ生まれ、四六〇年ごろアテネに出、その地で約三十年間くらし、有名なアテネの民主政治家ペリクレスの友人となった。彼が、宇宙を初めに動かすものとして νοῦς〈理性〉を考えたことは、よく知られている）に帰したし、プルタルコス（四六―一二〇年。ギリシアの伝記作者で道徳哲学者。有名な『英雄伝』を著わした）もこれに加えてよい。アヴェロエス（一一二六―九八年。アラブの哲学者。アリストテレスの注解者として知られるが、特にアリストテレスの唯物論的、合理主義的な側面を発展させた。彼の哲学はパリ大学で講ぜられたが、後にトマス・アクィナスによって批判された）の引用するアリストテレスの説もそうである。最近では、ガリレイが望遠鏡でこの見解を確認した。

そして最後に、ケプラーは、ガリレイを支持すべく一六一〇年に著わした『星界からの使者との対談』を参照するように言い添えている。

4——地球自体の半径と月の軌道半径との比については確かであり、およそ一対五十九である。しかし、太陽そのものと水星軌道との比については本文とやや異なる。つまり、この場合は水星軌道の平均距離ではなく、最小の距離をとらなくてはならない。それは、第十五章の数表では一四分になる。他方、地球から眺めたときの太陽自体の半径は、一五秒である。したがって、太陽と水星軌道の大きさの比は、一対五十六になる。

5——ケプラーは第二版の自注四で、次のように述べている。

「少なくとも当時は、私はそう考えていた。ところがその後『新天文学』の中で、私は、この知的な力(intellectus)が主動者(motor)の中にある必要はない、ということを証明した。というのも、たとえすべての運動に一定の比が割り当てられ、しかもそれが唯一で至高の知性(Intelligentia)そのもの、つまり創造者たる神によってなされているにしても、あの運動の比が創造のときから今日まで変化することなく維持されているのは、主動者と同時に創造されたある知的な力のせいではなく、それとは別の二つの事柄のおかげだからである。第一は、太陽自体の一様で永続的な自転(rotatio)である。それには独自の非物質的で全宇宙に放射する光彩があり、その光彩が主動者に代わって力を発揮するのである。もう一つの理由は、惑星本体の均衡を保つ作用と磁力による方向指示の働きが不変で永続的なことである。そこで、この被造物は、秤のさおと分銅が重さの比を示すのに精神(mens)を必要としないのと同様、運動の比を保つのに知的な力を必要とはしない。しかしそれでも別な論拠があって、それによると、惑星もしくは少なくとも太陽と地球自体には、決して人間の中にあるような理性的なものではないが、ある知的な力が内在する、あるいはむしろ植物の中にあって花の姿や葉の数を保つ働きをする本能(instinctus)のようなものが内在する、ということが証明される。このことについては、私の『宇宙の調和』第四巻・第五巻の結末を見よ」。

6――ケプラーは、第二版の自注五で、惑星の運動と重さの関係について注目すべき議論（惑星にその運動を持続させる「運動量」という概念はケプラーにはなかったが、「重力」を彼は漠然と直観していたようである）を展開しているので、以下にそれを全訳しておく。

「この論拠をこういうかたちで立てたのは、物理学者たちがこれに対して何と言うか聞きたかったためである。だが、二十五年このかた、私の知るかぎりでは、この論拠を批判するような人はだれも現われなかった。そこで私は熱意に駆られ、自分で批判してみる気になった。だから、読者よ、私が何を言いたかったかをみられよ。それは、まず、太陽の周囲でぐるぐると円状に回るものの目指すのは、ただ中心だけだ、ということである。だがそういうことが起こり得るのは、中心が、決して何かあるものの部分でない以上、重さをもたないのだから、いわばただ指令によってなのである。物理学者が、以上のことから結果として明らかになるのはすべてのものが中心に向かうということだ、と主張したところで、この私の命題をくつがえすことはできない。しかも一般に流布している物理学の教説では、世界の中心について、重さのあるものはすべてその中心へ向かおうと求める、としているので、私個人としては、重さのあるものは、それと同じ働きによって、重さをもつ当の物体の中心を求めることが可能だ、と考えもしたのである。しかし、私は『概要』第一巻で、次のようなことを証明した。すなわち、重さのあるものがそのような中心を求めるという物理学の公理は誤りであり、特にそれが全宇宙の中心であるというならば、その公理は全く誤りである。だが、重さのあるものが地球の中心に到達しようとするということは真実である。しかし、それは偶然にも（per accidens）真実なのである。つまり、この場合、地球は点ではない。重さのあるものは地球の本体に到達しようとするが、その本体は球形だから、そこから、本体を求める性向は真中へ、したがって中心へと向けられることになるので、そのようなことが言えるのである。だから、もし地球がそれとはっきりわかるほどゆがんだ形をしていたら、そもそも重さのあるものは、ある唯一の中心へ決して向かおうとはしないであろう。したがって、〔上の書で述べたように、〕こういう基礎となるものがくずれると、この基礎には大きすぎる構築物もやはり倒壊する。言うまでもなく、太陽のまわりを運動もしくは移動している惑星の本体を、数学でいう点として考えるべきではなく、明らかに、（私が『新星について』という著書の中に書いたように）まるで何か重さをもった物体のように考えるべきである。これはつまり、立体の体積と素材の密度に応じて、外部から加えられた運動に対し抵抗する力をそなえたもの、として考えることなのだ。実際、すべての物体は、（隣り合う物体が磁力によってそれを自分の方に引き寄せるのでなければ、）それが置かれているもとの場所に静止していようとする傾きがあるので、このために、秤で二つの重さが拮抗するように、運動を引き起こす太陽の働きが、物体のこの慣性と拮抗する。そしてついには、両者の力の比から、惑星の速力の大小が生ずるようになる。『新天文学』の序論とこの書（つまり、『宇宙の神秘』第二版）のいろいろな所にある注、また特に『概要』第四巻を参照。

それでも、ここで私が誤った推論によってしりぞけようとしていたことからは、動者（惑星）が、重さに疲れ果て、（重さとの）拮抗の中でかろうじて勝利すると、動者の歩調はあぶなっかしくよろよろしたものになる、ということは、帰結として出てこない。というのも、二つの力の相互の比は一定不変であり、勝利は二つの力の程度に応じて分割され得るものだからである。その結果、惑星は、同じ場所に動かずに固定されもしないし、太陽の自転の速力を自分のものにしてあれほど速く動くということもない。」

7――ケプラーは第二版の自注七で次のように言っている。

「天体の影響力がわれわれのところに伝わるには別にある物質を必要としないので、確かにこの説は誤りである。実際、私が光学に関する著書で証明したように、太陽がわれわれの目に知覚されるようになるためには空気が必要だ、というアリストテレスのあの見解は間違っており、むしろその反対に、光は、途中で物質に出会うことが少なければ、それだけ一層透過を妨げられることも少ないのである。したがって、この言葉で意味させたいのは、物体が、天体の影響力が最も奥深い所まで浸透するのを妨げないのと同様、運動力のほうも、まるでくさりやかんぬきのように惑星の動くべき本体をとらえるための何かある媒介物を必要としない、ということである。空気という語でいくらかより大胆に冗談を言ってみるのが気に入ったのだ。軌道、あるいは、天とは何か。それは、空気以外の何であろうか。では空気とは何か。それは、惑星に運動をもたらす、渦巻いて旋回する当体の非物質的な姿以外の何であろうか。しかし、冗談を止めてわれわれは認めようではないか。われわれの空気は物体で、磁力、動力、熱の力、光の力、その他それに類する力を通すものであり、したがって、水蒸気は空気と全く異なる種類のものではなく、ただわずかにその密度の程度によって、われわれのまわりに広がる空気の大海と区別されるのである、と」。

8——前章にかかげられた角度の表の第三列目を見よ。

9——同じ表の第二列目を見よ。前章の注16で述べたように、数値を訂正した上でなされたカスパーの計算によると、実際には、第二列目と第三列目の角度の差異はケプラーの計算よりも一層小さくなる。

第十七章
水星に関する補説

私が、惑星の軌道を正立体そのものに内接させようと約束しておきながら、水星の軌道だけはどうして正八面体に内接させず、内接球をこえて、正八面体のもつ正方形に内接する円にまで広がってもよいとしたのか、読者はむしろ不思議に思われるであろう。実際のところ、私は、上の第十三章と第十四章では、正八面体の内接球の大きさである577という数値の代わりに、この立体のもつ正方形に内接する円の大きさである707を用いたのである。そこで、その理由を説明しよう。まず、水星は、太陽からのずれが他の惑星より大きいため、[*1]そんなに窮屈な檻《おり》にがまんできなかったからである。次に、正八面体も正立体のあいだで、また水星の運動も諸惑星のあいだで、互いに共通する特別なものをもっているからである。すなわち、立体を一角の上に立てると、相互に直角に交わる稜からなる正方形が、内接球よりも大きな半径をもつ円に一回りできるある道を指示する、ということは、ただ正八面体だけに起こる。どんなやりかたで動かしてみたところで、こういうことは、ほかの正立体には決して起こらない。というのも、稜線をたどると、つねに〔立体の〕内部をジグザグに走っていて、まっすぐな進行が妨げられるからである。

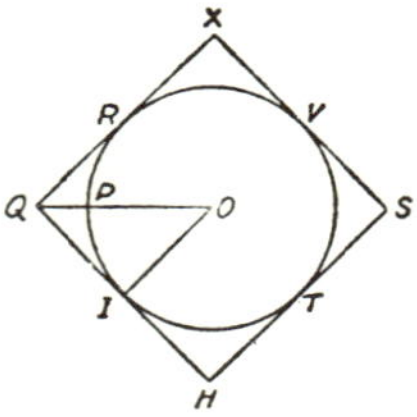

ここにあげる図において、四本の外側の線分は、正八面体の四つの側面に作った垂線である。[*2]R、I、T、Vは、〔それぞれ〕この四つの面の中心であって、正八面体の内接球の大きさを決定する。この図では、この内接球が最大の円として現われている。そしてこの内接球が正八面体の二角であるXとHを結ぶ線を軸として回転するとすれば、この球の極から四分の一円周だけ離れた点Pのところに、内接球の半径OIすなわちOPの長さより大

きな長さのＯＱが現われることになる。その差がＰＱである。そしてこれだけの大きさの半径〔ＯＱ〕をもつ円は、アルミラル天球[*3]における地平線のように、内接球をこえて広がり、しかもこの円にそって正八面体の内部を一回りすることができる。つまり、ＱとＳは正八面体の二つの稜の中点であり、したがって〔稜から成る正方形の中では〕内接球に最も接近している。

そこで、ある惑星が何らかのかたちで生命をもつと仮定し、正八面体の内部をぐるりと回るように命ぜられているが、しかもその際に、この惑星はその立体の二つの角を極とし、その内接球の大きさを道すじの基準として守らなければならないものとしよう。するとその時、まわりには障害物となるどんな境界標も立っているわけではないから、その惑星が正八面体の中のあの正方形の大きさに引きつけられ、まるであのパエトン[*4]のようにいつかしら命ぜられた軌道から少しずつずれて行き、やがてその立体の稜にぶつかってしりぞけられるようになるとしても別に驚くにはあたらないであろう。私はただ冗談のつもりでそう言ったのだが、天文学の専門家たちは、本気で、そういうことが水星には起こるのだと言っている。というのも、ほかの惑星はすべて公転のたびごとに

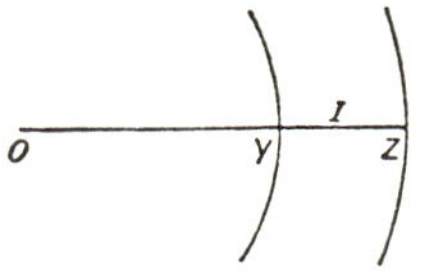

同一の大きさの円をえがくけれども〔つまり、ほかの惑星は、軌道のある側で太陽から遠去かると、その分だけほかの側では太陽のほうに近付く〕、ただ水星だけは、あるときはより大きな、あるときはより小さな円をえがくと言われるのであり、しかもそのことを固有の特権としてもっている、と専門家たちは主張してきたからである。[*5] すなわち、彼らの言うところでは、水星はその軌道の中心Ｏから線分ＹＺだけ遠去かったり近付いたりする。このとき、半径ＯＹはＯＺよりもずっと小さな円をえ

がく。水星は、実際に、ほかの惑星とも共通するその他の運行上の不規則性をすべてもっているうえに、この独特の軌道からの逸脱がある。そして、ほかの惑星の離心値はみな、比例的とまでは言えないにせよ、つねにより小さな軌道をとる惑星の離心値がより小さくなるようになっているけれども、ただ水星の場合だけ、自分が下位にある惑星として一層小さな離心値をとるべきなのに、金星の十倍という途方もなく大きな数値をもっている。*6

こういうわけで、たとえ、私が、まだこの水星独特の運行上の不規則性を（正八面体のもつ正方形に内接する）円と内接球とのこの差異にうまく結び付けておらず、また専門の天文学者たちが宣言しているように、おそらく完全には結び付けることができないとしても、それでも、創造神は、水星に運動を割り当てるとき、この立体図形にもとづく仕様書を考慮したのだ、ということを私は決して疑わない。こうなると、私には、天文学とコペルニクスの学説とこの五つの正立体そのものとが、だんだん神々しく見えてくるのである。

ほかにもそうしたい人たちは、その他の惑星の離心率の原因を、やはりまたそれに対応する正立体に求めるかもしれない。実際、神はこういう軌道からの逸脱もそれぞれの惑星に、かってに原因もなく、現にあるような数値として割り当てたわけではないのだから、この原因の探究にも望みを失ってはならないわけである。

そのほかにも、水星の多様な変化を正八面体に合わせるべく、次のようにしてみることができるであろう。水星の太陽からの平均距離に対する離心値の割合は一定である、としておこう。そこで、コペルニクスによれば、（第十五章の図表Vで見るように）太陽からの水星の最大距離は488、最小距離は231であるから、*7 したがって平均距離は360、軌道の厚さの総計は257となるだろう。*8 いまこの厚さは、その比に応じて次のように訂正されるべきであろう。正八面体の〔もつ正方形に内接する〕円は、コペルニクスの出した488という数値の代わりに、474という数値しか与えないので、[*9] それゆえ、厚さはこの比によると250[*10]で、訂正された平均距離は349[*11]となるだろう。そこでいま、正八面体の中の内接球の半径がどういう数値をとるかを見られよ。言うまでもなく387[*12]である。したがって、内接球の最大距離387と訂正された水星の平均距離349との差は38であり、この二倍の76が、ほかの惑星の場合の軌道の厚さに相当する。確かにこの数値はまだ金星のものより大きいが、それでも途方もなく大きいというわけではない。[*13] ほかに、内接球の最大距離387と〔正八面体の正方形に内接する〕円の最大距離474との差として87が出てくる。この数値は、水星独特の軌道からの逸脱によるものである。さて、この試行（ἐπιχείρημα）を捨てるべきか、それともこれを水星の運動の仮定上の形と結び付けるべきか、それとも運動の新しい理論を立てるべきか、天文学の専門家たちによく考えていただきたいと思う。というのも、この星に見られる誤りは、その軌道を訂正する必要がないほど徹底的にはまだ調べつくされていないからである。

第十七章の注

1——現在の天文学では、水星軌道の離心率は0.2056とされている。つまり、当時においても、水星は、軌道の大きさの割には太陽からの距離の変化が他の惑星（火星でさえも離心率は0.0934にすぎない）にくらべてずっと大きかったことになる。この最大距離と最小距離の差を「ずれ」(digressio) と称したのであろう。第十五章の数表を参考。

2——たとえば、XQは、正八面体の一面である正三角形XABにおける垂線である。Rは三角形の外接円の中心であり、かつ内接円の中心でもある。

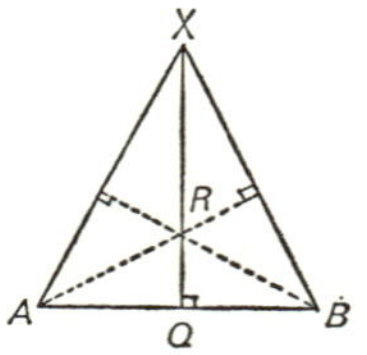

3——天と星々の動きを表わす腕輪状の（'armilla'「腕輪」）円周の集合から作られている天球儀。その中心になるのは地球である。

4——ギリシア神話に見える太陽神ヘリオスの子。パエトンは、父（太陽神ヘリオス）に一日だけ太陽の戦車を操縦させてくれるようにたのみ、何とか許されたが、決められた道に馬を走らせることができず、地上は太陽の熱による焼失の危険にさらされた。そこで、ゼウスは雷電でパエトンを川の中に打ち落とした。

5——ケプラーは第二版の自注一で、専門家として、プトレマイオスやプルバッハ（第十二章の注42で言及したポイルバッハのことであろう。ポイルバッハは、水星が円周上をではなく、卵形もしくは楕円形軌道を中心に動く周転円にのって回転していると考えた）、およびメストリンの名をあげ、最後にコペルニクスに言及している。

水星において特に問題となるのは、太陽に対する離心率が非常に大きいことと、その上またその離心率に応じて離心軌道上を不規則に運行するということである。これらの原則的な事実と地球の離心率とから、水星には二重の近地点があり、それと関連して三角形もしくはV字形の運動をする、というコペルニクスの幻想的な思いつきが出てきた、とケプラーは考える。また、この点については、自注の中で『概要』第六巻を参照するように勧めている。そして最後に、自注の中で次のように言っている。

「ここでは次のことを心にとめていただければ十分である。すなわち、水星のこの特殊性の根本的な原因は正八面体にあるわけではなく、したがってこの章の仮説は誤りである。だが、この試行を思い起こすのは非常に快い。なぜなら、それによって私が、無知の状態から天文学の学識と設立に至るまでどのような段階を登りつめて来たかが、明らかになるからである」。

6——第十五章の図に加えられた説明の中では、水星の太陽からの離心値は 10270 であるのに対し、金星のそれは 1262 である。ただし、自注二でケプラーは次のように言っている、

「これも全く正しくない。土星の真の離心率は木星のよりも大きいが、しかし木星のは下位惑星である火星のよりもはるかに小さい」。

7——第十五章の数表では、コペルニクスの用いた水星の最大および最小距離は、それぞれ〇度二九分一九秒、〇度一四分となっている。これは小数になおすと、0.4886, 0.2333 である。ケプラーは、地球の平均距離を 1000 として、488 と 231（これは少し違うが、やはり数表の数値から由来していると見てよい）を用いたのであろう。

8——軌道の厚さとは球殻の幅のことで、したがって最大距離から最小距離を引いて得られる数値である。そこで、

257＝488－231

9——この 474 という数値は、第十五章の数表の第四列の〇度二八分二七秒を小数になおして得たものである。

10——この厚さを示す数値は、次の比例算にもとづいて出されたものである。

$$\frac{257}{488}=\frac{x}{474}\quad x \fallingdotseq 250$$

そして、厚さをもつのは軌道が離心しているためであるから、こういう比例算が成り立つ前提には、本文の中に述べられたように、水星の離心率を一定とする考え方があることになる。

11——また、平均距離の算出の仕方は、次の通りである。

$$\frac{474+(474-250)}{2}=349$$

12——第十三章のケプラーの計算によると、金星の軌道球の半径を1000としたとき、それに内接する正八面体の内接球の半径は577，この立体の正方形の内接円の半径が707であった。そこで、いま内接円の半径を上にあげたように474とすると、

$\frac{x}{474}=\frac{577}{707}$という比例算から387という数値が得られる。

13——水星の運行の仕方が特殊なために上のような計算がなされたので、金星の場合には、軌道の厚さは単純に最大距離から最小距離を引いて得られると考えてよかろう。そうすると、第十五章の第一列の数値に従えば、金星軌道の厚さは45，第四列の数値に従えば、43ということになって、水星の76よりは小さい。

第十八章

全体として見たときの、正立体から算出されるプロスタパイレシス*1とコペルニクスのそれとの不一致について。およびび天文学の精確さについて

上の第十四章と第十五章において、コペルニクスの伝えた惑星距離の数値が、これらの〔五つの〕正立体を立てて算出したものと異なっているため、私の見解のほうが間違っているとされそうに見えたとき、私は惑星の遠地点でのプロスタパイレシス（προσθαφαιρέσεις ἀπογείους）[*2]に訴えてみた。そして自分の算出したプロスタパイレシスがたとえコペルニクスのとかなりずれていても、私は有罪の判決〔つまり、予想される私の見解に対する非難〕に対しては、弁明をすることもなかった。しかしながら、第十五章の終りで、太陽からの離角にもとづいて算出されたプロスタパイレシスにあたる角度を、この裁判におけるいわば証人として立てたあとでは、逆に、それらの角度がかえって私に不利な証言をするように思われたのである。というのも、コペルニクスの割り当てた角度をもつような惑星が、一つもなくなったからである。私は、土星からは四一分、木星からは六分を減じ、火星には三〇分を加え、他方、金星からは大きく二度一八分を、水星からは六一分〔つまり一度一分〕を減じていた。[*3]したがって、すべての事柄をもっと精確に検証しようとする人たちは、正立体にもとづく計算が、コペルニクスの諸原理や彼の算出した数値と完全には一致しないという理由で、私がすべての仕事を遊び半分にしたものと判断することになるだろう。それに対して私が応酬できないようであれば、私は自らの考えで訴訟を取りさげてしまうことになろう。なお確かに私は、この著書の中では、物理学者あるいは宇宙誌家のような役をになっているけれども、この〔角度計算の〕差異に関するどんな理論も彼らに負っているわけではない。というのも、たとえ彼らが、自分たちの学説の論拠を天文学者から借用しているにしても、天文学者のような精確さでその論拠を計算によって裏付けはしないし、こういう些細な差異に気をつかうほど烱眼でも気難しくもないからである。こういうわけで、私は、宇宙誌家を前にしても、自分の訴訟に勝ってきたのである。

しかし他方、たとえ私が当然多くの天文学者たちをおそれるとしても、宇宙の専門家たちがこの裁判を主宰するのがふさわしいのだから、私は天文学者たちにさからって勝訴の希望を失うようなことはしない。何よりもまず第一に、天文学者たち自身に〔私の〕計算の成果に十分の期待をもつよう勧めたい。というのも、時おり差異が少しばかり大きくなっても、数値は、円軌道全体のうちで最も目立ついくつかの位置から、しかもそのとき同時に作用するすべての不規則性を含めた上で、算出されたものであるということを、天文学者は銘記すべきだからである。実際のところ、円軌道の全体を通じ、正立体にもとづいて惑星に与えられた位置とコペルニクスの説から決められた位置とのあいだの不一致は、それほど大きくもないし、またすべての惑星の公転に等しく認められるわけでもない。さらに、たとえ、プルテニクス表がきわめて信頼できるものであり、またこうして正立体を軌道間におくことによって、確かにあのような誤差が〔プルテニクス表とのあいだに〕生ずるとしても、こんなにすばらしい企て（ἐπιχείρημα）をしりぞけることができないのは当然であると思う。なぜなら、あの誤差は全く取るに足りないからである。しかし、この〔角度の〕差異が〔プルテニクス表と私の見解の〕両者のうちのどちらの誤りに由来するか、はっきりしないばかりでなく、それどころか、大いに疑いながらいろいろと論証してみると、誤りは、計算そのものとプルテニクス表にあるようなので、もし私がすっかりコペルニクスの算出した数値に同意してしまっていたら、立派な推測を立ててみても、それは私の意にそむくようなものになっていたであろう。[*4]

こういったことの論拠の第一のものとしては、プルテニクス表の計算は惑星の位置を算定するときによく間違っていることをあげておこう。確かにコペルニクスは、われわれのために、不振におちいっていた〔天体の〕運動の学を再興するのに大いに貢献したし、今日の天文学は、父祖の時代よりもはるかに純学問的になってはいる。しかしそれにもかかわらず、われわれが事実を徹底的に見きわめるなら、昔の天文学が今日の天文学と相隔たっているのにおとらず、われわれが、あの豊かで理想的な完全さからはまだまだ遠く離れていることを、どうしても認めざるを得ないのである。道ははるかで、真理に到達するまでにはさまざまな紆余曲折がある。古人はわれわれにその道を指示し、われわれの父祖はその道を進んだ。われわれとしては、彼らを追いこし真理により近い段階にあるけれども、まだ目的に到達してはいない。私は、天文学を軽蔑しようとしてこう言っているのではない。たとえまだ目的に到達していないとしても、ある程度まで確実な地点に至っていることは、それなりに大したことなのだから。[*5] それどころか、私がそう言うのは、だれかが、〔上に述べた〕この〔プロスタパイレシスの〕不一致に軽率にきびしすぎる判断をくださないようにするためであり、そして私の見解、すなわち五つの正立体の説を論難するにしても、天文学の基礎そのものを攻撃しないようにするためである。さて、私は〔この不一致を弁護するため〕専門の天文学者すべての観測を証拠として提出する。それによると、しばしば実際の天体の位置と計算上の位置とのあいだにどれほどの差異が出るものかが見てとれる。時には、差異が黄経で完全に二度にまで及ぶことがある。[*6] このような事情だから、コペルニクスの数値から離れることは、私にとって何か有益なことなのである。結局のところ、今後は、私とコペルニクスとどちらの算出した〔プロスタパイレシスの〕角度が天体のありかたに一層よく合致しているかということは、熱心な観測者たちの判断にゆだねられている。

私がこの不一致の責めをプルテニクス表そのものに帰する第二の論拠は、諸惑星の離心率が疑わしいことにある。したがって、私の算出した角度が完全で確実というわけではないにしても（そのことは認めざるを得ない）、その欠陥はこの離心率との関係からきているということになる。もし正立体が、諸惑星の平均距離を半径とする球面上に、しかも同一の球面が、それに外接する立体の各面の中心と、内接する立体の各々の角に接するように立てられるのであれば、そのときには、諸惑星の運行の道すじが離心しているために必要とされる軌道の厚みを、私は全く考慮しなくてもよかったであろう。だが、それは不可能だったし、[*7] 各惑星の離心率の相違の原因と同様、離心率をもつということの原因もまだ探究されていない以上、私は、軌道の球殻という観念を、確実なものとしてコペルニクスから借用しなければならなかったのである。もっとも、それが絶対に確実なものというわけでないことには、議論の余地がない。実際、観測は難しく、しかも時間をかけ継続して行わなければならないので、天体運動の全体的な叙述に到達することはおぼつかないけれども、そのことは、遠地点の位置と軌道の離心率を算定する場合、特に明らかなことである。太陽（もしくは地球）の離心率は、中でも特に厳密に確定しておかなければならなかった。というのも、地球は、その住民であるわれわれにとって、星の中で一番身近なものでもあり、またその運行に要する運動が他の惑星より少ないからでもある。[*8] しかし、正立体を各軌道のあいだにおいて宇宙を構成するとき、地球軌道の厚みの上にごくわずかな部分だけつき出ているにすぎない月の軌道の天蓋（οὐρανίσκος）だけでも、それを計算に入れるか省くかが、すべての軌道球を小さくしたり大きくしたりすることに、どれほど重大な影響を及ぼすかを、われわれは上の第十五章で見た。それゆえ、この軌道は、[*9] 最も確実に測定された大きさをもたなければならず、またそれが可能なように思われたが、実際には、この軌道がコペルニクスの説においてはどれほど難しい問題になっているかを見られよ。コペルニクス自ら、『天体の回転について』第三巻第二十章で、次のように嘆いている。「われわれは、非常に小さく、かろうじてとらえられるようなものを通して、大きな対象を計算していかざるを得ない。時には、ただ一分のずれが五度あるいは六度もの誤差を引き起こす。そして、ささやかな誤差が途方もないものへと拡大していくのである」[*10]と。したがって、われわれから遠く離れた所にあり、運動のより多くの多様性にさらされている[*11]軌道の球殻〔の測定〕は、どれほど一層悪い条件の下にあることだろうか。そこで、もし諸軌道のあの曲率（πήχη）[*12]が非常に確実に探究されるか、あるいは、創造神が個々の軌道になぜ現にあるような大きさを割り当てたか、ということのもっともらしい理由だけでもせめて発見されたなら、そのときこそ、私は、これらの正立体から、すべての点で諸運動にぴったり符合する〔プロスタパイレシスの〕角度を算出できよう、と約束する。[*13]というのも、私の考えでは、この天体〔の軌道〕の大きさの比が発見されたあとで、なお運動の正確な認識に至るのを妨げているものが何かあるとすれば、それはすべて離心率が完全に算定されていないことに帰因するはずだからである。[*14]この欠陥が取り除かれれば、五つの正立体は、天文学者たちにとって、諸運動の修正のための大きな助けになるだろう、と私は思う。[*15]実際、あちこちでかなりの天文学者がこういう修正のことを考えている。

　離心率に関して天文学者たちに約束するのは以上のことであるが、私がそうするのには、至るところで論争の種になっているのが、軌道全体の曲率ではなく、それよりも小さな部分に関することだ、という事情もあった。[*16]

すなわち、六つの軌道のすべてからその既知の曲率を取り去るか、もしくは各々の軌道に二倍の曲率を与えてみよ。[*17] そうすれば、初めの場合、宇宙が縮小し、すべてのプロスタパイレシス（προσθαφαιρέσεις）が非常に大きくなるが、あとの場合は、それとは逆に宇宙が拡大し、すべてのプロスタパイレシスがきわめて小さくなるのを見るだろう。そこで、真実は、曲率を取り去った場合と二倍にした場合の中間にあることになる。だからまた、離心率をこれらの正立体に適合させようとするならば、専門家が離心率を変更する自由をもちすぎることになりはしないか、とおそれるべきではない。以上が、私の算出した数値とコペルニクスのそれとのあいだに不一致があることに関して、私を弁護してくれることのできる第二の論拠である。

私に第三の論拠を提供してくれるのは、プルテニクス表の数値そのものである。この数値はやはり大まかなものであり、十分な理由があっても、そこから半度なりともはずれることとすら決してできない、というほど精確に表わされたものではない。ラインホルトは、なるほどプルテニクス表の中でいっさいを非常に注意深く整理してはいる。しかし、この見かけの精確さにつられて、天文学の分野で大まかな数値を厭《いと》うようなことはしてもらいたくない。事柄をもっと正確に評価するようにしてほしい。すぐれた人物の行うあの綿密細心な配慮というものは、計算を確実にするためである。さもなければ、そういう配慮は数値の部分部分には必ずしも必要でなく、むしろ数値全体に対して必要とされる。ところが、彼が〔プルテニクス表の中で〕あれほど精密に書きつらねている数値は、まるで自分が算出したかのように、コペルニクスから抜き出しただけのものなのである。

さらに、当のコペルニクス自身が、ある程度まで自分の希望にかなない、自らの構想に役立つ数値なら、どんなものでも容認している点では、なんと人間的であることか。そのことは、コペルニクスの熱心な読者であるなら容易に感じとれるであろう。コペルニクスは、さまざまな演算を通じて、証明の結果としては完全に符合するはずだった諸々の数値が、たとえその細部に若干のくい違いをもっていても、それをしりぞけてはいない。彼は、ヴァルター[*18]やプトレマイオス、その他の人々の観測結果を収集して、その中から、計算を組み立てるのに一層便利な部分を利用した。その際、時間においては数時間の、角度においては四分の一度もしくはそれ以上の違いを、ときどき無視したり変更したりすることに何のためらいも見せてはいない。また別のところでは、たとえば、水星と金星の離心率を変更するような場合、真の数値からはずれたサインをも、ただそれが一時的に自分の希望する数値を示しているからという理由だけで受け入れている。彼は、自身が誤りだと認め訂正しなければならなかったような多くの事柄を、そっくりそのまま変更もせずにプトレマイオスからとっているかと思うと、他の同様な場合には、ちゃんと修正もしている。そして彼は、それをもとにして新しい天文学の基礎を打ち立てた。上にあげたすべてのことの非常に多くの例証を私に提供してくれたのは、メストリンである。だが、記述を簡潔にするため、ここにはこれ以上は引用しない。ところで、さらに言うと、ある点で不完全な天文学であっても、全くないよりはあるほうがましなのだからと考えて、コペルニクスが意図的に上述のようなことをしたのでなかったならば、当然彼は非難を受けることになったと思われる。実際、〔上述のような〕この種の困難は、星々が運行しているかぎりは、確かに起こることである。コペルニクスが勇気をもってそうしたように、この困難を克服し、何ものにも妨げられずに、できるだけ欠陥のない学問の設立のために努力するのが、力強い男の義務である。それを逃れるのは弱虫のすることであり、このいっさいの仕事を放棄し絶望するのは、臆病者のすることである。だからコペルニクス自身も、先ほど検討した以上の誤り（σφάλματα）を自分の目から隠してはいないし、それを認めることを恥じてもいない。彼は、プトレマイオスやその他の古人の例をあげて自説を強化し、観測の困難なことによって自己弁護を行い、さらに、輝かしい発見を確証するときにはそういう些細な欠点を無視すべきことを自ら模範として示すことによって、どの点でも他の人々の先頭に立っているのである。実際、このような〔大胆な〕ことがまずなされていなかったら、プトレマイオスはあの大体系（μεγάλη σύνταξις）〔『アルマゲスト』〕を、コペルニクスは回転していくものの（τῶν ἀνελιττουσῶν）書〔いわゆる『天体の回転について』〕を、ラインホルトはプルテニクス表を、決してわれわれに公けにしてはくれなかったであろう。

四番目には、第十五章に入れておいたあのメストリンの図表が、私に弁護の材料を与えてくれる。コペルニクスは、諸惑星の離心率をプトレマイオスから借用したとき、天体の軌道のあいだにこういう神々しい比があることに全く気付かなかった。だから、彼自身があれほどこの比に近付いたことがとても不思議に思われるのも、当然のことであろう。さらにまた、必然的にいつかどうしても、諸惑星の太陽からの距離、およびその遠日点（ἀφήλια）の位置を調べなければならなくなるだろう、と彼は考えなかった。したがって、このように、専門家すら非常に細かな点にまでは注意していなかったのだから、宇宙のこの生体解剖と分析（ἀνάλυσις）の中から、多くの生《なま》の未知の事柄が発見されても、何の不思議があろうか。これまでの宇宙像は、ちょうど顔全体がかろうじて見分けられるようにえがかれた小さな絵画のようなものである。その絵によって、目あるいは瞳《ひとみ》の実際の大きさの割合を調べる人があれば、その人は必ず間違いをおかすだろう。実際、画家というものは、あまりにも小さなことゆえにこういう割合は無視し、より強く視覚に訴える対象を何とか表現できれば、それで満足してきたのである。そういうわけで、たとえ私が、証明の力と課せられた仕事の条件に強《し》いられながら、最善の分別を働かせてこの宇宙の分析を利用したとしても、そこから絶対に確実な数値が取り出せた、などと思いこんでほしくはない。本当のところ、この解剖そのものがそれ以後の誤りの原因になった可能性もあるのである。その重要な証拠は、次のとおりである。コペルニクスは、火星と金星の離心値が変わる原因を、地球の離心値の変動のせいにしている。したがって、火星と金星の太陽からの実際の離心値は変わらないことになる。その明らかな証明は、図表の中でごらんになるとおりである。*19 それが事実そのとおりであるならば、プトレマイオスの時代でもわれわれの時代でも、地球からの火星と金星の離心値は同じ仕方で算出され、しかもいずれの時代の場合も、太陽からの離心値は同じ結果になるはずだった。ところが、実際に計算してみよ。すると、これがそのとおりにはならないことがわかるだろう。すなわち、太陽からの（ἀφήλιοι）離心値もやはり相互に異なるものとして出てくるのである。二つの惑星の遠日点（ἀφήλια）の位置についても、同じことが言えよう。なぜというに、これらのもの〔すなわち、太陽からの惑星の離心値と惑星の遠日点の位置〕は、相互に関連しているからであり、さらに言うなら、つまりこれは一つの現象だからである。

次に、図表〔同じく第十五章の図表〕を見ると、遠日点（ἀφήλια）と遠地点（ἀπόγεια）は進み方が異なるので、数世紀もたつうちに、そこから大きな離心値（ἐκκεντρότητες）の相異が生ずることになろう、という結論を出すのは簡単である。今日、土星と地球の長軸端（absides）[*20]はほぼ重なっているから、したがって地球の離心値の分だけ、土星の地球軌道の中心からの距離は、土星の太陽からの距離よりも小さいのである。両者の長軸端が九十度だけずれたときは、土星の太陽からの距離と地球軌道の中心からの距離は等しくなるだろう。そこでコペルニクスにとっては、土星と地球の長軸端が相互に反対の位置をとる〔つまり百八十度ずれる〕まで、土星自身の離心値が大きくなっていくことになろう。たとえ宇宙が、こういう出来事が起こるまで永続しないとしても、天文学が完全なものだったら、ほぼ永続的な宇宙に十分通ずるような仮説を用いるべきであった。ところが、コペルニクスもラインホルトもこういうことには全く注意を払っていない。だから、彼らの算出した数値は、全く完全というわけではないし、今後の惑星の運行がどうなっていくのか、ということをわれわれにわからせてくれるような完全な惑星軌道を説いてもいない。

こういうことや、これに似たようなことがあって、私はずいぶん困惑した。さらに、私はどうしたらよいのかわからず、まるで、機械の四散した小さな歯車を再び秩序正しく組みなおさなくてはいけないのに、その方法がわからない人のように、すっかり立往生してしまった。そのときメストリンが私を慰めてくれた。むしろ彼は、私にこのようなこまごました思案を止めるように勧めて、こう言った。「われわれは自然の宝庫をすべて空《から》にすることなどできはしない。すっかり落ち着いた患部にやたらに手を加えたりしてはいけない。患者が手のこんだ切開手術を受けて直接的な生命の危険におちいるようなことをするよりも、むしろ身体の骨を折ったときのように、鎮痛薬によって痛みをやわらげてがまんし、そっとしておくべきである」と。メストリンは、レティクスを例にとり、レティクスも、私と同様、探究のために爪の先まで行きとどくような非常に丹念な配慮をしたこと、およびその際、自説を固持してコペルニクスを非難していたことを教えてくれた。レティクスはその書簡を一五五一年度版の天文年鑑[*21]の前置きにしているが、この書簡はどこでも見られるようなものではないし、多くの点でこの章全体の所説に驚くほど有益なので、その中から特に主要な部分を締めくくりとして本章に添えておきたい。レティクスは特に読者に次のように書いている。

「しかし、コペルニクスは、自身の探究が行きすぎにならず、中庸を得たものであるようにしようとした。それゆえ、彼は、疲労からくる倦怠とか無気力のためではなく、故意に、あの細かさというものを避けたのである。実際、今でもなおかなりの人々が自らそういう細かさを目指しているし、また人にもそれを要求するような人たちがいる。その細かさとは、プルバッハ（ポイルバッハ）[*23]の日食月食表に見られるような精確さである。だが、ある人たちが、完全に精確に星々の位置を探究するために、全くこの細かさだけに注意を奪われているようすを見られるとよい。彼らは、第二番目、第三番目、第四番目、第五番目にくるような小部分に熱中しているかぎり、ときとして部分から成る全体を見のがすのであり、またそれに注意を払いもしないわけである。そして天体現象（τὰ φαινόμενα）の経過をとらえるのに、しばしば数時間、またときにはまるまる数日間もの誤りをおかすことも決してないわけではないのである。これは確かに、イソップの寓話の中で、あの主人公がしていることにほかならない。すなわち、彼は、逃げた牛をつれもどすように言いつけられたが、小鳥をつかまえようと夢中になっているあいだに、とうとう、小鳥もつかまえられず、肝腎な牛のほうも奪われることになる。私は、自らもまた青年らしい好奇心に駆りたてられ、そしていわば星々の秘密を究《きわ》めようと望んでいたときのことを思い出す。こうして、この探究の仕方をめぐり、非常にすぐれた偉大な人物であるコペルニクスとも、やはりときどきは相争うことになった。しかしコペルニクスは、私の心の中にある誠実な情熱に好意をもったので、やさしく腕をさしのべながら私を叱り、これまでの天文表を手離すことが私にもできるようにすべきであると勧告してくれたものだ。コペルニクスは、六分の一度、つまり一〇分の誤差の範囲で天体の真相にせまることができるなら、あの言い伝えにきいた、〔直角三角形の三辺の関係に関する〕定理を発見したときのピュタゴラスにおとらず、心の昂揚を感ずるだろう、と言っていた。私が驚いて、より一層精確なものを目指すべきだと論じたてると、彼は、なかんずく、次の三つの理由によって、それ以上の精度に至るにはやはり困難がともなうだろう、ということを明らかにしてくれた。彼の言葉によると、この三つの理由の第一は、古人の観測結果の大部分が、純粋なものではなく、各人が自分自分のために特別に打ち立てた運動理論に合わせたものにほかならない、と気付いたことだという。だから、観測者の〔主観的な〕見解による付加もしくは削除が全くないか、あるいはせいぜいほんの少ししかないような観測結果を、改竄されたものから分離するために、特別の注意と勤勉さが必要なのである。彼の言っていた第二の理由は、古人が恒星の位置を六分の一度までの精度でしか調べなかったのに、この恒星の位置にもとづいて、特に惑星の場所をとらえねばならなかったことである。そこで、コペルニクスは限られたわずかな結果しか得られなかったが、その中では、赤緯から、星の位置そのものを直ちに一層精確に定めることができるから、特に星のこの赤緯が役に立つというわけである。彼が語った第三の理由は、バビロニア人やカルデア人やあの学芸の光であるヒッパルコス、ティモカレス、メネラオス[*23]その他の人たちのあとをついだプトレマイオスと違って、われわれには、その観測結果や教説を拠り所とし、信頼することができるような保証人がいないことである。コペルニクスは次のように述べている。すなわち、自分は、あいまいな事柄の見せかけだけの疑わしい精確さにおいて才能の鋭さを誇示するよりも、むしろその真実性が確認できる事柄に満足したい。実際、自分の報告は、全体として、真相から六分の一度もしくは四分の一度以上はずれてはいないだろう。むしろ誤差がこの数値に近似しているのは確かである。しかし、こういう欠点があるにしても、自分は後悔するどころではない。かえって、長いあいだにわたり非常に苦心し、最大限の努力をはらい、特別の勤勉と熱心さによって、これまで絶えず前進してこられたことを、たいへん喜んでいる。ギリシア人の諺《ことわざ》にあるように、自分は確かに水星のことを共通の課題[*24]として未解決のままに残している。なぜなら、水星については、自分が熱心にやったのに観測できなかったし、また、自分を大いに助けてくれるようなこと、あるいは一般に確証できるようなことを、他の人たちから何も学べなかったからである、と。確かに、コペルニクスは私に多くの忠告、示唆、教えを与えてくれた。そして特に、惑星と恒星の交会が見られるからというので、恒星、それも主に獣帯上にある恒星の観測に努めるように勧めてくれた。云々」。

ここまでが、レティクスの書簡の中で、当面の問題にかかわる部分である。さて、親愛なる読者よ、あなたはいまコペルニクスについてどう思われるか。もし彼が、現在われわれのしているこの仕事のことを教えられ、さらに、彼自身の理論によって、彼が試みようとはしなかろうと思われる何かある事柄〔つまり、惑星軌道のア・プリオリな把握〕にどれほどせまっているか、ということを発見したら、彼は自身の算定した軌道と正立体を結び付けるために、どんな苦労も惜しまなかっただろう。さらに、〔彼によって〕こういう努力がなされたら、どのような一致もどのような完成も望むことができただろう。他の人たち、そしてメストリン自身が、いつか神助により、この仕事にどういう貢献をするかということは、時が教えてくれるであろう。そのあいだは、だれにも、私に反対して好き勝手なことを公言してもらいたくはない。論争を延期することを公正な心でじっとがまんしていただきたいのである。

第十八章の注

1――プロスタパイレシスについては、第一章の注20を参照。

2――惑星距離については第十五章の数表を、惑星の遠地点でのプロスタパイレシスについては、同章の角度表を参照すること。

3――第十五章の角度表の真中の列と一番右側の列の角度を比較すると、ここにいう差異が現われる。第十五章を参照。

4――ケプラーの第二版自注一には次のようにある。

「プルテニクス表が、その他の記載事項もそうだが、特に年周軌道（orbis annuus）のプロスタパイレシスにおいて誤っていることは、事実である。それにしても、単に軌道の間隔が正確に五つの正立体の幾何的な比に符合しないということの主要な原因ばかりではなく、さらにまた、惑星の軌道がそれぞれ現にあるような相互に異なる離心率をもっているという、一層大切なことの原因、つまりこれら両者のそれぞれの事柄の原因は、調和的な比にもとづいて運動が〔惑星に〕配備された、という〔宇宙構成の〕根源的な形態にあるのである。その際、立体図形の正確な比は調和的な比と共存できなかったので、むしろ素材の比率となる傾向のある立体図形の比が必然的に若干役割をせばめられ、こうして調和的な比がそれと共存できるようになり、立体図形の比は宇宙の空間的な距離の中に、他方、調和的な比のほうは空間的な距離に応ずる運動のあいだに採用された。『宇宙の調和』第五巻第九章の命題四六―四九に詳しく述べられているこのすばらしい秩序を見よ」。

なお、幾何比・調和比は、算術比と共に古代ギリシアのピュタゴラス学派によって発見された。以下にそれぞれの比の単純な例をあげてみると、幾何比とは、1, 2, 4, 8, 16, …… もしくは 1, 3, 9, 27, …… つまり $1, 2^1, 2^2, 2^3, 2^4$, …… あるいは $1, 3^1, 3^2, 3^3$,

…… のように展開する比、算術比とは、1,2,3,4,5,…… もしくは 1,3,5,7,9,…… のように展開する比、調和比とは、6,8,12,…… のように、すなわち $\frac{8-6}{6}=\frac{12-8}{12}$ という各項のあいだの関係を維持しながら展開する比である。ただし、上の自注で、五つの正立体のそれぞれの外接球と内接球の半径のあいだの複雑な比を幾何比と称していることからも知られるように、ケプラーはこれらの比の意味を変化させて用いているように思われる。したがって、上の訳文ではあえて「幾何的な比」と「調和的な比」としておいた。ちなみに、『宇宙の調和』によると、ケプラーは、「調和的な比」では、音楽からの類推に由来する特別な比を考えているようである。

5――ホラティウスの書簡一の一・三二に見える文章にもとづいている。

6――ケプラーは、第二版自注二において、プルテニクス表の誤りが、火星で三度、金星で五度、そして水星では一〇度から一一度にもなることを指摘している。

7――ケプラーの第二版自注三には、次のようにある。

「〔ある球に〕外接する正立体の各面の中心と内接する正立体のそれぞれの角は、宇宙のこの原型の中では〔一つの球面上においで〕ぴったり結び付けられていることができなかった。その理由は上に述べた〔たとえば、本章の注4を見よ〕。実際、それではあまりにも軌道球のことを考慮しすぎることになる。そうすると、各軌道に対する地球軌道のプロスタパイレシスがより大きくなることになるが、われわれの観測では、各軌道の大きさはそうはならない。したがって、〔正立体をあいだにおくには〕惑星の太陽からの平均距離ではなく、二つの惑星のうち下位の惑星の遠日点と上位の惑星の近日点での距離、つまり、遠日点と近日点での距離を決定する諸惑星の離心率を考慮しなければならなかった。ところが、そうすることによって、私は不確実なものを考慮していた。というのも、離心率の原因、すなわち、各惑星における離心率はどうして現にあるとおりの大きさなのか、なぜ〔各離心率には〕それほどの相違があるのか、なぜ土星と木星の離心率は中くらいで火星と水星のそれは最大であり、地球と金星のそれは最小か、ということが、まだ知られていなかったからである。原因がわからないから、必然的に離心率のア・プリオリな大きさがわからず、私は全く観測だけにたよっていたのである」。

8——ケプラーの第二版自注四によると、

「少なくともプトレマイオスと、彼にならって、コペルニクスも、そう考えている。というのも、太陽（もしくは地球）は、彼らが考えたように、周転円のみならず等化円も必要としないからである。だが、実際には、太陽のまわりを移動するあの運動に関しては、地球はあらゆる点で他の個々の惑星と同様なのである。私はそのことを『新天文学』の第三巻と『概要』第七巻で証明した」。

9——この軌道を、プトレマイオスは太陽の、コペルニクスは地球の、プルテニクス表は年周（Annuus）の軌道と言っている。ラインホルト（一五一一—五三年。ドイツの天文学者。ヴィッテンベルク大学教授）が、コペルニクスの天文学を取り入れながら、地球の軌道に相当するものを年周軌道（orbis annuus）という名称で呼んだのは、ルター派の大学の教授だったので、地球の公転を認めたことを公けにしたくなかったからであろう。

10——ケプラーの第二版自注六によると、コペルニクスのこういう嘆きの最大の対象となっているのは、それぞれの惑星の遠地点の位置である、という。

11——運動のより多くの多様性にさらされているというのは、ある惑星の運行の仕方を説明するのに、地球の場合よりも多くの円運動を導入しなければならないことを意味するものと思われる。本章の注8を参照のこと。

12——πήχη（正確には πήχεις）は πῆχυς の複数で、本来はひじのことをいうが、転じて弓の中央のカーブのような曲がった部分をいうときにも用いられる。そこでここでは、軌道のカーブの仕方の意にとって「曲率」と訳してみた。それは完全な円周のカーブではなく、第十四章の図Ⅳにあるような離心軌道の説明に用いられる特殊な周転円をおくことによって、新たに円周にできるカーブを考えているのであろう。

13——ケプラーは、第二版自注七で次のように語っている。

「なんと大胆な約束をしたことか。この大胆さは、ここで提出された条件をみたすのが難しいという見とおしに支えられていたのだ。それでも、私の幸運だったことも見てもらいたい。すなわち、私は、チコ・ブラーエの観測にもとづいて離心率の大きさを探究し、『宇宙の調和』の中で、個々の離心率の原因を明らかにした。そして、見よ、そこでは、単に五つの正立体だけでなく、むしろ主に離心率の原因（が調和によっていること）から、すべての点で運動にぴったり符合する角度が導き出されているのである」。

14——ケプラーは、第二版の自注八において次のようなことを述べている。

「読者は、こういう思いきった言い方を称賛してくれるであろう。私が思うに、当時の私はやはり巨人たちとの戦いを前もって心の中で引き受けている三才の幼児のようなものだった。というのも、個々の離心率の不完全なことから来ているのは、天文学のすべての汚点というわけではなく、その非常に小さな部分でしかないからである」。

15——ケプラーは、第二版の自注九で、自らこの考えを否定し、決してそうはならないとして、さらに次のようにその理由を説明している。

「なぜなら、正立体は軌道を形作りもしないし、また離心率の上限下限を規定もしないから。そうではなく、まずチコ・ブラーエの観測から離心率の実際の大きさ、つまり「どうであるか」（τὸ ὅτι）が発見された後で、それから初めて諸原因、つまり「どうしてか」（τὸ διότι）の探究を、この五つの正立体とそれに結び付いた調和的な比にもとづいてすることになる」。

16——『宇宙の神秘』の初版を出したころのケプラーにとっては、軌道全体のありかたは五つの正立体によって解き明かされたと確信できたが、小さな点で、正立体から作られる比が実際の軌道の比と一致しなかったので、それを離心率の算定の仕方が不完全なせいにしたのである。ここで、論争の種になっているのが、軌道の全体としての曲率ではなく、それよりも小さな部分に関することだと述べたのも、そのためであろう。なお、第二版になると、自注十において彼は次のように述べている。「つまり、調和の種類は豊富なので、隣り合う惑星という、いわばそれぞれの二頭立ての戦車のために選び出されたのは、この五つの正立体の作る比に最も近似した大きさに対応している調和であった」。

この言葉から知られるように、第二版を出したころには、ケプラーも、軌道の比を完全に五つの正立体の内・外接球の比に合わせようとする考えをすてて、それに近似した比で満足するようになった。そうすると、小さな点でずれがあってもさしつかえないことになる。

17――ここでも πτύχη とあるので、一応「曲率」と訳したが、この場合には、むしろ軌道の曲がり方を決定する小周転円を指すと見たほうがよいかもしれない。第十四章の図Ⅳにあるような小周転円を取り去ると、地球を含めた各軌道は球殻を失って小さくなる。それが、宇宙が縮小するということなのであろう。そして各軌道の半径が小さくなれば、それぞれのプロスタパイレシスの角度は大きくなる。他方、小周転円の半径を二倍にして曲がり方を大きくすると、軌道の球殻は厚くなり、その半径が大きくなる。それは宇宙が拡大することで、そうなると、各惑星のプロスタパイレシスの角度は小さくなる。

18――ベルンハルト・ヴァルター(Bernhard Walter)。ニュルンベルクの富裕な都市貴族(一五〇四年没)。当時における非常にすぐれた星の観測者で、レギオモンタヌスの保護者でもあった。レギオモンタヌスのために、ニュルンベルクのローゼンガッセという通りに、有名な天文台や特殊な印刷所を作ったといわれる(E. Zinner: Joh. Müller von Königsberg, München, 1938 の一三三ページ参照)。ヴァルターの観測記録は、コペルニクスの死後一年たってやっと出版された(Observationes XXX annorum a Jo. Regiomontano et B. Walthero Norimbergae habitae. Norimbergae 1544) わけだから、とりわけヴァルターの水星の観測データ(コペルニクスの『天体の回転について』第五巻第三十章に出ている)を利用したコペルニクスは、個人的な結び付きで、ヴァルターからそのデータを手に入れていたにちがいない、と見られる。コペルニクスは、若いとき旅行したおりに、すでにそういう関係をヴァルターと結んでいた、ということが考えられる("L. Prowe : Nicolaus Copernicus, Bd. I. Berlin, 1883" の二一八ページ以下を参照)。ところで、一六一八年に、ヴァルターの観測記録は W. Snellius によって再度公刊された。

19——第十五章の図表を参照。

20——この場合の長軸端とは、各惑星の軌道の遠日点と近日点を結ぶ線のこと。近地点と遠地点とを結ぶ線をいう場合もある。

21——この天文年鑑 (Ephemeris) とは、一五五〇年にライプチッヒで印刷されたもののことである (G. J. Rheticus : Ephemerides novae seu expositio positus diurni siderum et συσχηματισμῶν praecipuorum ad annum redemptoris nostri Jesu Christi filii Dei MDLI. Lipsiae 1550)。ところで、レティクスの書簡は、この第十八章ではその一部が転載されているにすぎないが、その全部は、また L. Prowe の "Nic. Copernicus. Bd. II. Berlin. 1884" の三八七ページ以下にも掲載されて大方の識者の供覧に付されている。

22——ポイルバッハについては、第十二章の注42および第十七章の注5を参照。

23——ヒッパルコス (Hipparchos, Hipparchus)

古代ギリシア時代の最もすぐれた天体観測者であり、またすぐれた数学者でもあったが、彼の生死の年月日などはいっさいわからない。ロードス島に生まれ、そこのビチュニアで天体観測を行いながら、生涯の大半をすごしたが、またアレクサンドリアにも出向いたようである。彼の活動時期は、前一四六―一二七年と考えられている。ヒッパルコスについては、紀元一世紀前後の地理学者ストラボンの著作とか、またプトレマイオスの『アルマゲスト』の中で知られることが多い。プトレマイオスは、たびたびヒッパルコスを引用し、彼を非常に高く評価している。ヒッパルコスの観測した星の目録は前一二九年にできあがったといわれるが、約八五〇個の多きにのぼっている。彼は一年の長さや平均月の決定、さらにアリスタルコスの『太陽と月の大きさと距離について』よりもっと正確にそれらを知る仕方を改良的に研究した、といわれる。また、それまでの周転円や離心円の考えを受けついで、遠地点・近地点的な問題から、太陽は地球のまわりを一定の速度で動いているのではないこと、いわば、近地点での運動は早く、遠地点では遅いことにも注目した。ヒッパルコスは、彼より百年以上まえに出て太陽中心説を唱えたサモス島生まれの有名な天文学者アリスタルコスの説をとらなかった。もしヒッパルコスのようなすぐれた天文学者も太陽中心説を受けついでいたら、プトレマイオスの地動説もあるいは大いにその様相を変えていたかもしれない。だがともかく、当時のギリシア人には、ごく常識的な地球中心説が好まれていたのである。

ティモカレス (Timochares, Timocharis)

プトレマイオス一世（前二八三年に八十四歳の高齢で没したといわれる）の時代に属するアレクサンドリア時代の天文学者。紀元二世紀に出た例の天文学者プトレマイオスは、『アルマゲスト』の第七巻第一章で、アリステュロスとティモカレスのことに触れ、彼がヒッパルコス以前に星の観測をしたことを述べている。ところで、先のヒッパルコスは、ティモカレスが一五〇—六〇年前に観測したある星（スピカ）の位置（秋分点から八度離れている）と、一五〇—六〇年後に自分の観測したその星の位置（六度離れている）の違いから、秋分点がその期間に二度動いたことをつきとめたことが知られている。今日のその移動の値は、一年につき五〇秒であるが、ヒッパルコスのだと、一年につき約四五秒前後の計算になる。

メネラオス (Menelaos, Menelaus)

プトレマイオスは、その『数学体系』（"*Μαθηματικὴ Σύνταξις*" すなわち『アルマゲスト』）の第二巻の中で二回（第三十章と第三十三章）メネラオスに触れている。その一つで、メネラオスは *γεωμέτρης*（幾何学者）と呼ばれている。またプルタークは、メネラオスのことを *μαθηματικός*（数学者）と呼んでいる（De Facie 17,5)。これらの人たちは、またメネラオスがローマで行った星の観測のことに触れている。彼は天文学上のいろいろの発見をしたが、プトレマイオスによると、それはローマの皇帝トラヤヌス治世の第一年目（紀元九八年）にあたるとされている。彼は、『球面三角法』三巻の著者としても知られている。もとのギリシア語で書かれたものは失われたが、ラテン語のものが今日に残っている。

24——ギリシアの諺に *Κοινὸς Ἑρμῆς*（コイノス・ヘルメース）という言葉がある。アリストテレスの『弁論術』第二巻第二十四章（一四〇一a二一）にも見える言葉であるが、ヘルメス（オリュンポス十二神のうちの一神。神々の使者の役を果たすかたわら、好運をもたらす富の神としても知られている。変幻自在の奸計をもてあそぶ神でもあり、のちその名は「水星」に用いられた。プラトン、アリストテレスの著作にはすでに水星としてのヘルメスが出てくる）は、一人の幸運を連れの他の人にも分け与える者として、*κοινός*（共通の）という修飾語を付して用いられる。ここでは「共通の課題」という「共通の」にちょっとしゃれてヘルメス（水星）をかけたものであろうと推測される。

第十九章
個別的に見たときそれぞれの惑星に残っている不一致について

以上に述べたものは、私の訴訟を擁護してくれる一般的な事柄であった。そこで、いまやわれわれは、〔この訴訟において〕何かもっと力強く弁護することのできる点があるかどうかを、個別的に見てみようと思う。初めに土星を取りあげてみたい。土星の距離には（ἀποστήματι）、確かに大きな補正がなされはしたが、それでもこの補正は、プロスタパイレシスの角度において単に四一分を減じたにすぎない。[*1] 実際、土星の巨大な距離が観測のときの誤差を生じやすくする原因とはなるけれども、それと同時に、たとえ距離における誤差が目立っても、プロスタパイレシスの角度では、思いのほか小さなごくわずかの差異しか引き起こさない。ただし、天文学者たちがこの星の運動の仕方をもまた非常に精確に算定していたわけでないことは、去年の冬だけでも確証できたはずである。というのも、一五九四年十一月二日（十二日）、土星はちょうど獅子座の首と心臓のあいだに見られたが、計算によると、この星は、それと同じ場所には去年の十月二十一日（三十一日）に来るはずだったからである。相異は、黄経においてプラスマイナス三七分になる。とりあえず距離を訂正してみて、コペルニクスのものとくらべたときの土星のプロスタパイレシスの不一致が、この数量をこえなければ、天文学者たちは、大いに満足できる結果が得られたと思うべきである。

木星では、当然のことながら、何もこれ以上に望むことのできるものはない。そこでは差異がわずかだからである。すなわち、それは六分の一度よりも小さい。[*2]

だが、火星においては、やはり差異が二分の一度〔つまり三〇分〕もあるが、これは、別に驚くにはあたらないし、私を動揺させることもない。むしろ、差異がこれ以上でないことのほうが、不安を感じさせる。それといううのも、一五七七年度版の天文年鑑の序言において、この星の実際の運行と計算上のそれとの誤差を二度の範囲内に限定することはできない、とメストリンが証言しているからである。[*3]

さらには、内惑星の金星と水星が問題になる。それらの惑星の軌道の算定は、夕暮どきの（ἀκρονυχία）観測にもとづいてするよりも、最大離角にもとづいてするほうが容易だから、内惑星は、外惑星にくらべ、何か有利な点をもっているように思われるかもしれないが、それにしても私は〔最大離角の〕観測の方法そのものを疑うのである。けれども、これらの惑星において、太陽も月も免《まぬが》れることのできない物理的な視差効果[*4]と蒸発気の密度のため、天文学者も時おりは誤りをおかさないものかどうか、という問題[*5]を考慮してみることは、天文学者たち自身にまかせることにしたい。ともかく、メストリンは、『日食月食論』[*6]の命題五十八において、金星については、地平線の近くで、この星の太陽からの距離が実際の距離よりも非常に小さく見えたことが珍しくない、と断言している。水星については、一層そういうことが言えるであろう。というのも、この星は、ほとんどいつでも太陽光線の下にあって、時おりはそこから脱するにしても、それでも必ず地平線の近くで、介在するおびただしい蒸発気を通じ、初めてわれわれの視覚に入って来るものだからである。また、金星の場合は、この星の近くに同時に現われる恒星がその観測を助けるにしても、水星のほうは、それ自身が識別されるのがまれな上に、その近くに恒星の認められることは一層まれなので、それだけになおさら、しばしば観測に誤りが生じやすい。今日でもこういうことが起こる以上は、古代の天文学のどんな大家にも、やはり同様のことが起こった可能性があると思われる。実際、彼らが読者に水星について教えてくれないという事実そのものによって、内惑星の測定に欠陥があったのではないか、という疑いが一層強くなる。水星のために何か欠陥が生じたときでも、古人はそれに気付きもしなかったし、訂正も行わなかったということが、その証拠である。こういうわけだから、古人のものを読むときは、引き合いに出されている個々の観測の手段と方法が、上のような誤りにおちいりやすいものでなかったかどうかを、特によく気をつけてみなければならないと思う。

さらに、〔コペルニクスの〕仮説の根拠においても、この二つの惑星については多くの事柄が依然として不確かなまま残されているのではないか、という私の心配も、決して不当なものではないのである。〔先に引用したレティクスの書簡と後のメストリンの書簡からも推定されるように〕コペルニクスは、内惑星についての理論を訂正するときに、実際の観測から導かれる必然的な結果よりも、プトレマイオスの教説のほうに従った。このことでコペルニクスが非難をこうむることのないように配慮して、レティクスは、その『第一解説』の中で次のように忠告した。すなわち、観測の結果どうしても訂正せざるを得なくなるまでは、古人の足跡をなるべく慎重に踏襲すべきで、それを軽々しく変更してはならない、と。だから、それほど精確な観測結果が得られなかったことが、おそらく、非常に賢明な専門家〔コペルニクス〕にとっても、〔既知のデータを〕自分の学説に適応させることのほかには、これらの内惑星に関して、何もそれ以上に探究しようとはしなかったことのかなり大きな理由であった。

したがって、金星に〔プロスタパイレシスの〕角度の大きな相異が認められるのは、私が〔前章で〕一般論として述べた事柄〔読者はそれをよくおぼえていてほしい〕を別にすれば、やはり何より先ほど言及したあのさまざまな障害のせいだったのだと思っていただきたい。[*7] そうすれば、読者は、個々の事柄をよく調べた後には、平静な気持で、不一致がいくら大きくても、それを難なく乗りこえて行くことができるだろう。この点に関しては、コペルニクスの〔金星のプロスタパイレシスの〕数値が、月を計算に入れたときと入れないときのそれぞれの場合に出てくる角度の平均値であることが、読者にとっては大きな慰めとなるだろう。実際のところ、もし地球の軌道に月の系を加えるなら、正二十面体は金星を地球からコペルニクスの示した以上に遠去けてしまう。が、もし逆に月を除いて地球軌道〔の厚さ〕をより薄くするならば、正二十面体は金星を地球にあまりにも接近させ、金星の軌道をコペルニクスの説よりも大きくしてしまうことになる。だから、もしコペルニクスの説をあくまで守らなければならないとしたら、月よりも小さい〔軌道をもつ〕ある天体を〔地球の周囲に〕想定してみて初めて、事がうまく行くことになるであろう。

ところで、水星については、すでにかなり多くのことを述べておいたが、さらになおいろいろなことを付け加えることができよう。だから、何かまだ不十分なところがあれば、公正な読者よ、あなたがそれを解決し弁明してくれるだろう、と思う。それでも、水星の運動の相異は〔この星に〕適切なものとは思われないので、[*8] この相異については、大いに議論してみたい。驚いたことに水星にはわずか一度の差異しか生じないから、運行の仕方は金星よりも規則正しいことになる。しかしそれでも、水星はいつも人を欺くような本性をもっている。占星術師たちの評判を落とすことが最も多く、また大気現象のあらゆる予測を妨げる一つのものは、確かに、この星なのである。実際、風を予報するとき〔水星が適当な場所に位置するごとに風を引き起こすことは、全く確実なのである〕、[*9] しばしば一定の日数だけずれるから、それによって、天文年鑑に誤って示された水星の軌道を、私はまず誤たずに訂正できるほどである。そこで、天文学者のだれかがあまり念入りにこの惑星の誤差の研究に専心しているのを認めたら、その人に向かって私は次のように忠告したい。すなわち、その時間をもっとうまく活用するために、むしろ地球とその周囲を回る非常に明るい（ἐναργέστατον）星である月、われわれは、この二つのうち初めの星を足下に、後の星を目で最も近くにとらえているのだが、つまりはこういう星のほうを観察し、この星の運動において、さらにまた日食月食に関し、われわれがおかしている誤りをできるだけなくし、そうした上で初めて、水星の問題に精力をふり向けるように、と。もし地球と月の運動に関する誤差を許容してもよいのなら、そのあいだは、われわれからより遠く離れてもいるし、ほとんどいつも太陽の下に隠れている水星における誤差は、黙認するのがなお一層ふさわしいことであろう。

再び前章と同様にここでも、締めくくりとして私は書簡の一部を書き添えておきたい。この書簡は、メストリンが私に送ってよこしたものである。[*10] これを選んだのは、二つの理由からである。すなわち、第一は、これがぜひ必要な事柄についてあなたを教えさとしてくれるものがあるから、第二は、至るところで、この章の説を裏付けてくれているからである。すなわち、メストリンは次のように言っている。

「水星の動きは実に奇妙なので、私もそれにあやうく欺かれてしまうところだった。それも不思議ではない。何しろ、水星の問題は、コペルニクスやラインホルトにとってさえ、全く手にあまるものだったということに私は気付いているからである。コペルニクス自身が（『天体の回転について』第五巻第三十章で）、水星には多くの謎めいた性質があって、その運動を研究するのに、非常に苦労したことを認めている。そこで、彼は、水星に関して得られた自分自身の観測資料をいっさい引用せずに、ニュルンベルクのベルンハルト・ヴァルターからそれを借用したが、それはともかく、このほか、その遠地点の位置を確定するのにも、コペルニクスは自己矛盾をきたしている。すなわち、彼は（第二十六章では）、アントニヌス帝の初年、[*11]キリスト紀元およそ一四〇年ころの水星の遠地点の位置を、プトレマイオスの観測資料に従い、天秤宮の一〇度、恒星天球下で、白羊宮の最初の星から一八三度二〇分のところに認めている。[*12]他方（第二十九章では）、プトレマイオス・ピラデルポス王[*13]の二十一年のこの星の遠地点の位置を、同じく一八三度二〇分のところにおいている。以上では、この水星の遠地点は、まるでそのあいだ四百年にわたって恒星天球の下でじっと静止していたかのようである。それなのに（第三十章の末尾では）、コペルニクス自身、それが六十三年間に一度ぶん動いたと考えている。ただし、運動の仕方が規則的でありさえしたら、という条件を付け加えてはいるが。ラインホルトが同様の困難におちいって当惑していたことは、プルテニクス表の計算が示している。そこから明らかになるのは、ラインホルトが、あのプトレマイオス・ピラデルポス王の時代の水星の遠地点の位置を、ちょうどコペルニクスと同じところ、すなわち白羊宮の最初の星から一八三度二〇分としたことである。しかしプトレマイオス二世の時代には、水星の遠地点は、プトレマイオスが明らかにし、コペルニクスが再び採用した観測結果とはかなり隔たった所にあたる。つまり、そのときの水星の遠地点の位置を計算すると、一八三度二〇分、天秤宮の一〇度ではなく、恒星天球下では一八八度五〇分、天秤宮の一五度三〇分になるのである。このために、（第十五章の図表Vにある水星の項に見える）私のあの数値も実際にはプトレマイオスのときのに[*14]合わせてある。ただし、あの数値は、その他の数値のようにすべての点でプルテニクス表の計算に符合しているのではなく、プトレマイオスの観測資料のほうに符合している。というのも、コペルニクスもその観測資料を保持し、それに従ってそこから同じ数値を算出したからである。私は、われわれの時代、すなわちコペルニクスの時代に合わせてこれらの数値を計算しようとはしなかった。なぜなら、そんなことをすると、地球軌道の離心率の減少のせいで[*15]、これらの数値がすっかり異なったものになってしまうだろうし、またコペルニクスの学説における数値は、〔プトレマイオスのもの〕より新しい観測によって吟味され確認されたものではなかったからである。もっとも（私が〔講義のとき〕直接みんなの前で言ったのを、あなたは思い出すことができるだろうが、そのとき言ったように）、私としては、コペルニクスには、この算定の基礎を、古い観測からではなく、できれば新しい観測からとってほしかった。というのも、コペルニクスが（第五巻第三十章フォリオ一六九bの終りから七行目で）、プトレマイオスのときから今日まで軌道を同じ大きさのままにしてきたことを認めざるを得ないと思う、と言ったとき、あの〔新しい観測に対する〕要請は、途方もなく大きいものだったからである。実際、地球の離心率が減少したことだけによっても、〔各惑星軌道の大きさとして〕これまでのとは異なる数値が必要とされるのである。また、レティクスは『解説』の中で、木星と同じく水星においては、どんな離心率の変化も認められない、と言っているが、それも真実ではない。というのも、〔コペルニクスの時代の観測資料によれば、〕水星は、〔木星と〕同じように、その遠地点によって太陽の遠地点のわきを掩護してはいないからである[*16]。その上、プトレマイオスの観測資料はかなり粗雑で区々たるものだったから、より精確な観測によって全面的に訂正しなければならなかった。しかしいまとなっては、こういうことを嘆いてみても無益なことである。あなたの課題については、もしこれらの数値がともかくあなたの考えに符合するものなら、あなたは自分の務めを完全に果たしたものと思ってよい。レティクスの話によるとその書簡の中でコペルニクスがしているように、非常に深い洞察力にみちたあなたのこの発見をきっかけとして、いまなおはっきりせず、天文学者仲間を少なからず悩ませているほかの問題も、完全に明らかにされる日がやがてまもなくおとずれるだろう、という最も確実な希望を信じて、あなたは、自らを大いに祝福してよいのである[*17]」。

第十九章の注

1——第十五章の角度表の真中の列と一番右の列の角度の差異を参照。以下の惑星に関するプロスタパイレシスの差異についても同じ。なお、これらの数値を訂正してカスパーが新たに算出した数値については、第十五章の注16を参照。

2——木星の場合には、プロスタパイレシスの差異は六分しかない。六分の一度よりも小さいから、二五三ページに見えるコペルニクスの希望した誤差の範囲内におさまっている、というわけである。

3——ミカエル・メストリン『一五七七年から一五九〇年までの天文年鑑』一五八〇年チュービンゲン刊。

4——この'parallaxis'は、第一章注39に述べたようないわゆる視差ではなく、ギリシア語の本来の意味（「変化」を意味する）により近く、'physica'という形容詞が付いていることから推すと、空間にある物質によって生ずる光の屈折による視角もしくは視距離のずれを言ったものであろう。

5——ケプラーは第二版自注一で、次のように述べている。

「星々の屈折を問題にしているのは、チコ・ブラーエである。彼は、天文学の理論におけるこの分野の創始者であり、その書"Progymnasmata"（『試論』）においてそれを完成した。そのとき以来、この分野が世に現われた。私も、やはり十七年前（『宇宙の神秘』第二版が刊行される十七年前だから、一六〇四年）に刊行した『光学』（『天文学の光学的部分』）において、この分野をあつかった。そして『概要』第一巻でそれに補足を加えた」。

6——これは一五九六年にチュービンゲンで発行された次の本のことである。"Disputatio de Eclipsibus Solis et Lunae, quam praeside Cl. Viro D. M. M. Maestlino die 8. Jan. defendere conabitur Marcus ab Hohenfeld, in Aistersheim et Alme-

gk. Tub. 1596"

7――ケプラーのこの議論は、第十五章に見えるプロスタパイレシスの角度の一覧表にもとづいている。その表によると、コペルニクスとケプラーの角度の相異は二度一八分であった。ところが、第十五章の注16に添えたカスパーの訂正した角度表に従うと、コペルニクスとケプラーの角度の相異は実際には三五分しかないので、計算が正しく行われていたら、これほどの弁明は必要なかったのである。

8――運動の相異といっても、ここで問題になるのは、公転周期ではなく運動の仕方であり、ひいては第十五章に見えるプロスタパイレシスの差異であろう。そこの角度表では、コペルニクスとケプラーの差異は（マイナス）一度一分（ただし、本文では、あとで「わずか一度の差異」と言っている）、カスパーの訂正したものに従うと（プラス）一度一九分である。水星の離心率の大きさから推して、もっと大きなプロスタパイレシスの差異が現われると予想されたのに、そうならなかったから、適切なものとは思われない、と言ったのであろう。

なお、ケプラーは第二版の自注二で、この一句に対して次のような注解を加えている。

「水星については、これまでそのように考えられてきた。私も、水星の実際の運動の相異がやはり大きなことを否定はしない。しかしこの相異は単に量的なものであって、これまでわれわれが教え込まれていたように、運動の形態もしくは根本的な運動の仕方にかかわるものではない。というのも、水星は、この根本的な運動の仕方の点では、他の惑星と全く変わらないからである」。

9――ケプラーは第二版の自注三では、惑星と気象の直接的な因果関係、特にここに見える水星と風の因果関係を否定して、次のように言っている。

「他の惑星とくらべて特に水星が風を引き起こすという点については、私は当時の一般的な見解に従っていた。しかし長年の経験から、大気の変化のさまざまな形態は個々の惑星のせいではなく、一般に月天下の自然が、二つの惑星の星位もしくは個々の惑星の留〔見かけ上、惑星の動きがなくなり静止する現象〕によって刺激されるのである、ということを私は学んだ。すなわち、刺激されると、自然は蒸気もしくは煙霧を山々と地下の源泉から発散する。この蒸気と煙霧が、場所と時間の事情に応じて、雨、雪、電光〔'chasmata' をカスパーの独訳では流れ星と訳しているが、ケプラーが流れ星を月天下の大気現象と考えていたとは思われないので、一応、このように解してみた〕、雷雨、霰《あられ》、あるいは風になるのである。確かに、大風は全くないか、まれにしかない。雨はいつでも、激しくおそって来るや否や、風のあとを追って行く。そして風が非常に激しく猛り狂うとき、それはその年が湿気の多いことの徴候である。実際、風の吹く山には雨が降るか、そこで雪がとけるか、勢いよく空高くのぼった湿った蒸気が、ある所では凝縮してしずくになり、別の所では立ちのぼって上空の寒気にぶつかりはね返る。また、蒸気がどこかの山からわき出ておしもどされ、周辺のすべての地域に流れ込むとき、それがおだやかな微風の発生の仕方ともなる。大陸全体に広がった空気のすべてが、一番高い山岳地帯で最初の運動を与えられて、流れとなることもある。こうして、すべての風は、錯綜したいっさいの原因か、もしくは自然の探究の結果明らかになるような原因によって、初めて引き起こされるのであり、単純に風の起こるのを水星のせいにすることはできない」。

10——この書簡は、一五九六年の旧暦四月十一日の復活祭の日にメストリンがケプラーあてに書き送ったものである。しかしここに掲載されている書簡の一部は、ウィーンの国立図書館にあるオリジナルなもの（Nat. Bibl. Cod. 10702. Bl. 4）とは違っている。すなわち、いろいろとメストリンによって加筆されているのである。明らかに、メストリンは、自分がチュービンゲンで『宇宙の神秘』の出版の世話をしていたとき、もともと出版されるなどとは考えていなかった自分の書簡の一部をケプラーの原稿の中に見出して、それを加筆修正したものと考えられる。

11——ローマ皇帝アントニヌス・ピウス（八六—一六一年）。皇帝として君臨したのは、一三八—一六一年である。彼は、一三八年にハドリアヌス帝の養子となったが、その際の条件は、自身もルキウス・ウェルスと未来のマルクス・アウレリウス帝を養子にするということであった。彼は、征服を企てるよりも辺境の平和を維持した。その統治時代は、経済的社会的に最も均衡がとれていたので、帝国の最盛期とされた。

12——コペルニクスは、分点の歳差が、不規則なものだから、黄道の第一宮である白羊宮の第一の星を選び、それを固定点とした上で、その点と関連させて惑星の位置を示さなければならないと思っていた。ところが、チコ・ブラーエとケプラーは、(ルドルフ表において)再びそれ以前のプトレマイオスの慣例に立ち返り、赤道と黄道の交点(すなわち分点)から、惑星の位置を算出した。

13——紀元前三二三—前三〇年にわたってエジプトを支配したマケドニア系のプトレマイオス王朝の一人、プトレマイオス二世ピラデルポス(前三〇八—二四六年)のこと。王として君臨したのは、前二八五—二四六年。伝説では、彼のもとで、旧約聖書のギリシア語訳である、いわゆるセプトゥアギンタが訳されたと言われている。

なお、本文に見える四百年間とは、この王の二十一年、すなわち前二六五年から紀元一四〇年までを計算したおよその年数である。

14——プトレマイオスが自らの天文学を形成するために用いたのは、アレクサンドリアで紀元一二七年から一四一年にわたって行《おこな》った観測の結果得られた資料であった。

15——第十五章の図表Vの解説の中で、プトレマイオスの時代、すなわち紀元一四〇年ころの地球の離心率は0.0417であるのに対し、コペルニクスの時代、すなわち紀元一五二五年ころの地球の離心率は0.032195に減少していることが、指摘されていた。

16——ここでは、メストリンは、『第一解説』に見えるレティクス自身の言葉を引用しながらその説をしりぞけているので、以下に『第一解説』のその箇所を訳しておこう。

「次いで、木星の遠地点は太陽の遠地点からほぼ四分〔九十度〕のところに位置してきたので、今日、大軌道〔地球軌道〕の中心の進行によっても、その離心率のどんな感知される変化も発見されない。……さらに、水星は、〔木星と〕同じように、その遠地点によって太陽の遠地点のわきを掩護しているので、これが、水星においても、どんな離心率の変化も認められないことの理由である」。

これを参考にすると、「その遠地点によって太陽の遠地点のわきを掩護」するという言葉は、水星の遠地点の方向と太陽のそれとの方向が九十度に近いということを意味するようである。なお、この点に関しては、第十五章にかかげられたメストリン自身の手に成る二つの図表により、プトレマイオスとコペルニクスの時代における太陽、木星、水星の遠地点の方向をそれぞれ比較されたい。また、第十五章のケプラーの本文を参照。

17——ケプラーは第二版の自注五で、メストリンの以上の言葉に対し次のように言っている。

「当時、彼〔メストリン〕は、こういう言葉で、期待をもってこの〔私の〕仕事を励ましてくれたものだった。しかし、時間の点では彼の期待ははずれた。というのも、その後二十四年もかかっているので、『やがてまもなく』ではないからである。それでも結局、彼の期待は、私の調和についての著作〔『宇宙の調和』〕を通じて果たされたのである」。

第二十章

軌道に対する運動の比はどうであるか[*1]

これまでに述べたことで、〔天文学上の〕新しい仮説を非常に強く支持してくれると思われる論証はともかく終わった。また、コペルニクスの仮説における軌道の距離（ἀποστήματα）が五つの正立体の比にのっとっている、ということの証明もすんだ。そこでいまや、運動から演繹される第二の論証によっても、新仮説とコペルニクスの言うこれらの軌道の大きさを裏付けることができるかどうか、さらに、軌道距離に対する運動の比[*2]に関して、従来言われてきた仮説よりもコペルニクスのほうから、一層確実な根拠が得られるかどうか、それを見ていこうと思う。この問題では、コペルニクスのと一番近い軌道の大きさを、よく知られた運動の周期から（περιοδικοῖς temporibus）私が導き出すまでは、どうか心やさしいウラニア[*3]よ、これほどまでにすばらしい試みに対し好意をお寄せくださいますように。それは、つまりはあなたの栄誉にかかわることなのですから。

まず初めに、人はだれでも、ある惑星の軌道が中心から遠ければ遠いほど、その惑星は一層ゆっくり運行するだろうと予想する。というのは、アリストテレスの『天体論』第二巻第十章の証言に従えば、「各々の星の運動は距離に比例して生ずる」（κατὰ λόγον γίνεσθαι τὰς ἑκάστου κινήσεις τοῖς ἀποστήμασι.）ということよりも合理的な考えはないからである。この哲学者が、以上の考えの代わりに、われわれの意向にふさわしくない別の理論、すなわち、一番速い第一の動体のもつ誘導力を妨げるもの、という考えをもち出してきても[*4]、それでも彼は、やはり他の理論と彼の見解全体を武器として、私に味方し、プトレマイオスおよび彼自身と戦っているのである。実際、彼が好んで受け入れるのは次の説なのである。すなわち、複数の主動者たちによって、すべての軌道には等しい運動力が配されており、公転周期（reditus）の不均一である原因は、軌道自体にあるのだということ、したがって土星

	土星	木星	火星	地球	金星	水星
土星 日数	$10759\frac{12}{60}$	6159	1785	1174	844	434
木星 日数		$4332\frac{37}{60}$	1282	843	606	312
火星 日数			$686\frac{59}{60}$	452	325	167
地球 日数				$365\frac{15}{60}$	$262\frac{30}{60}$	135
金星 日数					$224\frac{42}{60}$	115
水星 日数						$87\frac{58}{60}$

でさえも、その軌道上の各部分では、等しい運動力のおかげで、最下層の月天球と速さが等しいのだが、土星は、軌道の各部分がより大きなひろがりをもっている〔つまり、軌道の半径がより大きい〕のに、ほかの天体よりも進み方が速いわけではないので、一周してもどるのにより多くの時間がかかる、という説である。ところが、〔運動力の〕均一というこの考えは、古人の言うところでは、この哲学者の思想の中で一番価値がないとされるものだった。なぜなら、古人は、太陽・金星・水星という等しくない軌道をもつ三つの惑星に、等しい公転周期を与え、こうして、いつでも三つのうちのより上位の惑星は、その軌道上をより下位の惑星よりも速く進む、とする必要があったからである。これに対し、コペルニクスにおいては、まず第一に次のような比が示される。つまり、六つの惑星軌道の中では、より小さな軌道をもつものが、いつでもより速く一周し終わる。それによると、水星の公転周期(cursus)は三ケ月、金星のは七ケ月半、地球は一年、火星は二年、木星は十二年、土星は三十年である。確かに、土星の

運動（つまり公転周期）の、軌道の周囲または（二つ以上の円においては、各円周の比は各円の半径の比でもあるから）半径に対する比が、ほかの任意の惑星の運動の、軌道の大きさに対する比と一致するようにと計算してみると、このような単純な比にはならないことに気付くだろう。それを示すのが前ページの表である。[*5]

ここで、横列の最初の数値は、その右に記された惑星の恒星天球のもとでの周期(periodus)をみたす日数とその端数である。その左側につづく数値は、右に記されたその惑星が用いているのと同じ運動の、軌道の大きさに対する比をとるとしたときに、それより下位のそれぞれの惑星がもつはずの公転日数の近似値を表わしている。そ

土星	木星	火星	地球	金星
$10759\frac{12}{60}$	$4332\frac{37}{60}$	$686\frac{59}{60}$	$365\frac{15}{60}$	$224\frac{42}{60}$

の公転日数を1000と[*6]いう単位にとって計算すると、それに応じて

木星	火星	地球	金星	水星
403	159	532	615	392

の公転周期はとなる。そして上位惑星の平均距離を1000とすると、コペルニクスの説では、下位惑星の

木星	火星	地球	金星	水星
572	290	658	719	500

の平均距離はである。

こで、各惑星の実際の公転周期は、上位の惑星にならって当の惑星に与えられるものよりも、つねに小さいことがわかる。

けれども、二つずつの惑星どうしの運動の比は、なるほど距離のあいだの比と同一ではないけれども、いつも相似している。〔前ページの表を見よ。〕

ごらんのとおり、ここには、コペルニクスが惑星距離の確実な算定のことを熟考するよりずっと以前に、かなり確実に知られていた惑星運動〔周期〕の平均値の中に、コペルニクスがプロスタパイレシスから、私が五つの正立体から、それぞれに引き出した〔各惑星の〕距離そのもののあいだにあるのと同じ差異がある。両者〔つまり、運動と距離〕のそれぞれにおいては、火星の項の数値が最小であり、次いで水星、木星、地球とつづき、金星の項の数値が最大である。また両者のそれぞれにおいて、木星の数値と水星の数値はほぼ等しく、地球と金星の数値も同様である。したがって、このことからただちに、古来の宇宙観に対するコペルニクスの勝利がすでに十分保証されていることになるのである。

それでもなおわれわれが、一層はっきりと真実に近付き、比の中に何らかの規則性を期待しようとするなら、次の二つの見解のうちで、どちらか一つを立てなくてはならない。すなわち、主動者となる霊が〔各惑星の中に〕あって[*7]、その力は、太陽から離れた所にあるほど弱くなるとするか、それとも、全惑星軌道の中心である太陽にただ一つの主動霊[*8]〔motrix anima〕が宿り、ある天体がその近くにあればあるほど、それは一層強く作用し、より遠くにある天体の場合は、遠さとその力の衰弱のために、それはいわば疲弊するとするかである。だから、光源が太陽にあり、円軌道の原点が太陽の位置すなわち中心にあるように、いまや、宇宙の生命と運動と霊とは同じく太陽に帰着することになる。こうして、静止は恒星に、運動の副次的な諸作用（actus secundi）は諸惑星に、だが、運動の本質的な第一の作用（actus primus）は太陽に属することになる。太陽のこの第一の作用こそ、万物の中にある副次的な作用に対して、くらべようもなくすぐれて高尚である。また当の太陽そのものも、外観の美しさ、力のすぐれた効果、光の見事な点において、すべてのほかの天体をはるかに凌駕している。いまやここにおいては、宇宙の心、星々の王、皇帝、目に見える神などといった、あの高尚な修飾語は、〔地球よりも〕太陽にたてまつるほうがはるかにふさわしくなるのである。しかしこの題材は高尚なものだから、それを論ずるには全く別の機会と場所が必要である。*9 とはいえ、そのことはすでに以前にも、レティクスの『解説』から十分明らかになっている。*10

だが、いまは、われわれは、この要求された〔規則性のある〕比を立てる方法について考えてみなければならない。上に見たように、もし軌道の大きさだけが公転周期の増大にあずかるとしたら、各惑星の平均距離どうしと運動相互のあいだに現われる差異は同一だったであろう。つまり、たとえば、水星の公転日数88の金星の公転日数225に対する比と同じものが、水星軌道の半径の、金星のそれに対する比となったであろう。ところが、いまこの運動のあいだにある比には、より遠く離れた所にある惑星に働く主動霊の力の減少が関与してくる。したがって、運動のあいだの比がこの力の減少と対応するように配慮すべきである。そこで、全く真実らしいこととして、太陽が、光の場合と同じ原理に従って運動を各惑星に配分する、という説を立ててみよう。ところで、中心点から発散した光がどういう比率で弱まっていくのか、ということについては、光学者たちが教えてくれる。すなわち、〔それによると〕小円内にあるのと同じ光量または太陽光線量は、大円内にもある。そこで、光は小円内ではより密であり、大円内ではより粗ということになるから、この弱まり方の度合は、さまざまな円の〔大きさの〕比率そのものから求められるべきであろう。そしてこのことは、光と同様、主動霊の効力についても言えることである。したがって、金星軌道のほうが水星軌道よりも大きいから、その分だけ金星よりも水星の運動のほうが「より強い」だろう。もしくは「より速い」、「より激しい」、「より活発である」、あるいは、そのようなことを表わす何でも好きな言葉で表現してもよい。ところがいま、ある〔惑星の〕軌道がほかの軌道より大きい場合は、たとえ両者に働く運動力（vis motus）が等しくても、その大きい分だけ、一周するにはやはり多くの時間が必要である。だからその結論としては、太陽からの惑星の間隔の一の増加は、公転周期の増加には二となって働く。逆に言えば、公転周期の増加は、距離（ἀποστήματα）の差異にくらべて二倍だということになる。[*11]

　したがって、小さいほうの公転周期に、増加分の周期の半分を加えたものが、距離の正しい比を示すことになるはずである。そうすると、上のような計算の総計とより小さい単純な周期の比が、より上位の惑星とより下位の惑星の距離の比と同じものになるだろう。

　例をあげてみよう。水星の公転周期は約88日、金星は約 $224\frac{2}{3}$日、その差は $136\frac{2}{3}$で、その半分は$68\frac{1}{3}$である。これを88に加えると、$156\frac{1}{3}$になる。それゆえ、88：$156\frac{1}{3}$が、「水星のえがく円軌道の平均半径」対「金星の平均半径」ということになる。このような方法で一々の惑星について計算し、出てくる隣り合う二つずつの惑星距離の比を、つねにより上位の惑星の軌道半径のほうを分母、下位のを分子とし、それに1000をかけた数値に表わして整理してみると、

木星	574	572
火星	274	290
地球	694	658
金星	762	719
水星	563	500

の軌道の半径として得られるのは（上の第一列）である。[*12] 他方、コペルニクスの数値は（上の第二列）である。

一見してわかるように、われわれは一層真実に近付いた。[*13] 確かに、上に例証した方法に従い、差異を出して割算をすることにより、どの点から見てもうまく〔上に述べた周期と距離に関する〕定理の設定した事柄に到達し得たかどうかについて、私は疑念を感じはする。しかしながら、別の計算法から上のと同じ数値が得られるのだから、それによって私は、この数値の中には全く何もひそんでいないというわけではない、と確信できる。すなわち、運動力の強さが距離と比例の関係にあることは確からしいので、それぞれの惑星が、運動力の強さの点で上位の惑星より大きい分だけ、距離については上位の惑星より小さくなっている、ということも確実らしくなる。そこで、たとえば、火星の距離と運動力とを一単位としてみよう。すると、地球の運動力の強さが、〔単位となる〕火星の力の何分の一かだけ火星より大きいと、〔単位となる〕火星の距離のその分だけ、地球の距離は火星のよりも小さいことになろう。これは、背理法（regula falsi）によってたやすく証明される。私は、地球軌道の半径と火星軌

道の半径の比を694：1000としている[*14]。それゆえ、1000とされた軌道の大きさが、火星の運動力の687日で一周されるとすると、694とされた、それより小さな〔地球の〕軌道は、運動力が火星と同じならば、477日で一周されるであろう[*15]。ところが、地球の公転周期は、477日ではなく365日であることが確かなので、逆に、単純に火星の運動力によるとすると477日かかる、として考えを進めていく。すると、火星ならば477日かけて完遂するはずの公転運動は、火星の運動力の何倍の力があったら、$365\frac{1}{4}$日でなし終えられるだろうか。それというのも、火星のよりも強い運動力が必要とされることは疑いないからである。そこで、火星の全運動力に加えて、なおその運動力の$\frac{306}{1000}$が出てくる[*16]。そして地球は、火星よりもこれだけ運動力が強いので、またその分だけ太陽により近くなければならないことになる。すなわち、火星の太陽からの距離を1000とすると〔そうするのは、上位にある惑星の距離がいつでもある単位全体だからである〕、地球はそのうちの306の分だけ、火星よりも太陽に近いことになろう。そしてあの命題[*17]が正しかったなら、分母の1000から分子の306を引くと、初めに立てた〔軌道半径の〕数値のあの694が生じてこなければならない。逆に、あの命題が間違いであるようなら、そのときは、読者が演算の規則に従って仕事を進め、正しい命題を導き出すことになるであろう。

この二番目の定理[*18]でも、上に初めにあげたのと同じ数値が得られることがわかる。そこで、以上の二つの定理は、なるほど形式の上では異なるけれども、実際には符合し、そして同一の基礎の上に立っている、ということが確かになる。だが、どうしてそういうことになるかという点は、これまで私には全く探究できなかったのである[*19]。

第二十章の注

1——ケプラーは、第二版の自注一で、この問題が『概要』第四巻と『宇宙の調和』第五巻（特にその第三章）で論ぜられていることを指摘して、終りにこう付け加えている。

「私が探究していたことをこの章ではまだ達成できなかったが、それでも、適用された原理の大部分——それは当時すでに私には事実の本性に一致していると思われていた——が、非常に確実で、しかもこの二十五年間ずっと非常に役に立つということを経験から知った。ことに、火星の運動をあつかった『新天文学』の第四巻で」。

2——すでに読者への序の注9で述べたことでもあるが、特にこの章では、運動という言葉によって直ちに公転周期が想起される。したがって、本文のあとに出て来る「運動の周期」が公転周期を意味することは、言うまでもない。

3——ウラニア（ギリシア語の発音からすると、「ウーラニアー」と言ったほうが正しかろう）は、ギリシア神話によると、ムーサイ（文芸・音楽・天文・哲学などひろく知的な活動を主宰する九人の女神たち）の一人である。彼女らは、オリュンポスの主神ゼウスと記憶の女神ムネモシュネーの娘といわれる。ウラニアは、Urania（＜Οὐρανός《ウーラノス》「天空」）という名からもわかるように、天文学をつかさどる女神といわれる。手には杖をもって登場する。

4——第一の動体とは、太陽や月その他の惑星が一昼夜に一回転する運動をつかさどる天球のことで、エウドクソスによれば、恒星の天球がそれにあたる。アリストテレスの『形而上学』一〇七三bのエウドクソスの宇宙論を述べた箇所には、恒星の天球が他のすべての天球を運行させるとある。ただし、アリストテレスにおいては、太陽や月や惑星のそれぞれの第一の天球は恒星の天球と同じものではなく、ただ恒星の天球と同様の日周運動をするものとされている。いずれにせよ、日周運動をする天球は最も速いもので、それが他のすべての天球（この場合の天球とは、天動説による太陽や月や惑星の複雑で不規則な運行の仕方を説明するためのさまざまな円のことで、この天球の合計は、エウドクソスによると二十六、アリストテレスによると五十五もある）を運行させるのは、この天球の速さから来る誘導力によるものと考えられていたのであろう。その誘導力を妨げるものについては、ケプラーがアリストテレスのどこから考えたのか、あまりはっきりしたことは断定できない。おそらく、惑星の留や逆行をともなう年周運動は日周運動を妨げる何かがあって起こるという考えをその説から読みとったか、あるいは『形而上学』一〇七四aで、アリストテレスは、各惑星に逆方向に働く天球があって、それがつねにそれより下位にある星の第一の天球を自分のと同じ位置に引きもどす作用をし、そのおかげで初めて諸惑星は現に見られるとおりの運行をしている、と述べているので、ケプラーはこれを意識して第一の天球の誘導力を妨げるものと言ったのかもしれない。

5――ここでケプラーが目指したのは、各惑星の公転周期Tと、軌道半径、つまり平均距離rの比T/rがすべての惑星において一定にならないかどうか、ということである。各惑星の項に横にならんでいる数値は、各惑星のもつT/rにならって他の惑星の平均距離から算出した公転周期である。平均距離は、第十五章の数表の第二列に見える各惑星の最大および最小距離から算出されたものであるが、ただし、水星と木星の平均距離として誤った数値を用いたために、計算には若干の間違いがある。しかし、これらの数値はあとで用いられることもないので、計算上の間違いについて詳しく述べる必要はなかろう。なお、この表の次に見える表で用いられている数値のもとになっている惑星の平均距離は、すべて第十五章の数表の第二列の最大および最小距離から算出されたものである。ただし、水星の場合は、0.360をとっている。

6――ケプラーの原文では、ここで、上位惑星の「〔公転〕日数に応じて」「サイン全体を1000ととるならば」といっている。ある上位惑星の公転日数をP_2、そのすぐ下位の惑星のをP_1、求める比をxとすると、彼は、次のような三角形を考え、

$$x=\sin\varphi\times 1000=\frac{P_1}{P_2}\times 1000$$

を導いて x を求めたのであろう。しかしこれは、結局、単なる比の計算から x を算出することにほかならないので、サインをそのまま訳すとかえってわかりにくくなると思い、本文のように意訳してみた。ただし、水星の項の392は、正確に計算すると、391である。

なお、コペルニクスの説による下位惑星の平均距離の割合は、二〇二ページの上の数表の第二列から計算されたものである。

7――ケプラーの第二版自注二には、「そのようなものが決してないことを、私は『新天文学』の中で

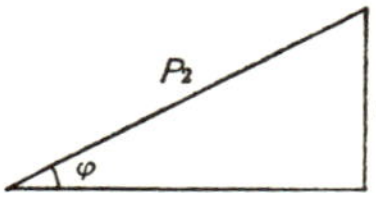

（φは、P_1、P_2の大きさに応じて変化する）

証明した」とある。

8――ケプラーの第二版自注三には次のようにある。

「霊（Anima）という語を力（Vis）という語に置き換えれば、『新天文学』で基礎を築き、『概要』第四巻で完成した天体物理学のもとになった原理そのものが得られる。つまり、かつて私は、主動的知性に関するJ・C・スカリジェロ〔ジュリオ・チェザレ・スカリジェロ一四八四―一五五八年、イタリアの医者で人文主義者。ヒポクラテス、アリストテレス、テオプラストスや文学作品の科学的研究をした。第二十三章に見えるスカリジェロは、おそらく彼の息子のほうであろう。第二十三章の注5を参照〕の教義に染まっていたので、惑星を動かす原因は絶対に霊である、と信じこんでいたのである。しかし、この主動的原因が距離の大きさにつれて弱まり、太陽の光もやはり太陽からの距離に応じて衰えることを考えてみたとき、ここから次のような結論に至った。すなわち、この力は、文字どおりの意味ではないが、少なくとも漠然とした意味において、ある物体的なものであり、それは、われわれが光を、非物質的なものでありながら、物体から放射されるある種のものとして、ある物体的なものであると言うのと同様である」。

9――このテーマについては、ケプラー自身が自注四で『新天文学』および『概要』第四巻であつかっていることを指摘している。

10——太陽の讃美は、本文の中でケプラー自身も言うように、レティクスの『第一解説』の中にも見えるが、ここでは、むしろコペルニクス自身が『天体の回転について』第一巻第十章で行っている讃美をあげておきたい。

「……すべての〔天体の〕真中には太陽が静止している。実に、この光り輝くものを、この最も見事な殿堂の中で同時にいっさいを照らせる場所以外のもっとよい所にだれがおくことができようか。ある人々がこれを宇宙の灯火《ともしび》と呼び、他の人々が宇宙の心、さらに他の人々が宇宙の支配者と呼んでいるのは、きわめて適切である。トリスメギストス〔エジプトの学芸の神トートのギリシア名、また上にヘルメスを冠してヘルメス・トリスメギストスという。三世紀ごろから彼の書といわれるものがある〕は見える神と呼んだ。ソポクレスのエレクトラはすべてを見る者と呼んだ。確かに太陽は、あたかも玉座に坐り、まわりを回る星々の一族を統治しているようである」。

ところでまた、プラトンの対話篇でも、たとえば『国家』第六巻五〇九ＡＢにおいては、太陽を最高の存在者である善のイデアと対比したり、また第七巻五三二Ａでは、天空の星々の中心的な存在者に見立てているくだりなどが見られ、太陽讃美の一端がうかがえるのも興味深いことである。

11——ケプラーは、この二つのうちのあとのほうの命題から、以下の本文に見える軌道半径と公転周期の比を出している。すなわち、二つの隣り合う惑星のうち、より上位の惑星の軌道半径（平均距離）をr_2、下位のをr_1、また上位の惑星の公転周期をT_2、下位のをT_1として、以下ケプラーの本文に従うと、$r_1 : r_2 = T_1 : T_1 + \frac{T_2 - T_1}{2}$ すなわち、$r_1 : r_2 = T_1 : \frac{T_1 + T_2}{2}$

ところが、ケプラー自身が第二版の自注六で指摘しているように、このあとのほうの命題は、先の命題、つまり太陽からの惑星の間隔の一の増加は、公転周期の増加には二となって働くということを逆に言ったものではない。先の命題から出てくるのは、ケプラー自身がその注に言うとおり、公転周期の比は距離の比の二乗であるということで、したがって、ここでは公転周期の算術平均ではなく、幾何平均をとるべきだったのである。すなわち、$T_1 : T_2 = r_1^2 : r_2^2$ あるいは、$\frac{T_1}{T_2} = \left(\frac{r_1}{r_2}\right)^2$ したがって、$r_1:r_2=T_1:\sqrt{T_1T_2}$ ただし、これも正しいというわけではなく、単に先の命題の帰結としてそうなる、というだけのことである。しかし、この本文においてすでに、二十三年後に彼が発見することとなるいわゆるケプラーの第三法則への道がたどられている。

第三法則とは、『宇宙の調和』第五巻第三章に初めて見えるもので、そこには次のようにある。

「ある二つの惑星の公転周期のあいだにある比は、平均距離、すなわち軌道自体の大きさの比の二分の三乗に等しい」。すなわち、

$$\frac{T_1}{T_2}=\left(\frac{r_1}{r_2}\right)^{\frac{3}{2}}$$

これは、この文から知られるように、隣り合う惑星のあいだだけでなく、任意の惑星のあいだに成り立つのである。

12——少しわずらわしくなるが、これらの数値の計算法を次に一々示しておこう。

$$\frac{4332\frac{37}{60}}{\frac{10759\frac{12}{60}+4332\frac{37}{60}}{2}}\times1000\fallingdotseq574$$

$$\frac{686\frac{59}{60}}{\frac{4332\frac{37}{60}+686\frac{59}{60}}{2}}\times1000\fallingdotseq274$$

$$\frac{365\frac{15}{60}}{\frac{686\frac{59}{60}+365\frac{15}{60}}{2}}\times1000\fallingdotseq694$$

$$\frac{224\frac{42}{60}}{\frac{365\frac{15}{60}+224\frac{42}{60}}{2}}\times1000\fallingdotseq762$$

$$\frac{87\frac{58}{60}}{\frac{224\frac{42}{60}+87\frac{58}{60}}{2}}\times1000\fallingdotseq563$$

ところで注6でも見たように、「1000をかけた数値に表わして」というところについては、実際には、ケプラーは、$\frac{分子}{分母}\times1000$という計算を言い表わすのに、分母、分子という言葉を用いず、「サイン」“sinus”という語を用いている。

13――ケプラーが最初に立てた命題によるならば、幾何平均をとるべきであった。だから、彼があとの本文に言うように、この演算に疑念を感ずるのも当然であった。しかし、彼自身が第二版の自注七で述べているように、むしろ正しくないはずの算術平均によって、真実に近付くことになった。それは、周期と距離の正しい関係、つまり第三法則が $\frac{T_1}{T_2}=\left(\frac{r_1}{r_2}\right)^2$ ではなくて、

$\frac{T_1}{T_2}=\left(\frac{r_1}{r_2}\right)^{\frac{3}{2}}$であったために、たまたま算術平均によるほうが、幾何平均によるものより、真実の数値に近くなるということが起こるからである。たとえば、水星と金星および金星と地球に関する数値をとりあげてみると、

$$\frac{87\frac{58}{60}}{\sqrt{87\frac{58}{60}\times224\frac{42}{60}}}\times1000\fallingdotseq626$$

$$\frac{224\frac{42}{60}}{\sqrt{224\frac{42}{60}\times365\frac{15}{60}}}\times1000\fallingdotseq784$$

これらはいずれも、563や762よりも、500や719からは遠い。

14——火星と地球の軌道半径（平均距離）および公転周期に関する以下の数値の算出法は、第二版自注八の中で、ケプラー自身が詳しく説明している。そこで、その説明に従って、計算法を述べていくことにしたい。まず、694の算出法は火星と地球の公転周期にもとづいている。

すなわち、

$$\frac{687+365\frac{1}{4}}{2}:365\frac{1}{4}=1000:x\quad x\fallingdotseq694$$

である。

15——$687:1000=x:694\quad x\fallingdotseq477$

16——火星が477日かけてする運動を、地球は$365\frac{1}{4}$日で終るので、地球の運動力は火星のそれの$\frac{477}{365\frac{1}{4}}$倍ということになる。したがって、$\frac{1306}{1000}$倍なので、地球が火星よりも余分にもつ運動力は$\frac{306}{1000}$である。

17——それぞれの惑星は、運動力の強さの点で上位の惑星より大きい分だけ、距離については、上位の惑星より小さくなっている、という命題。

18——すなわち、上の注17にあげた命題のこと。はじめの定理は、公転周期の増加は距離の差異にくらべると二倍になる、という命題。

19——ケプラーのいう二番目の定理は、次のように公式化される。二つの惑星が同じ運動力をもつとすると、下位の惑星の公転周期は、$\frac{r_1}{r_2}T_2$になるはずである。ところが、下位惑星の公転周期はT^1だから、その運動力は上位惑星のそれの$\frac{\frac{r_1}{r_2}T_2}{T_1}=\frac{r_1T_2}{r_2T_1}$倍である。そして、上位惑星の運動力と距離とを単位、つまり1とし、運動力と距離の差が互いに等しくなるというのであるから、$1-\frac{r_1}{r_2}=\frac{r_1T_2}{r_2T_1}-1$

ところが、この公式を整理しなおすと、$\frac{r_1}{r_2}=\frac{T_1}{\frac{T_1+T_2}{2}}$ すなわち、$r_1:r_2=T_1:\frac{T_1+T_2}{2}$ これは、ケプラーが初めに立てた定理の公式にほかならない。したがって、二つの定理から出てくる数値が同一であるのも当然である。

ケプラーの第三法則に従えば、ここであつかわれている火星に対する地球の平均距離は、

$$\left(\frac{365\frac{1}{4}}{687}\right)^{\frac{2}{3}}\fallingdotseq 0.6562797$$

つまり、火星の平均距離を1000とすれば、656になる。

なお、ケプラーは、第二版自注八で、この第三法則を五つの正立体とは別のもう一つの非常にすばらしい秘密と称し、この『宇宙の神秘』に付録として添えられてよいと述べ、以下のように、古代において、太陽中心説をとなえたアリスタルコス〔前三一〇―二三〇年。ギリシアのサモス島出身の非常にすぐれた天文学者〕をたたえている。

「これ〔第三法則〕が公表された以上、アリスタルコスの教説を審査するために、すべての神学者や哲学者が声高らかに招集されるべきである。次のことに注意されたい。信仰篤く考え深い博識な方々よ。

もしプトレマイオスが天体の運行と軌道の配置について真実を語っているならば、すべての惑星には、運動もしくは公転周期と軌道〔の半径〕との一定の妥当な比は全くない。

チコ・ブラーエは、確かに太陽が五惑星の中心であるが、太陽はいわば五つの周転円の中心にすぎないので、この太陽軌道の中心は地球であり、したがって地球が静止しており、太陽は、全惑星系を運び、光り輝きながら公転する、と言っている。もしこれが真実ならば、そのときには、なるほどすべての惑星に公転周期と軌道の同じ比が成り立つ。すなわち、（たとえば太陽と火星の）周期の比は、その軌道の比の二分の三乗である。けれども、運動が同一の中心によって規制されてはいない。というのも、太陽をめぐる五惑星の運動は太陽によって、だが、地球をめぐる太陽の運動は地球によって規制されるので、太陽は諸惑星の、他方、地球は太陽の主動者として立てられるからである。

最後に、アリスタルコスは、太陽が五惑星の軌道と、また地球を運ぶ六番目の軌道の中心であり、したがって太陽が静止しており、地球は他の惑星にまじって太陽のまわりを運ばれる、と言っている。もしこれが真実ならば、そのときには、任意の二つの惑星の軌道相互の比は、周期の比の三分の二乗に相当するものとなる。もしくは、周期の比が完全に軌道の比の二分の三乗になる。そして地球も他の五惑星の運動も、太陽という唯一の源泉から規制される。ここには全く例外がない。比は、二つの面によって完璧に擁護される。すなわち、感覚の面では、独自なあらゆる精確さをそなえた天文学者の日常の観測が〔この比を〕証明してくれる。理性の面では、全体としては、アリスタルコスがわれわれに味方してくれる。だが特に、太陽という非物質的な種類のものを立てることにより、なぜ比が一倍でも二倍でもなく、精確に二分の三乗でなければならないか、ということの最も明らかな理由を手中にすることができる。また、なぜ地球が太陽の主動者であるよりも、むしろ太陽が地球や他の惑星の主動者であり得るのか、ということの理由も手中にできる。最後に、理性の自然の光（naturale rationis lumen）が示唆してくれるのは、大部分のものの運動があの一つの源泉〔太陽〕から流出してはいるが、その源泉自体の運動は別のよりささやかな源泉から流出する場合よりも、すべての運動が一つの源泉から流出する場合のほうが、神の御業《みわざ》の景観はいっそう品位をもち、より理想的である、ということである。

これに付け加えなければならないのは、軌道の比が、運動が行われる以前に、五つの正立体と調和にもとづいて独自に形成されているということである。ところで、もしチコ・ブラーエの言うことが真実ならば、火星と金星の軌道のあいだに、想像によってめぐらされた地球のある円軌道をとり入れないかぎり、こういうことは起こり得ない。そして神は、事実そのものよりもむしろ人間の想像力のほうに気をくばり、作品の想像上の姿が美しいものであるようにするために、宇宙という作品そのものをゆがめたということになる。それにしては、〔留や逆行のような〕他の同様な無限に多くの想像上の現象は、〔チコ・ブラーエの〕そのような〔宇宙の〕機構には欠けている。だがもしアリスタルコスの言うことが真実ならば、その〔宇宙の〕機構は事実の中に見出される。いっさいの想像される現象は、一つの例外もなく、光学の法則の必然性に従っている。

以上のことを考慮して、諸君が教説の公正な審判官となるように、神聖な御業の最も精妙な機構の敵対者としてふるまわないように、と私は希望する」。

第二十一章

諸数値が不整合であることから何が推論されるか[*1]

この二番目の〔惑星の運動と軌道の関係についての〕論証は、以上に見たとおりである。これによって、アリストテレスの権威にもとづき、〔コペルニクスの〕新しい学説のほうがすぐれていることが証明された。なぜなら、新学説を通してこそ、二つの点から、つまり運動力の強さと公転の速さを考慮に入れた上で、惑星の運動がコペルニクスのいう距離（ἀποστήματα）と比例するようになるからである。それは、古人の伝統的な宇宙観では、どんなやりかたをもってしてもできなかったことである。そしてこの論証こそ、運動に関するこの論文のただ一つの目的であるべきだった。ところが実際のところ、私のささやかな著書のあとのこの部分はむしろ省略したほうがよかった、と思う人たちも出てくるだろうし[*2]、事実、そういう推測をするのは、私にとって難しいことではない。彼らはこう言うだろう。「確かに、あなたが正立体を用いて惑星軌道の大きさの正しい比を決めたのであれば、いずれにしても、その比は運動によって裏付けられるであろう。真理には自己矛盾がないからである。ところが、ケプラーさん、自分でよく見てごらんなさい。運動と正立体は、すなわち、その各々から算出された軌道距離は、互いにどれほどくい違っていることか。こういうことでは、あなたはあらわな脇腹《わきばら》をまともに敵にさらしていることになる。それどころか、われとわが身を打っているのだから、あなたをやっつけるには別に他人の剣なんか必要ではないのだ」と。

そこで、こういう人たちに答えるために、私は、まず思考の道すじを転換し、彼ら自身の、さらにはすべての人々の判断と良心に訴える。彼らは、どちらの論証がいっそう当を得ていると考えているのか。正立体にもとづく論証のほうか、それとも、この運動にもとづく論証のほうなのか。思うに、おそらくはだれも、運動が軌道の大きさに対応するという後の説が全く適切で、それこそ創造を司《つかさど》る神の感嘆すべき所業（*χειρούργημα*）である、と言うだろう。したがって、二つの論証のどちらか一方を信じなければならないとすれば、たとえ数値がなおいくらかコペルニクスのものとは違っていても、人々は、いわばそれをより自明のこととして、正立体よりも運動にもとづく後の論証のほうに賛同するだろう。だが、読者が許してくれるなら、私は、信頼にこたえるべく、正立体にもとづく論証を鞏固にし、そこにある不一致の弁明をしてみたいと思う。その不一致は、運動にもとづく論証の不調和よりも、多くの点において小さいからである。実際、もし読者が、運動にもとづく後の論証では、そこに見出される惑星相互の関係の適切さのゆえに、〔コペルニクスの数値との〕大きな誤差を喜んで不問に付してくれるならば、正立体にもとづく先の論証では、誤差はささやかなものなのだから、それを黙認するのは一層たやすいことだろう。正立体からの論証のほうのあの相異は、天文学上の計算に何の支障をきたすこともないが、運動からの論証のほうの差異は、それにくらべると、計算にやや大きな乱れを引き起こすのである。まず手はじめとして、とりあえずはこれで反撃したことになろう。

次に、まさにそのことで私が批判されているとおり、正立体からの論証は運動からのものとくい違っているわけだから、[*3]いずれにしても私は、二つの論証のうちどちらかが誤っていると認めざるを得ない。だがそれでも、何とか誤りを解き明かすことはできると思うので、（運動の比についてでも、軌道の比についてでも）発見された関係をすっかり放棄してしまう必要はない。[*4]二つの論証から発見された関係のうち、どちらの論証が誤っているかについては、上に述べたことから容易に推測される。まず、その運動から算出した惑星の距離は、正立体を仮定して算出したものよりも、コペルニクスの距離から大きく隔たっている。次に、運動から算出した距離をコペルニクスのものと逐一照合して、差異を書きならべていくと、水星の場合を除いて、これらの差異と数値そのものとの、ひいては五つの正立体の性質とのある類似性に気付かれよう。左記の表を見ていただきたい。

		コペルニクスの距離	運動から算出した距離	差異	
土星1000に対する	木星	572	574	＋2	立方体
木星 〃	火星	290	274	−16	正四面体
火星 〃	地球	658	694	＋36	正十二面体
地球 〃	金星	719	762	＋43	正二十面体
金星 〃	水星	500（または559）	563	＋63（または＋4）	正八面体

差異の中の四つはプラスで、五つ目のもの[*5]はマイナスである。というのは、五つの正立体のうち四つでは、二つずつがいつも類似しており、五つ目のものは孤立しているからである。次に水星は動き方が変化に富んでいるから、その動きを整理していただきたい。そして、球殻の平均値[*6]を上回る数値を、平均距離として計算しなくてはならない、と考えてほしい。この数値は、ちょうど正八面体の内接球の大きさに相当する。（読者は、先の章で[*7]、正八面体の内接球の半径が、球殻の平均値を上回るということをすでにきいている。）そうすると、〔金星の平均距離1000に対する〕この星

の平均距離として、500 ではなく 559 を得るであろう。*8 したがって、上の表の最後の列の数値は、金星 1000 に対する　水星　559, 563, ＋4 ということになる。見よ。差異は、土星—木星および金星—水星では他より小さく、2と4であり、火星—地球および地球—金星では他より大きく、36と43である。これは、それぞあれのいだにある正立体、すなわち、前者の立方体と正八面体、後者の正十二面体と正二十面体が、互いに相似ていることに通ずる。また、次のことにも注意されたい。すなわち、内接球と外接球の半径の差が大きい正立体をとる前者の場合は、上の表の二つの距離の差異は小さい。が逆に、内接球と外接球の半径の大きさがほぼ等しい正立体をとる後者の場合は、運動から算出された惑星の距離が、コペルニクスのそれと大きく違っている。

したがって、以上の差異には何らかの規則性があり、しかも秩序正しいものは偶然に起こることがないのだから、これらの数値は確かにある真実を示唆してはいる。しかしそうはいっても、まだ完全に真実に到達しているわけではない、と考えなくてはいけない。*9 つまり、定理そのものにはなお改良すべきところがあるか、*10 または、定理はなるほど正しいけれども、しかしどちらの計算の仕方もその定理の意味を適切にとらえていないか、*11 どちらかということになる。私としては、そのこと〔要するに、運動にもとづく論証の欠陥〕を初めにすぐ推察できたのだけれども、それでも、この機会に刺激をうけて、読者に一層多くのことをあれこれ考えてみてもらいたかったのである。こうして、発見されたこの二つの論証が互いに一致する日にわれわれがいつかめぐりあうことになれば、どうだろうか。*12 ここから、〔各惑星の〕離心率のありかたを根拠づける理論が導き出されることができれば、どうだろう。*13〔そうなればそれはすばらしいことである。〕実際、私が、依然としてより一層辛抱強く、運動に関する上の定理を

コペルニクスの距離*16					運動から算出された距離	
	最大	9987				1000：577
土星	平均	9164			9163	＝9163：5290
	最小	8341				近似値5261
	最大	5492				
木星	平均	5246			5261	1000：333
	最小	5000 a				＝ a 5000：1666
	最大	1648 b				近似値1648 b
火星	平均	1520			1440	1000：795
	最小	1393 c				＝ c 1393：1107
地球	最大	1042	（月の軌道を入れた場合）	1102 d		近似値1102 d
（月の軌道を入れない場合）	平均	1000		1000	1000	1000：795
	最小	958 e		898		＝ e 958：762
	最大	741 h				近似値 762 f
金星	平均	719			762 f	1000：577
	最小	696				＝741：429 g
	最大	489				近似値741 h
水星	平均	360			429 g	
	最小	231				

保持するのは、何よりも、運動から算出された二つの惑星の距離の比が、コペルニクスの採用した厚さをもつ軌道全体の距離から決してはずれず、いつでも球殻の内部にくる数値を指示するからである。*14

また、読者が不思議に思うかもしれない次のことにも、やはりある規則性を見てもらえるように、地球の平均距離を基準にとって1000とし、それとの割合で運動から算出される距離の数値を順序よくかかげ、コペルニクスの言う惑星の距離を、これらの数値と共に上のようにならべてみよう。*15

ここでの規則性は次のとおりである。すなわち、地球から遠く離れた惑星〔つまり、土星と木星〕では、運動から算出される距離は、コペルニクスの言う平均距離に非常に近いが、他方、地球に隣接する火星と金星では、両者の運動から算出される距離は、コペルニクスの言う平均距離よりも地球に近くなる。

ごらんのように、どこでも、正立体はその場所から排除されないし、正立体の配置の順序も乱されてはいない。それどころか、少なくとも正立体を受け入れるだけの間隙が、それぞれの平均距離のあいだに広がっている。したがって、特に惑星の運動から算出されたこれらの距離を、最もよく証明されたものとして容認しようとする人が（もっとも、そうすることには疑問もあるのだが）、正立体の軌道のあいだへの配置の仕方に異をはさむことはあるだろうが[*17]、それでも正立体を各軌道のあいだにおくこと自体をしりぞけはすまい。というのも、一般に、運動から算出された距離が示唆するのは、以下のようなことだからだ。すなわち、一番外側にある二つの相似した正立体は、同じようにそれぞれ二つの惑星の平均距離のあいだにあり[*18]、内側の二つの相似した正立体は、二つの惑星の平均距離と一番端《はし》の距離のあいだに、つまり正十二面体は火星の最小距離から地球の平均距離までのあいだに、正二十面体は地球の平均距離から金星の最大距離までのあいだにある。ところが、正四面体は、ここでもやはり自らの特権を得て、二つの惑星のそれぞれの最大と最小の距離のあいだにあるわけだ[*19]。確かに、運動から算出された距離の不確かな数値にもとづいて立てられた以上のすべての所説は、それ相応に評価されるかもしれない。しかしその評価は、まさに、ほかの人たちを刺激して上の二つの論証を一致させてみたい気にならせる、という目的に沿うものでなければならない。私は、論証のこの一致を目指して、道を開いてきたのである。

第二十一章の注

1――ケプラーが第三法則を発見した後は、公転周期と惑星軌道の半径（平均距離）の関係が確定し、それらの数値は整合するものとなった。したがって、この法則から算出される以外の数値は誤りなので、さまざまな仮定から算出された諸数値のあいだの差異はもはや問題にならなくなった。そこでケプラーは、第二版の自注一では次のように言っているのである。

「今となってはもうこの推論は不必要である。全くどんな差異もない正しい比が発見されたのだから、どうして間違った差異など私に必要であろうか」。

2――第二十章でケプラーが試みたのは、各惑星の公転周期と軌道の大きさ（平均距離）との関係を把握しようということであった。これが第三法則につながる近代科学的な思考であるのに対して、五つの正立体を仮定することによって軌道の比を決めようとするのは、ピュタゴラスやプラトンの伝統の上に立つ、いわば前近代的な形而上学的思考であったと思う。当然のことながら、二つの思考から得られる軌道の比は完全に一致することなどあり得ない。そこでケプラーは、形而上学的な思考に立って正立体を重んずるならば、公転周期と軌道の大きさの関係にふれた部分は、正立体に関する所説の目的と関係がないから、むしろ省略したほうが議論に説得力をもたせられただろう、という意見をこの所で考慮したようである。そして、これに答えて、正立体と公転周期（運動）からの両方の論証を比較検討し、とりあえずは正立体にもとづく論証のほうを立て、運動にもとづく論証にはまだ改良の余地があることを明らかにし、いつかそれらの総合一致を期待しようとするのが、本章の意図である。

3――ケプラーは、第二版の自注二において、この両方の論証はそれぞれにうまく合わないものがあるのだから、欠陥は両方の側にあったのだ、という意味のことを述べている。

4——ケプラーは、第二版の自注三で、それらが一致した関係にもたらされたのは、『宇宙の調和』第五巻においてであることを指摘している。これについてはまた、あとの注11とか、ケプラーの第三法則に関する第二十章の注11と19も参照のこと。

5——マイナスになる五つ目のものとは、言うまでもなく、木星―火星の項の差異－16であり、五つ目の正立体とは、やはり同じ項に見える正四面体である。すでに述べたように、五つの正立体の中では、立方体と正八面体、正十二面体と正二十面体が、互いに類似しているのである。第二章のケプラーの原注Ⅱを参照。

6——球殻の平均値というのは、中心から軌道の厚さの真中までの距離である。水星以外の惑星の場合には、これが平均距離にあたる。

7——水星の軌道の特殊性について述べた第十七章を参照。

8——559という数値の算出法については、以下のとおり。

第十三章の計算によると、正八面体の外接球の半径を1000としたとき、その内接球の半径は577になる。そしてこの外接球の半径が金星の最小距離に相当し、それは、第十五章の数表の第二列の金星の項によれば、地球の平均距離1000に対して696になる。したがって、

$$\frac{577}{1000}=\frac{x}{696} \quad x \fallingdotseq 402$$

こうして、地球の平均距離1000に対し、金星の平均距離は719，最小距離は696，そしてケプラーのいう水星の平均距離、つまり696の半径をもつ外接球をとる正八面体の内接球の半径は402となる。この402という数値は、確かにコペルニクスのいう水星の最大距離488と平均距離360（第十七章を参照）のあいだにあることになる。ところで、402は地球の平均距離を1000

という単位にとった場合の数値なので、金星の平均距離 719 を単位にとったときには、

$$\frac{402}{719}=\frac{x}{1000} \quad x \fallingdotseq 559$$

となる。

そこで、金星の平均距離 1000 に対する水星の平均距離 559 が得られる。

なお、ケプラーは第二版自注四でこの 559 の算出法を述べているが、簡略にすぎてわかりにくい。やはり上のように考えたほうがよいと思う。

9――以上の議論でのケプラーの意図は、コペルニクスのいう惑星の平均距離との比較を通じて、第二十章で立てた惑星の公転周期と平均距離のあいだの関係についての定理が、まだ完全なものではない、ということを示すところにある。したがって、軌道のあいだの比については、公転周期、すなわち運動にもとづく論証よりも、正立体にもとづく論証のほうが、一層当を得ている、と主張したいのであろう。

10――惑星の軌道の大きさ（平均距離）の比から公転周期の比を得るためには、前者を二乗するのではなく、二分の三乗しなければならないので、第二十章で立てた定理には確かに改良すべきところがあったことになる。ケプラー自身が、第二版自注五の中でそのように述べている。

11――ケプラーが第二十章の自注六および七に指摘しているように、惑星の運動と距離について第二十章の初めに立てた定理からすれば、公転周期の算術平均ではなく、幾何平均をとらなければならないはずだった。しかし、第二十章で述べられている二つの定理、そしてそれにもとづく二つの計算法では、いずれも算術平均をとることにほかならず、結局、同じ公式に帰するので、同じ数値しか得られなかったのである。「定理の意味を適切にとらえていない」という言葉は、初めの定理に従って

幾何平均をとらなかったという意味に解されるべきであることを、ケプラー自身が本章の自注六で示唆している。

12——ケプラーは、第二版の自注七において次のように言っている。

「われわれは、いや少なくとも私は、二十二年後にやっとこの日にめぐりあえる喜びを得た。私は、メストリンだって、いや『宇宙の調和』第五巻を読もうとする非常に多くの人々だって、この喜びを共感してくれるだろう、と思っている」。

13——ケプラーは、第二版自注八において次のように述べている。

「そのように私は真理について夢みていた。善良な神が、そのとき私にインスピレーションを吹き込んでくれたものと思う。離心率の根拠づけは、当面の考察からではなく、調和的な比（『宇宙の調和』に見えるような音楽にもとづく比）から、しかも当面の発見の助けがあってやっと見つけ出された。しかも、この発見が修正されたのち初めてそれは可能であった。実際、『宇宙の調和』第五巻第三章において、この $\frac{3}{2}$ の比の定理（すなわち、ケプラーの第三法則「ある二つの惑星の公転周期のあいだにある比は、平均距離、つまり軌道それ自体の比の $\frac{3}{2}$ 乗に等しい」）は、重要な証明された原理に属するものである」。

14——三〇四ページの上の表から知られるように、金星の場合には必ずしもそうは言えない。しかし、全体の傾向としてならば、そう言っても間違いではない。

15——上の表の一番左の第一列に見える数値は、第十五章の数表の第二列からとったものである。ただし、地球の項の月の軌道を計算に入れた場合の数値は、第十五章の同じ数表の第四列からもってきている。

真中の二列目の数値は、ケプラーが第二十章で立てた $r_1 : r_2 = T_1 : \frac{T_1+T_2}{2}$ という定理に従って算出したものである。

一番右の第三列は、第十三章で算出した各正立体の外接球と内接球の半径の比にもとづき、左の二つの列に見える実際の距離のあるものをとって比例算を行った結果である。「近似値」とあるのは、より下位の惑星の四つ（地球の場合は五つ）の距離の中で、より上位の惑星軌道を正立体の外接球としたときに、比例算からその立体の内接球の半径として得られる距離に一番近い数値である。一部の数値にアルファベットを付したのはケプラー自身で、数値どうしの対応を明らかにするためにそうしたものと思われる。

しかし、この表では金星と水星の項に間違いがあるので、これは左のように訂正されなければならない。

このように訂正すると、水星の項においても比例算から得た距離の近似値が左の二つの列の中にあることがよくわかる。

なお、実際に計算してみれば容易に気付かれることであるが、たとえば第三列の比例算をとっても、大きな計算違いはないけれども、数値が細かいところでいくらかずつ違っている。そのためもあるのか、メストリンは、一五九六年十一月十五日（十六日）付および一五九七年三月九日付のケプラーあての書簡で、この表の置き方が不十分で理解するのに難しいとして、あとで注意を与えている。

コペルニクスの距離		運動から算出された距離	
金星	最大 741 h 平均 719 最小 696	762 f	近似値 762 f 1000 : 577 ＝h 741 : 429 近似値 429 g
水星	最大 489 平均 360 最小 231	429 g	

16――ケプラーは、『宇宙の調和』第五巻において、コペルニクスのこれらの数値をチコ・ブラーエの観測資料にもとづいて訂正している。第二版の自注九において、ケプラーは、チコ・ブラーエの観測にもとづくものが全く完全なかたちで打ち立てられた天文学であることを示唆している。

17――ケプラーは、第二版の自注十において次のように述べている。

「ここでもまた私は真理について夢みていた（すぐ前の注13参照）。この改良された方法については、『宇宙の調和』第五巻第九章の命題四十六、四十七、四十八、四十九を参照されたい」。

18——第八章でも述べられているように、ここにいう外側と内側は、太陽ではなく、地球軌道から見て言われたものである。したがって、太陽に一番近いはずの正八面体も、地球から見れば、中心の方に向かって一番外側にあり、そして正十二面体と正二十面体は、地球軌道に接するはずなので、内側にあるということになる。

19——ケプラーは、第二版自注十一で次のように述べている。

「一番外側にある立方体と一番内側にある正八面体〔この注では、ケプラーは、太陽を基準にして外側と内側という言葉を用いている〕は、「同じように」、つまり二つの球殻にくい込むようなかたちで、軌道のあいだにおかれている。しかし、二つの惑星のそれぞれの「平均距離」のあいだにあるわけではない。これは言いすぎだった。他方、内側の二つの「相似した」正立体、すなわち正十二面体と正二十面体は、また「同じように」、つまり片方の球殻にはくい込みきれないかたちで、軌道のあいだにおかれている。しかし、惑星の平均距離と最大もしくは最小距離のあいだにあるわけではない。これもまた言いすぎだった。だが、正四面体は、全く「ここでもやはり自らの特権を得て」、「最大と最小の距離のあいだに」、つまり木星の最小距離と火星の最大距離のあいだにおかれている。これがそうでなければならないことは、すでにあげたいくつかの命題によって証明した。

私があちらこちらであげていることであるが、他にも誤った数値が真理を示唆している例がある。しかし、それは偶然のことで、取り立てて言うほどのこともないから、すて去ってもよい。それでも、そういうものを思い起こすのは、私にとって楽しいことだ。なぜなら、どういう紆余曲折をへ、どれほど壁ばかりを手さぐりしながら、私が無知の暗闇から真理の光がそこから明るくはいり込んでくる戸口にたどりついたかということを、そういうものが思い起こさせてくれるからである。」

第二十二章

等化円*1の中心から見ると惑星が一定の速さで動く理由

読者よ、あなたは、不完全なものでもその意味をそれなりに認めるということを先ほど学んだのだから、私としては、最後の生彩に乏しいこの大詰めがあなたに拒絶されはしないか、とあまりおそれなくてもすむ。この問題を最後におきたかったのは、私がそれをたいして重視していないからでもあるが、ことにまたこの問題は、第十四章で私が注意を喚起したように、もともと特にその章にはいるのだけれども、運動と関連していて、第二十章の所説なしには解決できないことだからでもある。

　私が、この正立体にもとづく天体〔つまり惑星〕の比についての説を、メストリンに批評してもらったときに、彼は、外惑星の周転円について、コペルニクスは等化円の代わりに周転円を導入したが[*2]、この周転円によって、球殻は、惑星の上昇と下降[*3]とに必要とされる分の二倍厚くなるのだ、と私に注意してくれた。内惑星にもやはり、惑星をその周転円の一番上まで上昇させ、その一番下まで下降させる別の運動がある。そのことから、コペルニクスは、内惑星には、離心周転円の代わりに離心離心円[*4]を仮定した。しかし水星では、それを通じて太陽に接近したり太陽から遠去かったりするこの星特有の直径〔長軸端〕が、ときおり同じようにして〔つまり、離心離心円によって〕、どんな星〔の長軸端の伸長〕よりも大きな割合で太陽から遠く離れて伸びて行く。そこでメストリンは、運動を明らかにするのに十分な球殻を軌道に残すべきだと考えたのである。この点については、まず、軌道の厚さが二倍にもなると、プロスタパイレシスを減《へ》らしすぎることになるから[*5]、そういう企《くわだ》てはすべて放棄すべきだし、次に、惑星のえがく軌道が上に示した比を保ちさえすれば、その軌道が大きかろうと小さかろうと、この奇蹟とも思えるほどの宇宙の機構のすばらしさがそこなわれることはない、とメストリンに答えた。そして、正立体の素材については、すでに第十六章で述べていること、すなわち、そのような素材は全く存在しないし、それだから、正立体を軌道球と同じ場所にはめ込むのは不条理ではないこと、だが逆に、こうして一定の軌道球を考えないと、不規則な運行が正しいとされかねないということを付け加えた。私の見るところでは、貴族出身で非常にすぐれた数学者であるデンマーク人のチコ・ブラーエも、こういう見解にくみしている。けれども、その〔不規則な運行の〕原因と様態とは、われわれの以下の解説によって一層よく示されるのである。すなわち、惑星のそれぞれの軌道における進み方が速くなったり遅くなったりする原因が、上の第二十章で全宇宙に存在するとした原因と同一だとすると[*6]、不規則な運行の様態としては、惑星が、離心軌道の上を、上方〔中心からより遠いところ〕では遅く、下方〔中心により近いところ〕では速く進むということになる。実のところ、この様態を説明するために、コペルニクスは周転円を、プトレマイオスは等化円を仮定したのである[*7]。そこで、惑星の離心軌道と等しい大きさの円が、中心〔である太陽〕のまわりにえがかれるとしよう。すると、その円の各部分は、運動力の源泉〔太陽〕から等しい距離だけ離れているので、その円上の運動はあらゆる部分で等しいことになるだろう。したがって、惑星は、太陽を中心とする円の上方につき出た離心軌道円の部分にあるあいだは、〔前者の円よりも〕太陽から一層遠く離れており、一層弱い力によって動かされるので、より遅く、離心軌道円のそのほかの部分では、太陽により近く、一層強い力の影響下にあるので、より速く動くことになるだろう。さらに、こういう運動の変化は、ちょうど惑星が等速運動によってある円周上を動くようにすると、ほかならぬその円によって初めて明らかにされる。そのことは、だれでも容易に推察することができる。この進み方の遅くなる原因はこれで示したことになるので、われわれはいまやその基準をも見ておきたい。

　A点を主動霊の源泉、すなわち太陽とする。Bは、不規則な速度で進む惑星がえがく軌道EFGHの中心で、BDはBAと等しく、CBはその $\frac{1}{2}$ とする。そこで、EFはABの分だけNOよりもA点から遠いので、惑星は、EFにあっては、あたかもAから〔ABの〕二倍、すなわちADの分だけ遠去かってしまい、Dを中心とする円周上を走るかのように遅くなる、とするのが妥当であった。そして逆に、HGのほうは、同じくABの分だけPQよりもA点に近いので、惑星は、GHにあっては、あたかも〔ABの〕二倍、すなわち、ちょうどまえと同じくADの分だけAに近付いているかのように速くなる、とするのが妥当だった。それゆえ、この二つの場合とも、惑星は、Dを中心とする円周上を進むのと全く同じことになる。*8 実際、上の第二十章で見たように、それが、運動の軌道に対する比であった。*9 したがって、そこ〔第二十章〕では、〔運動と距離という〕二つの原因が、一つの円としての軌道全体に一緒に作用していたが、ここでは、二つの原因が別々の円に置き換えられ、*10 しかもそれらが〔二つの図に〕一緒に表わされているのだ、と考えてもらいたい。そこ〔第二十章〕では、同じ一つの軌道の円周全体がより大きく〔太陽から〕遠ければ遠いほど、公転周期が増し、それがより小さくて〔太陽に〕近ければ近いほど、公転周期が減った。しかしここでは、円NOPQと円EFGHは等しい大きさで、後者の一方の部分は、中心Aすなわち太陽からより遠く、他方の部分はAにより近いのである。だから、Aにある起動力（motrix virtus）は、EFでは惑星がIKにあるかのように、GHではLMにあるかのよう

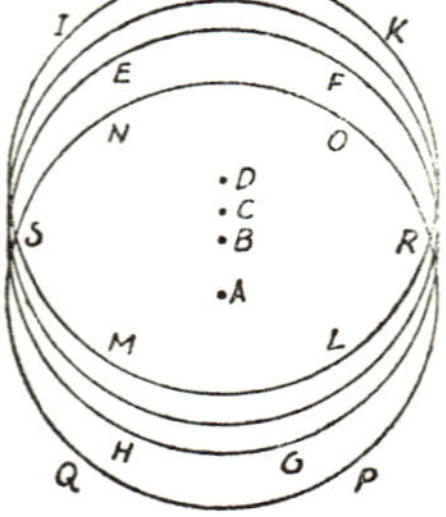

に作用する。だが、それぞれの場合の、つまりEFにあるときの遅さとGHにあるときの速さの共通の基準は、Dに見出される。こうして惑星は、EFGHの軌道上を、あるときは遅く、あるときは速く進み、RとSのあたりでは平均速度になるが、それはちょうど、Dを中心とする円周IKLM上を一定の速さで運行するかのようである。さてここで、天文学の専門家たちの説を見てみ給え。彼らは〔以上と〕全く同じ説を立てたのである。すなわち、プトレマイオスは、Dを等化円の中心とし、Bを惑星の実際の軌道の中心とした。だがコペルニクスは、DとBの中点を中心として、そのまわりに離心離心円、あるいは離心周転円をめぐらしている。それゆえ、コペルニクスの説では、惑星の実際の軌道はできるだけEFGHの近くに来るが、運動のほうは、〔プトレマイオスが考えた〕惑星のDを中心とする円上での等速運動と同様に、円EFGHと円IKLMのあいだにあるCを中心とする軌道に属するものが、一定の速さになるように調整されるということになる。[*11]

等化円〔すなわち、コペルニクスの離心離心円〕の中心〔C〕が、離心軌道の中心〔B〕からその離心値全体〔AC〕の$\frac{1}{3}$だけ離れている理由[*12]は、以上で明らかになった。そこで、全宇宙はある霊魂でみたされているものとしよう。この霊魂が星々や彗星のあるものを占有すると、それが何であっても、その占有したものを、しかもその場所の太陽からの距離とそれに応じた効力の強さにかなう速度で運んで行く。[*13] 次に、どんな惑星にも固有の霊魂があるとしよう。いわばその櫂《かい》さばきによって、星はその公転軌道の中を航行できるのである。だから、固定した軌道球をとりはらっても、その結果生ずる事態は同じことで〔運行の仕方は変わらないで〕あろう。

なお、等化円についての解説を読んでとても喜ぶ人たちがいるだろう、ということが私にはわかる。実際のところ、天文学者のほうは、プトレマイオスが何の証明もしないで等化円の中心という、ここで言ったのと同じ基準を仮定したことを不思議がるとしても、他の一般の人たちは、それよりもむしろ、次のことに感心するであろう。すなわち、〔基準について上のように考えられるという〕この事実には原因があったけれども、プトレマイオスはその原因に思い至らなかった、それなのに、事実をそのままあるとおりに受け入れ、あたかも盲人が神意によって目的地に到達するように、正しいことを見出したのだ、ということに〔感心するであろう〕。

しかしそれにしても、どこから見ても完全なことなどない、ということを彼らに思い起こしてもらいたい。実のところ、金星と水星においては、その進み方の遅さと速さは、それぞれの惑星の太陽からの遠去かりの程度にではなく、ただ地球の運動だけに応じている。[*14] そしてこの事実を、もし外惑星の運動とは性質の異なる運動のありかたを仮定してとりつくろう人があれば、その人は、結局、〔外惑星でも内惑星でもない〕地球の年周運動には、どんな原因をもってくることになるだろうか。実際、そういう人は、〔運行の不規則なことを説明するために、次々と性質の異なる運動を考え出すはずだから〕プトレマイオスの説にもコペルニクスの説にも関係なく、等化円を必要としてきたのである。[*15] そこで、ここであつかった論題もまた、決定的な結論のないままに、天文学者の判断にゆだねることとしよう。

第二十二章の注

1——そこから見ると、惑星が、実際の運行時間と同じ時間で同じ大きさの円を、しかも等速度でえがくように見える点を等化点といい、等化点を中心として惑星がえがくように見える架空の円を等化円という。ケプラーは、等化円のほうを単に'aequans'と称している。等化円は、本来、プトレマイオスの天文学において重要な役割を果たしていた。すなわち、プトレマイオスの天文学上の革新は、惑星の運行の仕方が不規則なことを説明するために、実際の軌道の中心と等化点、軌道円と等化円をそれぞれ区別したところにあった。上図参照。

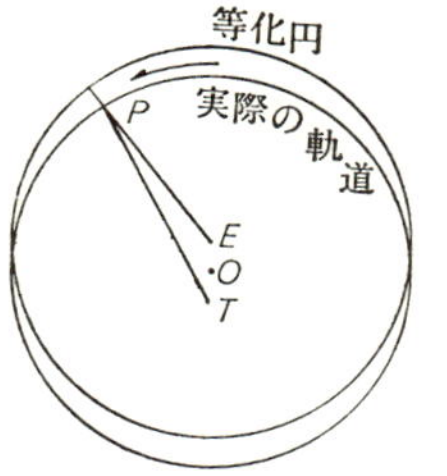

TE：離心値全体
OT＝OE：離心値の$\frac{1}{2}$
T：地球
O：実際の軌道の中心
P：惑星

2——第十四章の図Ⅳを参照。

3——上昇と下降という言葉によって、ケプラーは、古来の天文学の用語に従い、惑星の宇宙の中心からの距離の変化を表わしている。

4——惑星運動の速度は、その軌道に沿って変化する。(今日の天文学では、この変化はいわゆるケプラーの第二法則によって説明される。)この変化は、古人にとっては惑星運動の不規則性と理解された。そこでプトレマイオスは、離心円を用いてそれを説明しようとした。これによって、角運動(円運動を角度の変化としてとらえる場合にこう言う)の不規則性は十分正しく説明できるだろう、ということがはっきりしたが、それでもやはり、古人は惑星の距離を無視していたし、距離自体も誤っていた。

コペルニクスは、この障害を、角速度に符合する数値と距離の変化に対応する数値の平均値を離心値として採用し、それに応じて、この離心値の $1/2$ を半径とする小さな周転円を付け加えることによって、取り除こうとした。彼は、こうして想定された円に「離心周転円」(eccentrepicyclus) という名称を与えた。本章に付された図では、離心周転円の考えに従えば、惑星は、その半径がBCに等しい周転円上を、周転円の中心が中心Cをもつ大きな円の円周上を動くときの角速度と同じ角速度で動く。これに対し、コペルニクスの「離心離心円」(eccentrus eccentri) の場合には、逆に、大きな円の中心がBCを半径とする小円Cの上を動くことになる。二つの説明は、幾何学的な観点からすれば同じことになる。

いまケプラーがこの章で証明しようとしているのは、次のようなことである。すなわち、太陽の放射する運動力は距離に従って減少するという、第二十章で述べた彼の見解は、まさに惑星運動の幾何学的な説明に帰着する。それは、プトレマイオスやコペルニクスによって用いられたものなのである。そこでケプラーは、この幾何学的な考え方をさらに物理学的に根拠付けようとしているのである。

5——軌道がより厚くなれば、軌道の半径も大きくなる。したがって外惑星の場合には、$\sin^{-1}\frac{(\text{地球の軌道半径})}{(\text{外惑星の軌道半径})}$ つまりプロスタパイレシスの角度が小さくなる。

6——第二十章では、各天体にはその軌道の中心からの距離に応じて弱くなっていく主動霊が働き、その作用により各惑星が運行するとされていた。

なお、ケプラーは、これに関して、第二版の自注一で次のように述べている。

「上方の惑星である土星のほうに、より下方にあって太陽により近く位置する木星よりも速度を遅くさせる原因があるとすれば、まさにその同じ原因のために、土星自身についてみても、それが、上方すなわち遠地点(遠日点)にあるときのほうが、下方すなわち近地点(近日点)にあるときより遅くなるということでなくてはならない。これら二つの現象の原因は、太陽から惑星までの直線距離がより大きいか小さいか、にあるのである。なぜなら、太陽から遠い距離にある場合、その惑星は、太陽の力がより弱い場所にあるからである」。

7——これらについては、ケプラーも第二版自注二で指摘しているように、『新天文学』の第一巻を参照すること。

8——以下の「実際、上の第二十章で見たように」から、この段落の最後の「それゆえ、コペルニクスの説では、……ということになる。」までの箇所は、メストリンの草案にもとづいて訂正されている。彼は、この本の印刷の世話をするとき、ケプラーの考えに誤りがあったので、その本文を一部変更した。そこでメストリンは、自ら弁明してその変更の根拠を、一五九七年三月十九日付の書簡でケプラーに知らせた。こうしてケプラーも自分の誤りがわかったのである。書簡の中には、ケプラーの手になるもとの本文がかかげられているので、比較するためにそれも訳出しておこう。

「実際、上の第二十章で見たように、それが運動の軌道に対する比であった。しかし、そこ〔第二十章〕では、二つの原因が一緒に作用していたと考えてもらいたい。ところが、ここではその原因の一つがないのである。つまり、そこでは、軌道の円周が大きければ大きいほど、公転周期が増した。ところがここでは、円NOPQと円EFGHは等しい大きさである。そして、〔運動の〕速さの不等である原因はただ一つ、中心からの遠去かりの程度がより大きいことである。したがって、運動の基準としては、BD全体をとるのではなく、ただその$\frac{1}{2}$のBCをとるべきである。こうして惑星は、中心Cをとる円周上で、あたかもIKを進んでいるかのようにゆっくりとEF上を進むことになる。さてここで、天文学の専門家たちの説を見てみ給え。彼らは〔以上と〕全く同じ説を立てたのである。すなわち、CAが離心値で、CBはその$\frac{1}{3}$であり、Cは等化円の中心、そしてBが惑星軌道の中心である」。

9——ケプラーの第二版自注三には次のようにある。

「だが、われわれはこれを注の中で訂正した。公転周期つまり遅さの比は、軌道の〔大きさの〕比の二乗ではなく、$\frac{3}{2}$乗であった。しかし一惑星の、遠日点と近日点での太陽からの見かけの運動においては、まさしく距離の二乗の比が支配しており、離心円上の弧として現われる日々の運動（つまり、日弧）そのものにおいては、距離の単純な比だけが支配している。『新天文学』第三巻・第四巻を見よ。このような多様な変化の最も明らかな原因は、『概要』第四巻に述べられている」。

ここに見える二つの比について、ケプラー自身の考えにもとづき、やや詳しく説明すると、以下のようになるだろう。

まずはじめの比については、同一の離心円上にある見かけの日弧は、太陽からの距離の二乗に反比例する、と言いかえられる。たとえば、惑星がある特定の日に遠日点において、ある基準による単位で測って10だけ太陽から離れており、また逆に、近日点において同じ単位で9だけ離れていたとすれば、その場合は、遠日点において惑星が太陽から遠去かって行く見かけの運動の、近日点における見かけの運動に対する比は、$9^2:10^2=81:100$になる。

あとの比について言うと、同一時間、たとえば一日のうちには、惑星が離心軌道の上にえがく真の日弧は、その太陽からの距離に反比例する、ということである。（以上の説明については、『宇宙の調和』第五巻第三章を参照。）これは、いわゆるケプラーの第二法則（面積法則）に通ずる。

ここで、第二法則について簡単にふれておきたい。それは、次のようなものである。すなわち、惑星と太陽をつなぐ線分AS・BSによって掃かれる面積は、惑星がAからBに達するのに要する時間の度合である。よって、その線分は、等しい時間内には等しい面積を掃過する。

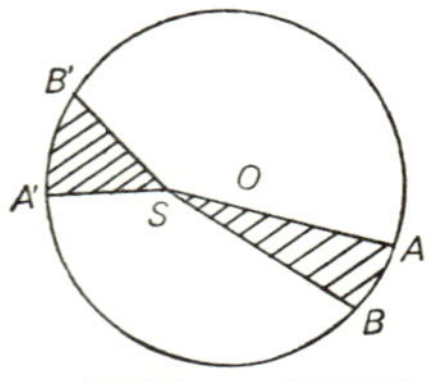

面積$\overline{ABS}$＝面積$\overline{A'B'S'}$

以上が第二法則である。この法則は第一法則、すなわち、諸惑星は太陽のまわりを円軌道ではなく楕円軌道をなして運行し、その楕円の一方の焦点に太陽が位置している、ということよりも早く発見された。したがって、第二法則を発見した時点では、ケプラーはまだ円軌道を想定していたのである。だが、いずれにしても、これらの二つの法則は、一六〇九年に出版された『新天文学』に述べられている。それに対して、すでに述べた第三法則は、一六一九年に刊行された

『宇宙の調和』の中に見出される。

10――惑星の実際の距離は、Bを中心とする円EFGH上に、運動のほうは、Dを中心とする円IKLM上に表わされることを言ったのであろう。しかし、これはやはり一つの惑星の動きである。

11――この章の以上の解説については、カスパーが詳しい注釈をほどこしている。そこで、次にそれをかかげておきたい。

「本章のケプラーの解説によって、結局は、彼が初めの二つの法則を発見するもとになった最も深い根源へ導かれて行く。プトレマイオスとコペルニクスが、離心円と等化円もしくは離心円と周転円を用いて、純粋に幾何学的な立場から惑星運動をある一定の近似的な仕方で記述しようと考えたとすれば、ケプラーは、ここで、この幾何学的な説明を、惑星の角速度は太陽からの距離に従って一定の仕方で減少する、という考えから演繹しようとしているのである。しかし、速度および加速度という概念はまだ解明されていなかったし、数学を用いた公式化もまだ発展していなかったので、ここで示されるケプラーの試みは、わかりやすく表現しがたいもどかしさをともなう骨の折れる格闘である。ケプラーが、この箇所で、その軌道の遠日点上にある惑星は、太陽から軌道の中心までの距離の二倍分だけさらに太陽から遠去けられたのと同じような遅い速度で動く、というのが妥当であると言う以上、この考えを第二十章で立てられた彼の規則と合わせ、次のように表わすことができる。

いま、太陽が中心にあると仮定し、半径rをとるその軌道上にある惑星の角速度をσとしよう。軌道半径がそれよりさらにeの分だけ大きくなると、その場合の角速度σ'は、単純に$\frac{r}{r+e}$の比で小さくなるのではなく、ケプラーの主張するところによると、$\frac{r}{r+2e}$の比で小さくなる。つまり、$\frac{\sigma'}{\sigma}=\frac{r}{r+2e}$でなければならない。

実際には、これは、T、T'を半径rと$r+e$の二つの惑星の公転周期とすれば、ケプラーの前章の公式である$r:(r+e)=T:\frac{T+T'}{2}$に従っているのである。公転周期の代わりに、TとT'に反比例する角速度σとσ'をおけば、それに対して、

$r:(r+e)=\sigma':\frac{\sigma+\sigma'}{2}$ を得るのである。ケプラーによれば相異なる距離をもつ二つの惑星にあてはまるはずのこの公式を、彼は、ここでは、太陽からの距離が変化するただ一つの惑星の長軸端における角速度にも転用している。上の公式からただちに $\frac{\sigma'}{\sigma}=\frac{r}{r+2e}$ となる。それが、ケプラーの言葉が主張しようとすることである。ケプラーの公式の中で、算術平均の代わりに幾何平均をおけば、遠日点における惑星の角速度の正しい関係が明らかになる。ただし、e が小さい場合には二つの式は一致する。〔つまり、幾何平均を用いれば、結局、$\frac{\sigma'}{\sigma}=\left(\frac{r}{r+e}\right)^2=\frac{r^2}{r^2+2re+e^2}$ そして e が微小ならば、$e^2\fallingdotseq 0$ したがって、$\frac{r^2}{r^2+2re+e^2}\fallingdotseq\frac{r}{r+2e}$ 〕

しかし、ケプラーが、遠日点および近日点における運動をめぐって導き出した自分の考えと、プトレマイオスやコペルニクスの理論にもとづく運動、そして角速度についての自身の公式にもとづく運動が、一致することを証明したと思っているならば、それは、勿論、不当な一般化である。

ケプラーは、本章の基本的な考えを『新天文学』の第三十二章（第三巻二三三ページ以降）で再びもち出して、一層巧妙に取り組んでいる。この章は、あの大きな著作のかなめを形成しているので、ここから、ケプラーは面積法則〔第二法則〕に至る道を見出したのである」。

12――ケプラーは、第二版自注四で次のように述べている。

「これは、コペルニクスの説については妥当する。というのも、コペルニクス説では、Ｃが等化円もしくはむしろ離心離心円の中心で、Ｂが惑星軌道の中心であり、このＢＣがＡＣの $1/3$ だからである。しかしプトレマイオス説では、比率は異なる。というのも、プトレマイオスにとっては、Ｄが等化円の、Ｂが離心円の中心であり、それゆえ、ＢＤはＡＤの $1/2$ になるからである」。

本文のこの言葉は、本来は注8に訳した訂正前のケプラーの文につながるから、等化円というコペルニクスにはふさわしくない用語を使っており、また全体がわかりにくくなっている。ケプラーが上のような自注を第二版にほどこしているのも、訂正後の本文とこの言葉をうまくつなげるためであろう。そこで、この一文は、実際には〔　〕内のことを意味すると見て解釈しなければならない。

13——ケプラーは、第二版の自注五において次のように言っている。

「ここではまた、「霊魂」(anima)の代わりに太陽のもつ「何かある非物質的な種類のもの」(species immateriata)を理解されたい。それは光のようにひろがるものである。ここにあなたは、ごく簡単な言葉によって私の天体物理学の要点なるものを理解されよう。その天体物理学というのは、私が、『新天文学』の第三巻と第四巻で説明し、『概要』第四巻で繰り返し述べたものである」。

14——ケプラーは、第二版の自注六でこの言葉を取り消して次のように言っている。

「どんな例外もない。上に述べたことは、金星や水星についてもやはり全く妥当する。というのも、コペルニクスがこれらの惑星の運動のいくつかの不規則性を年周軌道〔つまり、地球〕の運動に結び付けていることは、誤っているからである」。

15——ケプラーは、第二版自注七の中で次のように述べている。

「実際には、プトレマイオスやコペルニクスの説に従って、である。しかし私としては、自分の主要な著書の一つである『新天文学』の中で、次のような一つの仕事をした。そしてこれをいわば礎石として土台の中に組み入れたし、またそれは確かに天文学の鍵《かぎ》と呼ぶのがふさわしいものだった。それは、私が、火星の運動そのものにもとづいてはっきりと証明したことである。すなわち、太陽もしくは地球の年周運動は、等化円の中心とは別の中心のまわりに規則的に行われるのであり、その軌道の離心率は、権威ある天文学者たちが信じていた離心率の1/2にすぎない、ということである」。

ところでここに言及されているのが、いわゆる第一法則であることは言うまでもない。確かに、ケプラーの自負したとおり、近代科学としての天文学はケプラーから始まることになった。そして彼のその後の著作の主題の萌芽は、自身が自注七に言い添えているように、『宇宙の神秘』というこのささやかな著書の中に見出されるのである。

第二十三章

天文学より見た宇宙の始めと終り、およびプラトン年[*1]について

食事にすっかり満腹し、御馳走にいささか食傷気味になったところで、次はデザートに進むことにして、いまここに二つの高尚な問題を取りあげることにしよう。まず一つは運動の始めについて、もう一つはその終りについてである。神が運動を設け給うたのは、確かに決して無計画にではなかった。運動が、ある一つの確かな始元(principium)と星々の輝かしい会合にもとづき、しかも自ら創造主としてわれわれの住居である地球の〔両極の〕傾斜に合わせて表わした獣帯の初めを起点として、行われるようになし給うた。なぜなら、すべては人間のためにとの意図だったからである。[*2] したがって、西暦一五九五年を創世暦五五七二年とすると〔それは、ふつうは、最もすぐれた学者によっても五五五七年と見なされている〕、天地創造は〔十二宮の第一宮である〕白羊宮の初めにある輝かしい星まわりに当たるであろう。[*3] すなわち、ここに想定された紀元つまり創世暦元年、日付けはユリウス暦により過去にさかのぼって計算した四月二十七日の日曜日――これが万物創造の日である――、時間はプロシアの昼の十一時、インドの夕方の六時、プルテニクス表から計算してこの時間の天の様相〔創世のときの星まわり〕を見ると、以下のようになる。

太陽(☉)	白羊宮(♈)三度
月　(☽)	天秤宮(♎)三度
土星(♄)	白羊宮(♈)一五度
木星(♃)	白羊宮(♈)一〇度
火星(♂)	双子宮(♊)二四度

金星（♀）　金牛宮（♉）一〇度
水星（☿）　白羊宮（♈）三度
月の昇交点（☊）[4]　処女宮（♍）一八度

火星と金星と月の昇交点の動きを少し遅らせるか、進めるかしてみ給え。そうすれば、これらは相符合する位置にくるであろう。そして月の昇交点は、偶然に月のある天秤宮の〇度にくるであろう。スカリジェロ[5]が〔創世の日に〕新月をもってこようとするのは間違っている。なぜというに、月は夜を支配する光として創《つく》られたのだから、とにかく、最初の夜には光り輝いたにちがいないのである。どんなに計算してみても、これより真実らしい始めは、ずっと前の年やずっと後の年にくることはない。しかし、もしわれわれがあくまで合理的に考えるならば、この始め〔創世のとき〕を、われわれとしては太陽が天秤宮にあるときに求めなくてはならない。[6]すると、〔そのときの〕天の様相〔星まわり〕は以下のようになるのである。

土星（♄）　白羊宮（♈）〇度
木星（♃）　白羊宮（♈）〇度
火星（♂）　白羊宮（♈）〇度
月の降交点（☋）　白羊宮（♈）〇度
月（☽）　磨羯宮（♑）〇度
月の昇交点（☊）　天秤宮（♎）〇度

金星（♀）　天秤宮（♎）〇度
水星（☿）　天秤宮（♎）〇度
太陽（☉）　天秤宮（♎）〇度

古人の権威ある見解に従うと、宇宙は秋に創造されたものとしようとしているし、またコペルニクスの説から推論しても、始めのときには、地球がほかの惑星と同じ位置にあった〔つまり、並んでいた〕ということになる。*8 したがって、外惑星が白羊宮に、内惑星と太陽が天秤宮に現われることになるだろう。月は、地球のまわりを回るので、外惑星と内惑星の数がそれぞれ三つずつになるのを妨《さまた》げないように、白羊宮にも天秤宮にもくることはない。そして太陽が沈むと〔というのは、宇宙がそうなるように創られたから〕、月が夜を支配するが、その支配が一番うまく行われるのはまさに天の中央からであり、そこが磨羯宮の〇度なのである。こうして月は、その周転円の一番高い所に位置することができるであろう。そして月の軌道は、〔ほかの惑星の軌道と違って〕付属的なものだから、月自体も、初めのときの位置として、付随的でそれ自身の特別な所を選んでもさしつかえはない。なおまた、太陰月は人々のあいだでは月の高貴と名声を顕わすものであるが、太陰月*9の最も重要なものは矩象である。〔そして月を磨羯宮におくのはこれに符合している。*10〕他方、月に適合する場所に来るよう、私は、月の昇交点を天秤宮に、降交点を白羊宮におく。ただし、月食の場合は除くものとする。そのとき、月は、最も北の黄緯に来ることになる。さて、地球の軌道が、神の確固とした思召《おぼしめ》しに従って、諸惑星の軌道の真中の位置を占めたように、われわれ地上にいる人間から見ると、やはりこの地球は星々の中心となろう。それというのも、すべてが人間のために創られているからである。もし太陽を〔最初にあげた星まわりに従って〕なおも白羊宮におくならば、土星は天秤宮に、月は巨蟹宮にくるが、そのほかのものの位置は、〔二番目にあげた星まわりと〕変わらないであろう。要するに、惑星の運動は真中から起こると考えなくてはならない。[*12]それというのも、始元における正しい運行の仕方は、こうであるのが、つまり長軸端〔遠日点か近日点〕から始まるのが適切だからである。[*13]いまやこの勝利の栄冠〔ここで明らかにした創世のときの星まわり〕は、人々の真中におかれている。[*14]この星まわりか、これと似た星まわりに、計算によってか天文学の改革によってか到達した人があるならば、その人だけがピュリスを獲得することになるだろう。宇宙の始めについては以上のとおりである。

運動の終りについては、私はそれを計算によっては確定できなかった。[*15]が、プラトン年が存在しないだろうということは、ただ一つの公準から証明できよう。すなわち、離心の大きさと軌道の大きさの比〔離心率〕は有理数で表わせるとしても、要するにそれぞれの軌道の半径のあいだの比は無理数になるであろう。なぜというに、それは、通約すると、正立体の内接球と外接球の半径の比となるのだから。正立体の内接球と外接球の半径の比が無理数を含むかたちで表わされることは、これが、幾何学では、二つとも無理数を導く例である正方形の対角線の長さの計算と黄金分割から算出されることによって明らかである。[*16]ところが、運動は軌道の半径の大きさと比例する。したがって、運動のあいだの比は無理数のかたちになる。こうして、運動がたとえ無限の世紀にわたって続くとしても、〔諸惑星は〕二度と始めと同じ状態にはもどらないことになろう。なぜなら、時間の区切り方を無限に大きくしてみたところで、その中には、よりしばしば繰り返されるような〔宇宙時間の一区切りとなる〕公約数、つまりいっさいの運動の一つの終焉は決して現われないし、プラトン年の終りは決して立てられないだろうからである。そこでいま最後に、気高いコペルニクスと一緒にこう感嘆の叫びをあげることにしよう。「最善にして最高なる者の作品は、こんなにも偉大でまことに神々しいものである」[*17]と。そしてプリニウス〔紀元一世紀のローマの有名な博物学者〕と共にこうも言おう。「広大無辺なもの（宇宙）は神聖である。それは、全体の中の全体、それどころか、まさしくそれ自体が全体、限定されてはいるが、しかし無限なるものさながらである」[*18]と。

親愛なる読者よ。いまあなたは、この仕事全体の目的を忘れるようなことがあってはならない。その目的とは、全知全能の創造者を認識し驚嘆し、そして讃美することである。というのも、もしあなたがここで一休みしたいと思うならば、もし一気に気持を昂揚させ全身全霊を傾け創造主を認識し愛し崇拝するのでなければ、目から心へ、視覚から観想へ、目に見える惑星の運行から創造主のきわめて深淵な御心へと進み来たったことが、全くむなしくなってしまうからである。だから、澄みきった心と感謝の気持をもって、いまあなたは、私と一緒に、完全無欠のこの作品を創られたおかたのために、次の讃歌をうたい給え。


神よ、宇宙の創造者にして、われわれの永遠の力よ。

汝に対する賞讃は、全地球を通じてどれほど大きいことか。

汝の栄光はどれほど輝かしいことか。

そのすばらしい栄光は、大きくひろがる天宮の上に、翼を力強く揺り動かして飛翔する。

幼子《おさなご》もその栄光を認め、母の乳房に飽いて離れるや、汝の命ずるままに、小さな唇をふるわせどもりながら、力強い表現を繰りひろげる。

その表現の力は、怒りにふくれる汝の敵、汝の軽蔑者、掟《おきて》と公正をないがしろにする者の傲慢を打ち破る。

しかし私は、どこまでも、かの果てしなくひろがる宇宙にある神意を信じよう。

恍惚として、広大な天の華麗、偉大な芸術家の作品、力強いその右手によって成し遂げられた奇蹟を眺めよう。

また汝が、どのようにして、五つの正立体を基準として星々の軌道を分かち、その軌道の奥に、中心として、光と生命を司《つかさど》る神の代理者〔太陽〕があるようにし給うたかを〔眺めよう〕。

さらにこの代理者が、どんな法則に従って、永遠の運行の手綱を操《あやつ》っているのかを、また盈虚する月が、どんな役割りを果たし、どんな働きをしているのかを、

また汝がどのようにして限りない宇宙の広野にできるだけ多くの星を種蒔《たねま》いたかを〔眺めよう〕。

宇宙の最大の創造者よ。無力かつ卑小でみすぼらしく、かくも小さな土地の住人であるアダムの族《やから》が、どういうわけで、汝に自分たちのことを気付かうよう強いたりすることができようか。

汝は、人に何の功績もないのを見ながら、彼を天の高みにまであげ給う。

人は神々の類ではないのに、

汝はかくも多くの誉《ほまれ》を惜しみなく与え、
その光輝ある頭《かしら》を王冠で飾り、汝の創り給うたすべてのものの上に、王として立てる。
頭上にあるもの、運行する大軌道を、汝は人の知力の支配下におき給う。
地球上に創造されたものは何でも、労役のために生まれた家畜も、
香煙立つ祭壇に供えられる犠牲も、森の中に住むほかの獣《けもの》の類も、
軽やかな翼で大気中を移動する鳥の類も、また海の大波や河川を回游する魚も、
汝は、そのすべてを支配するように、至高の権威と力強い右手でもって、人に命じ給う。

神よ、宇宙の創造者にして、われわれの永遠の力よ。
汝に対する賞讃は、地球全体を通じてどれほど高鳴り響くことであろうか。

第二十三章の注

1——プラトン年は、ふつうはおよそ二万六千年の大年を指して言っている。正確には25920年ということになろう。というのも、太陽は、獣帯（黄道十二宮）を一周して出発点である春分点にもどるわけだが、毎年わずかずつ天を一周する期間がずれて行く。その結果、前年に天の赤道を通過した獣帯の地点のごくわずかあとのほうで天の赤道と交差する。まず太陽は七十二年ごとに一度ずつ後退するということなので、各宮は三十度あるわけだから、72(年)×30＝2160(年)たつと一つずつ各宮（全部で十二宮）を後退して行く計算になる。だから、出発点の春分点は、2160(年)×12＝25920(年)かかって獣帯（黄道十二宮）全体を一周することになる。この後退運動がふつう言われる歳差運動である。

プラトンは、宇宙創造にふれた対話篇『ティマイオス』で、世界が周期的に壊滅することを説いているので、後の人が、宇宙の一周で終りになる年をそう名付けたものと思われる。しかし、あとにも出てくるように、ケプラーは、こういうプラトン年の終り、運動の一区切りとなるような終焉は決して現われることがないこと、したがってプラトン年の終りということは立てられないことを述べている。

2——ケプラーは、第二版の自注一において次のように述べている。

「しかしながら、われわれは、すべての惑星が獣帯（黄道十二宮）のある一定の度数のところに全く同列に会合するということを、すぐには推論するわけにはいかない。少なくとも一般に、〔『宇宙の調和』で述べられているような〕調和的な配置、すなわち、獣帯が惑星によって〔ある一定の角度で、たとえば三十度、六十度、九十度というような角度で調和的に〕分割されるということがあるなら、しかしその際、地球からではなく少なくとも太陽の中心から見てという条件がつくが、そういうことで十分なのである。これについては、『宇宙の調和』第四巻の第二章と第三章を参照のこと」。

3——ケプラーは、第二版の自注二において次のように述べている。

「公転周期が昔も今も変わらないとすれば、完全にこういう星まわりになって純粋に調和的な配列にもどるということは、天文学の上ではあり得ない」。

ということは、天地創造のときの星まわりを、いまわれわれに知られている天文学上の諸要素から逆算すると、太陽を含むすべての惑星が、白羊宮もしくはそれと対向の位置にある天秤宮の初め〔0°〕のところに来ることはないのであって、このことは、第一の星まわりの図の数字を見れば明らかである。

4——天体の軌道面は一般に基準にとった平面とある傾きをなしているので、この二つの平面は一直線で交わる。したがって、軌道面を天球に投影して考えた場合、この交わりの直線は天球と二点で交わる。これを交点という。惑星や彗星などの天体の軌道を論ずるときには、基準面として地球の軌道で定義される黄道面をとるのがふつうである。二つの交点のうち、天体が基準面を南側から北側へ通過する点を昇交点、北側から南側へ通過する点を降交点という。

5——ジュゼッペ・ジュスト・スカリジェロ（Giuseppe Giusto Scaligero 一五四〇—一六〇九年）。イタリアの人文主義者。第二十章の注8にあげた父のジュリオ・チェザレ・スカリジェロがフランスに来ていたとき、この地で生まれた。一五六二年にプロテスタントに改宗。サン・バルテルミの虐殺の後ジュネーブにのがれ、次いでライデン大学の教授になった。著書に『さまざまな時間の修正に関する新作品』（"Opus novum de emendatione temporum" 一五八三年）がある。ケプラーの言及しているのは、この著書の一部であろう。

6——太陽が天秤宮にくるのは秋分からで、季節は秋にあたる。

7——白羊宮と天秤宮は、十二宮では反対の位置（衝）にくる。つまり、百八十度ずれている。磨羯宮は、天秤宮から九十度の所にあり、磨羯宮から九十度進むと、白羊宮に至る。なお、白羊宮の0度においたというのは、これが黄道十二宮の中の第一宮にあたるからである。

8――ケプラーは、第二版の自注三において次のように述べている。

「これは必然的なことでもないし、また創造については、古人の権威にかたくなに固執してはならない。というのも、秋が一年の終りとされた理由は、（創造のときを記憶で思い起こしてではなく、）穀物の収穫によって説明することができたというそれだけのことだったからである」。

古人の権威ある見解ということについていうと、たとえば、紀元一世紀ころのユダヤの思想家であるアレクサンドリアのピロンの『世界の創造について』第四十二節には、万物が最初に生成したときには、神は、やがて生まれる動物の必要をみたし、また喜ばせるために、植物を完全に実が結んだかたちで大地から生じさせた、ということが見える。これは人間を含む動物中心の考え方で、植物に次いで創られた動物がそれを食べて生きていくためには、穀物や果実がすでに成熟している収穫の秋こそ創造の時にふさわしい、というかなり現実的な考えによっていたものと思われる。なお、秋が一年の終りとされたことも、これを創造のときとして完全な季節と見なす一因となっていたのかもしれない。終りは完成をも意味するからである。一年の終りは、神の創り出した万物の完成した状態と見たのであろう。

こういう古人の考えに対して、ケプラーは、第二版では、必ずしもそう考える必要はない、と消極的な態度をとったものと思われる。ケプラーは、惑星がすべて一列にならぶ、いわゆる大会合を創世の時の星まわりとすることについても、創造の季節を秋とすることについても、第二版ではかなり柔軟な考えをとったと思われる。

9――太陰月とは、月の満ち欠けの周期。これは最も顕著な天文現象の一つで、しかもその周期も適当なために、古くから日を数える暦の単位「月」（たとえば、ギリシア語で「一月《ひとつき》」を表わす *μήν* という語も、月の形状を表わすものだった）として広く用いられてきた。この満ち欠けは、勿論、月と太陽の相対位置の変化によって起こる。そして月が矩象、つまりその軌道上で互いに九十度離れた位置をとることになる新月、さらには上弦、満月、下弦が、一月《つき》の日の決定に重要な役割を果たすのである。

10——注7を参照。

11——これは、白羊宮から九十度のところにあり、さらに九十度進むと天秤宮に至る。

12——太陽を中心とする円軌道の真中として、遠日点と近日点を考えたようである。

13——ケプラーの自注四には、次のようにある。

「実際、もしこうでないとすればどうなるのか。惑星が創造されたとき、均差が0度になる両端としての長軸端にではなく、均差が最大になる円軌道の中間にあったりしたら、どうなるのか。こうして、提出されたこの問題はすべての天文計算家たちの課題として残されている。そしてこの課題は、時の始まりについての敬虔な信念に富んだものである。メストリンは、ある方法でこの課題を解決しようとした。だが、読者が私から学ぶ解決策はメストリンのものとは異なる。すなわち、私の場合は、太陽の中心から見て、すべての惑星は互いに衝もしくは矩〔四分〕の位置にあったと考える。実際、この衝と矩にあたる点が主要な位置なのである。

われわれの共通の年代の以前〔つまり、西暦紀元前〕からユリウス暦にして三九九三年までさかのぼると、七月二十四日の夕方、カルデア〔バビロン〕では第二日〔カトリックでは月曜日。しかしここでは、天地創造の第二日を意識しているのであろう〕が始まるとき、太陽と月は巨蟹宮の初め、獅子座の心臓の近くにあり、月の動きがどんなものであれ、それは、そのほかのすべての惑星と共に、四分の位置にある。つまり、土星と水星は天秤宮の初めのあたりに、木星・地球は磨羯宮の初めのあたりに、月・火星・金星は巨蟹宮の初めのあたりにある。水星の場合には、若干度数が大きい〔つまり、水星は天秤宮の0

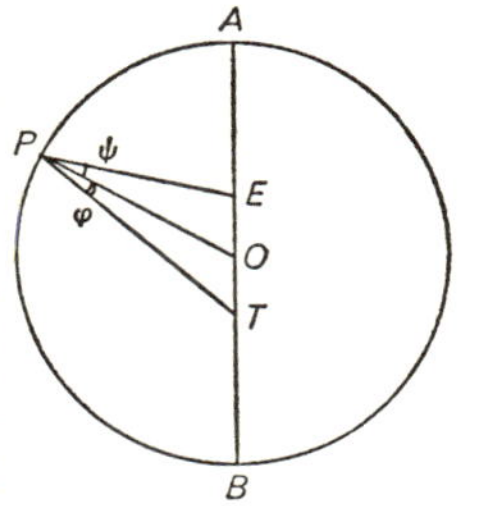

Ａ：遠日（地）点
Ｂ：近日（地）点
Ｏ：軌道の中心
Ｅ：等化点
Ｔ：太陽（もしくは地球）
ＴＥ：全離心値
ただし　ＴＯ＝ＯＥ
Ｐ：惑星

度に近い所にはない」。しかしこの度数は、水星の最大均差が減らせることで、なくすことができる。ただしこれは、水星の平均運動が、この運動を訂正してもこの度数がなくならないほど十分精確に把握されている、としてのことである。〔だから、平均運動の訂正でこの度数が消えるかもしれない。〕金星の場合にもやはり度数がいくらか大きいが、これは均差によって取り除くことができない。第二日は大空の日、もしくは水と水のあいだがおしひろげられた日である。あたかも軌道あるいは惑星は、こうして水のあいだがおしひろげられると運行するように命ぜられており、すきまが生ずるやただちに運行し始めたかのようである。だが第四日は、まさに一番外側の天が恒星で飾り付けられた日であり、そして太陽や月などが仕上げをされて配置された日である」。

以上のケプラーの言葉を理解するために、いくらか補足的な説明を付け加えておこう。まず均差とは、惑星の軌道の長軸端と離心値からその位置を計算することができるようにするための補助的な角度のことをいう。右の図で、∠TPO＝φは、惑星の見える方向を示すから、視覚的均差といわれる。また∠OPE＝ψは、見かけのではなく実際の運動の不規則性を見出させるから、物理的均差といわれる。いずれの均差も長軸端ＡＢでは0度になる。第一章では、右図のＴに地球を、Ｏに太陽をおいて外惑星の視覚的均差をとり、その最大均差をプロスタパイレシスと同じ意味に用いていた（第一章の注21を参照）。ここでも、水星の最大均差が減らせるということは、水星のプロスタパイレシスと何か関連があるのであろうか。

次に、ケプラーは、聖書の創世記第一章に見える天地創造の特に第二日と第四日を問題にしているので、以下に問題の箇所を引用しておこう。

「神はまた言われた、『水の間に大空《おおぞら》があって、水と水とを分けよ』と。するとそのようになった。神は大空を創って、大空の下の水と大空の上の水とを分けられた。神はその大空を天と名づけられた。夕となり、また朝となった。第二日である」。

「神はまた言われた、『天の大空に光があって昼と夜とを分け、しるしのため、季節のため、日のため、年のためになり、天の大空にあって地を照らす光となれ』と。するとそのようになった。神は二つの大きな光を創り、大きい光に昼をつかさどらせ、小さい光に夜をつかさどらせ、また星を創られた。神はこれらを天の大空において地を照らさせ、昼と夜とをつかさどらせ、光と闇とを分けさせられた。神は見て、良しとされた。夕となり、また朝となった。第四日である」。

創世記の言葉をそのまま受けとれば、太陽や月、その他の星はすべて第四日に創造されたことになるはずであるが、ケプラーは惑星を恒星と区別し、特に太陽と月については、第四日に創造されたとはせずに、仕上げをされて配置された、と言っている点が注目される。それは、すでに読者への序の注20で述べたように、ケプラーが、『概要』に至って、太陽を光と同視し、これを第一日に創造された、としていたからであろう。

14――ここのケプラーの原文（ラテン語）は'Haec palma in medio posita' となっている。これは明らかに、ローマの喜劇作家P・テレンティウス・アフェール（前二世紀）の"Phormio." 16 の'in medio omnibus palma est posita' からとったものであろう。palma（英語で palm）は「勝利の栄冠」を意味する。ところで、すぐあとの「ピュリスを獲得することになるだろう」という和訳の箇所であるが、ピュリス（*Φυλλίς*, Phyllis）については、いろいろな神話が語られてきた。ここでの注の性格上、神話を詳しく説明することはさしひかえるが、とにかくピュリスは、トラキアのビサルタイ人たちの王の娘で、トロヤの戦いに出陣して帰国の途にあったアテナイ王アカマース（またはデーモポーン。共に有名な英雄テセウスの子）と結婚した。彼女は、のち夫に裏切られ自殺して果てるのであるが、葉のないハタンキョウ（アーモンド）の木に変じた。が、夫がその木を抱いたところ、緑の葉が芽生えたという。ギリシア語では「葉」のことを *φύλλον* (phyllon) というが、古典ギリシアの文献では、Phyllis の多くの派生語が「葉」と関連して用いられ、葉の象徴的な意味をもつようになっている。有名なEtymologicum Magnum という語源の本にも、*φυλλιναίους ἀγῶνας* という言葉が見える。これは、まぎれもなく勝利の栄冠としての葉冠（ふつうは「月桂樹の葉冠」が一般化している）を獲得するために争う者の意味に用いられている。

15——ケプラーは自注五で次のように言っている。

「この考えは、次のようなことを第一の基礎としている。すなわち、天体の軌道のあいだの比は、五つの正方体のそれぞれの外接球と内接球のあいだのあの幾何学的な比だ、ということである。実際、その比の中の〔正四面体の場合を除く〕四つの比は「言表不可能」(ineffabiles)、もしくはここでは一般的な呼び方をすれば「無理数」(irrationales) である〔以下、ケプラーは無理数と有理数として 'ineffabiles' と、'effabiles' という複数形の語を用いるが、この訳文では、無理数と有理数という語を用いる〕。しかし、すでにこういう基礎をわれわれはしりぞけた。なぜなら、天体の軌道の比は、〔調和的な比にももとづいているので、〕五つの正立体だけにもとづくわけではないからである。そうすると、いまやこの考えの中で何をなお主張し続けるべきか、疑問に思われよう。果たして、いっさいの運動の完全な回帰というものがあるのだろうか。思うに、たとえ上のような基礎がくつがえされても、それでも回帰は全くないであろう。そのことを証明しよう。さて、確かなのは、少なくとも公転周期の比が有理数ならば回帰(*ἀποκατάστασις*) はあるし、無理数ならばない、ということである。いま、その比が有理数になるか無理数になるかということは、以下のようにして決められるべきである。遠地点と近地点〔以下の文では 'aphelium' と 'perihelium' という語を用いていることから推すと、むしろ遠日点と近日点であろう。'aphelium' と 'perihelium' の語はケプラーが用い始めたものであるが、ときどき混用されることがある〕での運動は、二つをとってもそのどちらか一つずつをとっても、その比がすべて有理数である。というのも、その比は音楽的な調和からとられたものであるが、すべての音程が均斉のとれたものであると共にまた均斉のとれたものに役立つように、音楽的な調和も、すべて有理数だからである。こうして、『宇宙の調和』第五巻第九章命題四十八では、これらのすべての運動がそのとる数値で表わされ、有理数になっている。というのも、その正確な数値が把握されなければならないからである。ところで、公転周期どうしの比は、平均運動の比とも同じ大きさである。そして平均運動は、最大と最小、つまり近日点と遠日点での運動の算術平均の性質を帯びている。有理数から成るこれら二つの項の平均は、有理数である。しかしそれと共に、平均運動は同じ項の幾何平均の性質も帯びている。ところが幾何平均は、有理数の項どうしのものであっても、いつでも有理数になるとはかぎらない。したがって、惑星の平均運動は無理数であり、すべての惑星の最大および最小の運動とは通約し得ない。『宇宙の調和』第五巻第九章命題四十八を参照。ところで、平均運動を形成するどんなア・プリオリな根拠もなく、平均運動は個々別々にその最大および最小の運動から出てくるのであるから、平均運動は相互のあいだでもまた通約し得るものではないだろう。実際、有理数で表わせるような秩序正しさは、決して偶然に出現するようなものではない。こうして、公転周期も相互のあいだで通約し得るものではないだろう。したがって運動の理論的もしくは合理的な終焉となり得るような完全な回帰は、どんなかたちであれ全くないわけである。

さて、読者よ。『宇宙の神秘』と題された私のこのささやかな著書をこれで検討し終った。それを私は十年前に『新天文学』の第三巻で約束したのだが、『宇宙の調和』を刊行する以前にはこれを検討することができなかった。そこでこの注も終りになったので、われわれはこの著書を締めくくる讃歌をうたうことにしよう」。

なお、『宇宙の神秘』第二版では、この自注五のあとに、CONCLVSIO LIBRI（本の結び）として讃歌をうたう段取りになっている。

16——ちなみに、正立体の外接球と内接球の半径の比は次のようになる。第十三章の注10を参照。

	外接球の半径	内接球の半径
正四面体	1	$\frac{1}{3}$
立方体 正八面体	1	$\frac{1}{3}\sqrt{3}$
正十二面体 正二十面体	1	$\frac{1}{15}\sqrt{15(5+2\sqrt{5})}$

17――『天体の回転について』第一巻第十章。

18――『博物誌』第二巻第一章。

ケプラー年譜・文献

ケプラー年譜

一五四七年 ◉ケプラーの父、ハインリッヒ誕生。

一五七一年 ◉ヨハネス・ケプラー、ドイツのヴァイルに誕生（十二月二十七日）。

一五七六年 ◉祖父母のもとにあずけられる。

一五八一年 ◉「田舎で重労働に従事させられる」。

一五八四年 ◉神学校に入学。

一五八九年 ◉チュービンゲン大学に入学。

チコ、ガリレイ、その他関連年譜

一五四三年 ◉コペルニクス死去。『天体の回転について』刊行。

一五四六年 ◉ルター死去。

◉チコ・ブラーエ、デンマークのクヌードストラップに誕生（十二月十四日）。

一五五〇年 ◉ミカエル・メストリン誕生。

一五五一年 ◉ラインホルト、『プロシア表』を刊行。

一五五九年 ◉チコ、コペンハーゲンに遊学、さらにドイツ、スイスに留学（→一五七二年）。

一五六四年 ◉ガリレイ、イタリアのピサに誕生（二月十五日）。

一五七二年 ◉新星の出現（チコの新星）。

一五七六年 ◉チコ、フヴェーン島（デンマーク）を与えられ、移住する。以後二十年間、天体の精密な観測を続ける。

◉レティクス死去。

一五八一年 ◉ガリレイ、ピサ大学に入学。

一五八五年 ◉ガリレイ、ピサ大学中退。

一五八九年 ◉ガリレイ、ピサ大学の数学講師となる。

◉このころ、父死去。

一五九三年　◉グラーツ州立学校の数学教師となる。

一五九六年　◉『宇宙の神秘』刊行。

一五九七年　◉バーバラ・ミューレックと結婚。

一五九九年　◉フェルディナント大公のルター派一掃政策のため、グラーツから追放される。学校閉鎖。

一六〇〇～一年　◉ベナテク、プラハ滞在。チコとケプラーの共同研究。

一六〇一年　◉チコの後継者（帝国数学官）に任命される。

一六〇二年　◉『占星術のいっそう確実な基礎について』刊行。

一六〇四年　◉新星の出現（ケプラーの新星）。◉『天文学の光学的部分』（"*Astronomiae pars optica*"）刊行。

一六〇五年　『日食について』（"*De solis deliquio*"）刊行。

一六〇六年　◉『新星について』（"*De stella nova*"）

一五九二年　◉ガリレイ、パドバ大学の数学教授となる。

一五九六年　◉デカルト誕生。

一五九七年　◉チコ、デンマークを去る。◉ガリレイ、ケプラーにあてて手紙を書き、コペルニクス説支持の立場を表明。

一五九九年　◉チコ、プラハに着き、ルドルフ二世により、帝国数学官に任命される。

一六〇〇年　◉ブルーノ火刑。

一六〇一年　◉チコ、プラハで死去（十月二十四日）。

◉『年代学集林』("*Sylva chronologica*")

一六〇七年 ◉『一六〇七年に出現した彗星に関する報告』("*Bericht von dem im Jahre 1607 erschienenen Kometen*")

一六〇九年 ◉『新天文学』刊行（第一、第二法則の公表)。

◉『レスリンの論証に対する回答』("*Antwort auf Roeslini Diskurs*")

一六一〇年 ◉『星界からの使者との対談』("*Dissertatio cum nuncio sidereo*") 刊行。

一六一一年 ◉妻の病死。

◉『屈折光学』刊行。

◉『観測された木星の四つの衛星についての解説』("*Narratio de observatis quatuor Iovis satellitibus*") 刊行。

◉『新年の贈物つまり六角形の雪について』("*Strena seu de nive sexangula*")

一六一二年 ◉ルドルフ二世死去。ケプラー、プラハを追われてリンツへ。

一六〇九年〜一〇年 ◉ガリレイ、望遠鏡を製作。

◉ガリレイ、望遠鏡による諸発見。

一六一〇年 ◉ガリレイ、『星界からの使者』刊行。コスモ・デ・メディチ二世の宮廷付「主任数学官および哲学者」の地位を約束される。

一六一一年 ◉ガリレイ、ローマ法王に拝謁、望遠鏡の実物説明、盛んな歓迎を受ける

一六一三年 ◉ガリレイ、『太陽黒点についての手紙』を書く。

一六一三年 ◉スザンナ・ロイティンガーと結婚。

一六一四年 ◉『キリストの生誕年について』(“*De Anno Natali Christi*”)刊行。

一六一五年 ◉母親への迫害始まる。

◉『酒樽の立体幾何学』刊行。

◉『年代学選集』(“*Eclogae chronicae*”)刊行。

一六一六年 ◉『アルキメデスの測量術』(“*Messekunst Archimedis*”)刊行。

一六一八年 ◉三十年戦争始まる。

一六一九年 ◉『宇宙の調和』刊行(第三法則の公表)。

◉『彗星に関する三つの小論』(“*De cometis libelli tres*”)

一六一三年 ◉ガリレイ、カステリにあてて手紙を書き、聖書と地動説は矛盾しない、と述べる。

一六一六年 ◉法王庁、地動説禁止の教令を発布。

一六二〇年 ◉母親、魔女の容疑で逮捕される。

一六二一年 ◉母親、釈放後、死去。

◉『コペルニクス天文学概要』の出版完結。

◉『宇宙の神秘』第二版刊行。

一六二四年 ◉翌年にかけて、対数に関する著作を刊

一六二三年 ◉ガリレイ『黄金計量者』。

◉パスカル誕生。

一六二四年 ◉ガリレイ、ローマに行き、教令の取り消しを願い出る。

行（"*Chilias logarithmorum*" 1624：
"*Supplementum chiliadis logarithmorum*" 1625）。

一六二五年　◉『ルドルフ表』印刷開始。

一六二六年　◉リンツ、攻囲され、印刷所破壊される。ウルムへ向けて出発。

一六二七年　◉『ルドルフ表』の印刷完成。

一六二八年　◉サガンのヴァレンシュタイン公のもとに職を得る。

一六二五年　◉ガリレイ、『天文対話』の執筆開始。

一六二六年　◉フランシス・ベーコン死去。

一六三〇年　◉最後の著作『夢』に取り組む。

◉ライプチッヒ、ニュルンベルクと旅を続け、十一月二日レーゲンスブルクに到着。三日後発熱。十一月十五日死去。十九日共同墓地に埋葬される。

一六三四年　◉『夢』の刊行

一六三一年　◉メストリン死去。

一六三二年　◉『天文対話』、出版されたが（二月）、発売禁止となる（八月）。

◉ガリレイ、ローマに召喚される。

一六三三年　◉ガリレイ裁判。

一六三四年　◉ガリレイ、『新科学対話』（『力学対話』）完成。

一六三七年　◉デカルト『方法序説』

一六三八年　◉ガリレイ、両眼失明。

一六四二年　◉ガリレイ死去（一月八日）。

◉ニュートン誕生（十二月二十五日）。

参考文献

以下には、主として、この翻訳のために直接参照したものと、邦訳で出版されているケプラーの著作とをあげておきたい。

まず、この翻訳のテキストとしたのは、凡例でも示したように、

Johannes Kepler; *Gesammelte Werke*, ed. W. von Dyck, M. Caspar and F. Hammer, München, Beck, 1938—

の第一巻所収の "*Mysterium cosmographicum*" であるが、必要に応じ同巻の M. Caspar の Nachbericht や、同全集第八巻所収の第二版の自注、同全集第十三巻以下の書簡などを参照して、必要なかぎり注に入れた。なお、この全集は現在も刊行中であり、手稿の研究や索引まで含むと、全二十二巻になる予定。

次に、『宇宙の神秘』の独訳、

"*Das Weltgeheimnis*" tr. by M. Caspar, Augsburg, Dr. Benno Filser Verlag, 1932

を参考して、その脚注も適宜とり入れておいた。

注を加える際に参考にしたのは、先の Caspar の Nachbericht や独訳の脚注の他に、

"*La révolution astronomique*" par A. Koyré, Paris, Hermann, 1974

および

"*Kepler Astronome Astrologue*" par G. Simon, Paris, Gallimard, 1979

である。

辞典の類については、

Paulys Realencyclopädie der Classischen Altertums Wissenschaft, Stuttgart, Alfred Druckenmüller Verlag

Encyclopaedia Britannica, William Benton

および

『天文・宇宙の辞典』恒星社　一九七八年

が役に立った。

また、次の二書は、近代天文学の始祖とも言うべきコペルニクスとケプラーを理解するのに、かなり役立つ。

アーサー・ケストラー『ヨハネス・ケプラー』小尾信弥・木村博訳　河出書房新社（現代の科学シリーズ）一九七七年

アーサー・ケストラー『コペルニクス』有賀寿訳　すぐ書房　一九七七年

前者は、

"*The Watershed—A Biography of Johannes Kepler*" by A. Koestler, New York, Doubleday & Company 1960

の全訳、後者は

"*The Sleepwalkers*" by A. Koestler, London, Hutchinson, 1959

の第三部 "The Timid Canon" の全訳である。

ケプラーの著作がラテン語から直接訳されたことはまだないが、カスパーの独訳本からの重訳であれば、河出書房新社刊の世界大思想全集の中の一巻に、

ケプラー『新しい天文学』『世界の調和』島村福太郎訳　一九六三年

が収められている。ただし、これは二つとも抄訳である。他に、

ケプラー『ケプラーの夢』渡辺正雄・榎本恵美子訳　講談社　一九七二年

がある。これは英訳本からの重訳である。

コペルニクスのテキストとしては、

Nicolas Copernic : "*Des Révolutions des orbes célestes*", Livre I., Introd., trad. et notes d'A. Koyré, Paris. Alcan, 1934

を参照した。邦訳の

『天体の回転について』矢島祐利訳　岩波文庫　一九五三年

は、これにもとづいている（つまり、全六巻中の第一巻の訳である）。これも参考にした。

他に、コペルニクスの説とその影響を述べた文献として、

トーマス・クーン『コペルニクス革命』常石敬一訳　紀伊国屋書店　一九七六年

がある。同書の第六章第七章に、若干ケプラーのことが言及されている。この書は、

"*The Copernican Revolution*" by Thomas S. Kuhn, Harvard University Press, 1957

を訳出したものである。

プトレマイオスについては、

『アルマゲスト』上巻　藪内清訳　恒星社　一九五八年

を参照した。

なお、注に引用したコペルニクスやレティクス、アリストテレスの言葉は、訳者たちが原典から訳したものである。

後記

幾何学精神に導かれて（簡単な解説を兼ねて）

大槻真一郎

ケプラーとの出会い

訳者の一人である私にも、これまでの人生五十有余年のあいだには、当然多くの人たちの知恵に接する機会があった。しかしささやかとはいえ、とにかく青年時代、私の人生の方向を決めるもとになったのは、ソクラテスの知恵であった。古代ギリシアの哲学を学ぶようになったのは、こういうきっかけがあったからである。貧しい心であれば、それだけ哲学精神の活力にも養われて、ここ三十有余年、哲学や医学や錬金術や天文学や神学の知恵をどうにか多少ともあさってはきたが、最近の私を特に強くとらえた特異な風貌の知恵の持ち主が二人いた。パラケルススとケプラーである。ともに狂気じみた近代人であるが、そういう点では、ソクラテスだって時代は二千年もさかのぼるが同じたぐいの人だったと思う。私は、人間の知恵の歴史に興味をもち、そういう知恵を概観してきたし、パラケルススについても、彼の主要医学体系書である『ボルーメン・パラミールム（奇蹟の医書）』の注解付きの訳本を出したりもした。歴史上のいろいろな事象や人物をひもときながら、私は、歴史がいかに多くの狂気から新しい活力を得てはよみがえったかを眼のあたりに見、知《し》らず識《し》らずのうちにケプラーの狂気じみた知恵にも引きつけられるようになった。

ケプラーの宝

帝王となることに狂奔する一連の者たちが、武器や軍事力をバックに、多くの流血の犠牲の上に君臨していく様子も歴史上われわれがよく見る光景である。が、そういう世俗・物慾上の帝王ではなく、高貴な知恵の世界の上にぬきんでる一連の人たちには、心ひかれるものがいろいろとあった。これらの人たちは、現世の帝王となるよりも、学問上の一つの発見にずっと心を奪われた人たちであり、純粋な知恵の豊かさにあこがれる人たちだった。古代ギリシアの有名な原子論者デモクリトスの有名な言葉として伝わっているものに、「ペルシアの王国を手にいれるよりも、むしろ一つの原因を発見することをのぞむ」というのがある。トーマス・ランシウスの伝えるところによると、ケプラーも、若かりし頃のあの「五つの正立体が惑星軌道を決める」という大発見をあきらめるぐらいなら、ザクセン選帝侯という栄誉この上ない地位をあきらめるほうがずっとましだ、と言ったようである。ケプラーの魂をとらえたのも、まさにこういう天文学の扉を開く一つの万能の鍵ではなかったかと思う。

ケプラーの数学への途と五つの正立体

私ども二人がここに訳すケプラーの『宇宙の神秘』には、彼のその後の全学問のいわば起爆剤となった五つの正立体の理論がある。が、これを惑星軌道に当てはめることは、自然科学的には全くの妄想であろう。しかし、ケプラーにとっては何ものにもかえがたいこの妄想的な啓示が、不思議にも、その後の自然科学上の真理である彼の第一法則、第二法則、第三法則を生み出す原動力になったのである。彼は、自分の精神のなかに起こった原生命的な啓示を唯一の明《あか》りとし、核爆発的な連鎖作用をとおして、数量的事物の観察と実験という近代科学のあつかう諸データを、いかに数量的な公式に凝縮するかという仕事に没頭した。

もともと、ケプラーは、神にひたすら仕える牧師を志望してチューピンゲン大学の神学部に学んでいた人である。が偶然にも、グラーツ（オーストリア）の州立学校の数学教師という職につかないかという大学からの要請に、彼は多少不承々々だったが、とにかく従うことにした。しかしこの偶然がきっかけとなり、彼には数学の途が開け、しかもたまたまグラーツの数学官は天文暦もつくるという義務があったことから、前々から興味を抱いていた天文学にも特に深いかかわりをもつようになった。偉大なことは幸運な偶然から生まれることが多いというが、最初の志望どおりにいくよりも、全くの偶然がケプラーの決定的な転換となって道を開くことになる。こういうきっかけは、歴史上これまでどれほど多かったことだろう。人間の思わくは、偉大な偶然にくらべるとごく小っぽけなものだと考えるのは賢明なことである。しかし、神に仕えようとする牧師志望に燃えていたケプラーにとって、数学と天文学は、当時の古代復興（ルネッサンス）をへた時代環境のなかでは、ともに古代ギリシアの高貴な学問であり、創造神の知恵をうかがうこの上ない賜物であった。ギリシアの偉大な愛知者（哲学者）たちは、この世の支配よりも、神の知恵の美しい調和や秩序の姿をできるだけ解明することを自分たちの仕事と考えたし、ケプラーの精神も全くこの同一線上にあった。

魂の浄化としての哲学と数学の精神

哲学をすることが物慾からの魂浄化であり、ソクラテスの示した死への途は、われわれの魂を肉体の夾雑物から浄化するということであるとすれば、数学はまた、あらゆる具体的な一枚の紙とか一人の人間とか一本の樹木など個々の物から浄化され抽象化された「1」という公式的純粋な数をつくり出す最も美しい姿にほかならないであろう。こういう精神がピュタゴラス教団の数学精神となったことは、十分推察できるところであり、この魂がソクラテスの弟子になったプラトンをもとらえた。プラトンのなかに流れる数学精神は、たとえば、晩年の作といわれる『ティマイオス』対話篇の各所をみても明らかなように、四元素を幾何学図形とか明確な数学の対比から導き出す試みをしている。すなわち、それぞれの元素の形を、プラトンは正多面体の形から導き出した。たとえば、火は四元素のなかではすべてを焼きつくそうとする最も尖鋭なものだから、五つの正多面体のなかでは最も先きのとがった正四面体をこれに当てる、というようにである。数学のもつ明解な抽象性・普遍性は、あらゆる現実のものに統一と秩序を与えるから、ピュタゴラスの教団では、音楽上の協和音も、弦の長さの 2：1，3：2，4：3 からそれぞれ八度、五度、四度の完全協和音を導くという方向にも進んだ。この精神のエッセンスがケプラーの純粋な精神の中核をとらえた。彼がこういう精神状態から数比の試みの悪戦苦闘（「読者への序」参照）を連日連夜つづけていたからこそ、その無我状態のなかから、突如、惑星軌道への正立体適用ということが啓示としてひらめくことになったのであろう。ピュタゴラスやプラトンの数学精神の生まれ変わりが、ここにはっきり見られると思う。近代に生きるケプラーの精神という素地と、古代ギリシアで結晶した美しい数学精神との見事な融合がそこに成立するわけだが、これが、後の豊かな天文学研究の核となる。

『宇宙の神秘』という難産ながら若冠二十五歳にして生み出された著作の中核は、何といっても正多面体の思考である。が、これを惑星軌道に割り当てることの強引さは、冷静な現代の科学者の眼にはいかにも全くの妄想に見えるであろう。しかし、これこそ偉大な妄想と言うべきものであり、最も豊かで美しく真実なものを生み出す幸運な妄想、いや、ケプラー自身の言葉をかりれば、美しい「真理への夢」であった。同じドイツ人といっても、現代のヒットラーが抱いた残虐な世界制覇の妄想とは、その狂気の性格は全く異なるものであって、ケプラーの数学的狂気は、自らも「献辞」のなかで自画自讃していたように、高貴で純粋な精神にのみ宿るものであった。確かに、こういう狂気は、ある時は非常なはしゃぎとなって現われ、二十五年後に出た『宇宙の神秘』第二版の自注では、第一版のいろいろな箇所が「無内容なおしゃべり」とか「不都合な仮定にもとづくもの」とか容赦なく自己批判されている。が、あの狂気的妄想中心の『宇宙の神秘』第一版の若芽だけは、その後のすべての展開のすばらしい萌芽として強く自認されているのである。

太陽中心の考え

チュービンゲン大学で数学官メストリンからきいて感動したコペルニクスの地動説には、太陽中心の直観的な思想がある。ここには、古くからの太陽讃美の思考がみられる。太陽の光によって養われるわれわれ生きものすべてにとって、太陽への憧憬・讃美はごく自然な生態的現象であろう。プラトンの対話篇『国家』や書簡の『第七』にも示されているように、真理は光であり、またこの世の光の源泉としての太陽が、われわれに行く道を教えてくれる中心の存在だということは、われわれの最も根源的な本能によって感受されるところであろう。しかもこれが三位一体の思想（太陽は父なる神）によってとらえられていることは、中世以来のキリスト教の考えもあるが、何よりも、光る太陽を力学的な力としてとらえ、動かないがしかし無限に大きな運動作用をもつ太陽が万物を自らに引きつけていく、という力学的量的なケプラーの見方には、やはり物理的な力を前面に押し出していく近世以降の「知は力なり」の科学精神に根ざす一般的な傾向がうかがえると思う。また、自らは動かずして他を動かすという「不動の動者」(τὸ κινοῦν ἀκίνητον)としてのアリストテレス的な神の精神もそこに息づいていると思う。世にはケプラーをアリストテレスの旧時代的思想に反抗する近代人として、百科事典などに提示される向きもあるが、ケプラーの著作をよく読んでみるならば、アリストテレスの真意を汲み取ろうとする真摯な態度がところどころにうかがわれる。

未完成な交響曲である処女作『宇宙の神秘』

若き日の天才ケプラーのこの著作については、私ども訳者も多くの注を付けたが、彼自身がこの著作を実に解説風に詳しくつづっているので、ここであまり贅言を要するまでもないが、ただつぎのことには触れておきたい。

ケプラーについて近頃著述をした人にアーサー・ケストラーというハンガリア人がいる。彼は、『宇宙の神秘』を音楽（交響曲）にたとえ、これがいわば序曲と第一楽章と第二楽章から成るもの、と言っている。ケストラーの本は、河出書房新社から現代の科学シリーズの一冊として、その一部が日本語に翻訳され広く読まれている名著（アーサー・ケストラー著、小尾信弥／木村博訳『ヨハネス・ケプラー』）である。「読者への序」と第一章が序曲部分、第二章〜第十二章が第一楽章、第十三章〜第二十二章は第二楽章で、最後の第二十三章は、題名にふさわしく神秘的な永劫の宇宙に広く深く想いを馳せた宇宙讃美で終っている。しかし、ケストラーも指摘するように、第一楽章と第二楽章は全く異質的なものといってよく、前者が古代・中世の思想に深く根ざした先験的・神秘的・形而上学的なものとするなら、後者はあくまでも物理的な量に根をおろした近代科学的・経験的な思考に終始している。とはいえ、全篇は、一貫して三つの事柄、すなわち「読者への序」で取り出された「惑星軌道の数と大きさと運動」という三つをめぐって、この問題追求に悪戦苦闘の戦いが繰りひろげられている。幼い時から病気という病気をすべて背負い込んだような病弱で、おまけにひどい近視と複視（ものが二重に見える）に悩むガチャ眼の若者とは決して思えない不死身の強靱な気概をもって、はてしなく厳密を要求される天文学上の戦いに挑んでいる。結局この戦いは、軌道計算上の未完成で終わるいわゆる未完成交響楽となった。しかし全体をとおして流れる基調はきわめて明るく天衣無縫であり、ひたすら真理への神の導きを信ずる者だけがもつ楽観的な快活さと健康に満ちている。私はケストラーのさきの言にこういう未完成交響曲の性格を付け加えておきたいと思う。ケプラーはその後、チコ・ブラーエの火星観測データのすばらしい遺産を受けついだり、ルドルフ皇帝の知遇を得たりして、神の配剤した完成へ、すなわち第一法則・第二法則・第三法則に行きつき、ニュートンの万有引力の発見に対して決定的な寄与をすることになった。

『宇宙の神秘』（ラテン語原典）翻訳へのプロセス

この書の翻訳という難しい仕事を工作舎の高橋秀元氏から引き受けたのは四年前であった。さきにも言ったように、私は古代ギリシア哲学を専攻する者であるが、パラケルススも指摘しているように、一人のめざめた人間であろうとすれば、哲学に錬金術に天文学に医学に神学にでき得るかぎりの勉学を積みたいと願う、いわばファウスト的な思いに駆られ、そういうエキスをもつものなら少しでも多く味わいたいと思っていただけに、ケプラーの翻訳の仕事には大きな魅力を感じた。しかし、私は余りにもいろいろなことを手がけたのがたたって翻訳はそう進まなかった。が、間もなく、私は自分の担当（兼任講師）する早稲田大学文学部の上級ラテン語の授業用テキストに、後期の半年間ケプラーを選ぶことにし、五人程の学生諸君と数章を読みすすんだ。丁度そのころ、二年間のフランス政府給費の留学を終わってパリ大学から帰ってきた岸本良彦君という若くてすぐれた文献学者をつかまえ、いささか強要気味ではあったがこのケプラーをラテン語の翻訳練習がわりに訳してみないかとすすめてみた。彼は、日本の生んだ最もすぐれた歴史学者・津田左右吉博士の史学を栗田直躬・小林昇両先生から学んだ上代中国思想の研究者である。が彼は、以前からギリシアの思想にも強く心をひかれ、フランス留学前の半年間、もう一つ私の担当する上級ギリシア語Aの授業に出てプラトンの対話篇『パイドン』を読んだこともあり、中国上代思想研究者にしては珍しく、五ケ国語以上の語学を勉強し、ゆくゆくは比較思想の研究をしてみたいと言っていた矢先きでもあったので、難関突破の意味で結局引き受けることになった。私がいろいろと訳のことで注文をし、彼が一つ一つ丁寧にラテン語から翻訳する過程のなかで、彼には文字どおり悪戦苦闘の日々がつづいたが、そのおかげでやっとでき上ったのがこの翻訳書である。彼は、前に大学受験には物理学科を志望したこともある程だったので計算にもかなり強く、ケプラーのこみいった軌道計算をも克明に計算器で追跡調査し、計算のあやまりにも気がつく程であり、何度かやっているうちに、この四年間でケプラーの天文計算法を大抵マスターしてしまった。

ところで岸本君の全訳ができ上った頃、二年前のことであるが、私は、自分の専任として勤める明治薬科大学から、医学・薬学・錬金術・天文学方面の文献研究のことでハイデルベルク大学に三ケ月間海外出張したが、その時たまたまケプラーの『宇宙の神秘』にもただ一つ本国ドイツの独訳本があることを大学図書館で知り、早速それを全部コピーして持ち帰った。帰国してからは、この独訳本も参考にしたが、しかしどこまでも、私どもは極力ラテン語原文の調子を和訳するように努め、岸本君は三度にわたって書き直す有様であった。

彼は、フランスから帰って、すぐ早稲田大学文学部の中国思想とフランス語の非常勤講師として教鞭をとったが、昨年折よく私どもの大学の専任として史学を担当してもらうことになったので、共同の仕事をすすめるにはとても便利になった。だから私どもは独自に多くの注をつけて読み易くすることに努めることにもなったが、注の多くは彼の努力の賜物である。最初は予定になかった『宇宙の神秘』第二版の自注（ラテン語で大判五十ページにものぼる）も、初版から二十五年後の貴重なケプラー自身の注だけに、重要なものはすべて翻訳に加えることにし、彼はその方にも多くの労力を費した。私ども二人は、しかし、ケプラーの初版に、主として師メストリンのきも入りでコペルニクス天文学理解の一助にと付加されたレティクスの『第一解説』は、当訳書には翻訳しなかった。今回はケプラー自身のものだけでかなりのページ数にのぼる書物となったからである。しかし今後は、これを機会に、天文学にますます興味をもつに至った岸本君が、まだ六分の一しか翻訳されていないコペルニクスの『天体の回転について』（矢島祐利訳、岩波文庫版）のラテン語原典からの全訳とか、ケプラーの最も魅力的な大著『宇宙の調和』の全訳などにわたり、日本のこの方面の文字どおりの第一人者として活躍することを期待してやまない。私もその一助になればと思っている。今回のケプラー翻訳が日本では原典からのものとしては初めてであるが、私ども二人も、やっとこの仕事を終え、つぎの仕事（ヒポクラテス医学全集の翻訳）に駒を進められることを喜んでいる。

ところで、当翻訳に際し、この半年間、勉強の合間《あいま》をさいて清書その他若干の仕事を熱心に手伝ってくれた早稲田大学文学部修士課程にいる矢内義顕君（四年前から私の上級ラテン語Aの受講者）にもその協力方を感謝したい。またこの紙面をかりて、工作舎の高橋秀元、十川治江両氏には、ケプラーの著作出版という執念をこちらにのり移らせこの実りをもたらすようにされた努力に対し感謝申し上げたい。特に編集部の十川治江さんには終始いろいろの労力を惜しまれなかったことに対し、心からの感謝を重ねて表わすとともに、最後に、この翻訳書について大方の心こもる叱正を期待して筆を擱きたいと思う。

昭和五十六年十一月一日識

ラ

ワ

マ

ヤ

ナ

ハ

タ

サ

カ

索　引

ア

◉著訳者紹介

ヨハネス・ケプラー　Johannes Kepler

一五七一年、ドイツのヴァイル・デァ・シュタット生まれ。テュービンゲン大学で学ぶうちに、コペルニクスの太陽中心説に傾倒。グラーツの神学校で数学・天文学を教えるかたわら、処女作『宇宙の神秘』(1596)を著す。本書で示された「形而上学的必然を物理学的手法で証明する」方法論をさらに進めて、『新天文学』(1609)に発表。いわゆるケプラーの3法則のうちの楕円軌道の法則(第1法則)、面積速度一定の法則(第2法則)を確立。さらに『宇宙の調和』(1619)で第3法則(惑星の公転周期の2乗と太陽からの平均距離の3乗が比例する)を提示し、近代科学の基礎を築く。一六三〇年、職を求めて漂泊中にレーゲンスブルクに死す。

大槻真一郎　Shin-ichiro Otsuki

一九二六年生まれ。主に古代ギリシア・ローマから中世・近世ルネサンスの研究・翻訳・解説を手がける。『ヒポクラテス全集』全三巻(エンタプライズ)、『プリニウス博物誌』「植物篇」「植物薬剤篇」(八坂書房)、『ディオスコリデスの薬物誌』(エンタプライズ)、パラケルスス『奇蹟の医書』『奇蹟の医の糧』(工作舎)などの原典翻訳を精力的に推進。ホメオパシー医療、シュタイナー農業中心の宇宙医療、化学元素の生態的特徴表示などについても研究を進めている。

岸本良彦　Yoshihiko Kishimoto

一九四六年生まれ。一九七五年、早稲田大学文学研究科博士課程修了(東洋哲学専攻)。現在、明治薬科大学教授(史学・医療倫理・薬学ラテン語担当)。上代中国思想史および古典ギリシア語・ラテン語による哲学・医学・天文学関係の著作の翻訳研究に従事。訳書に『ヒポクラテス全集』(共訳、エンタプライズ)、プリニウス『博物誌』「植物編」「植物薬剤編」(共訳、八坂書房)、ケプラー『宇宙の調和』(工作舎)がある。

宇宙の神秘　新装版

発行日——一九八二年一月五日初版　二〇〇九年四月一〇日新装版第三刷
著者——ヨハネス・ケプラー
訳者——大槻真一郎＋岸本良彦
エディトリアル・デザイン——海野幸裕＋宮城安総＋小沼宏之
印刷・製本——三美印刷株式会社
発行者——十川治江
発行——工作舎　editorial corporation for human becoming
〒104-0052　東京都中央区月島1-14-7-4F
phone: 03-3533-7051　fax: 03-3533-7054
URL: http://www.kousakusha.co.jp
e-mail: saturn@kousakusha.co.jp
ISBN　978-4-87502-417-0

宇宙の調和

◆ヨハネス・ケプラー　岸本良彦＝訳

『宇宙の神秘』で提唱した5つの正多面体による宇宙モデルと、第1・2法則をうち立てた『新天文学』の成果を統合し、第3法則を樹立。歴史的名著をラテン語原典より初の完訳。

●A5判上製●624頁●定価＝本体10000円＋税

ガリレオの弁明

◆トンマーゾ・カンパネッラ　澤井繁男＝訳

17世紀初頭、検邪聖省の糾弾を受けたガリレオの地動説を、獄中の身も省みずに「自然の真理と聖書の真理は矛盾しない」と弁護したユートピストの世にも危険な論証。

●A5判上製●224頁●定価＝本体2800円＋税

ケプラーの憂鬱

◆ジョン・バンヴィル　高橋和久＋小熊令子＝訳

宇宙の調和は幾何学に端を発していると直観したケプラーは、天球に数学的図形を見出し宇宙模型を製作した。不遇で孤高の半生を綴るヒストリオグラフィック・メタフィクションの傑作。

●四六判上製●376頁●定価＝本体2500円＋税

奇蹟の医書

◆パラケルスス　大槻真一郎＝訳

自然因、天体因、毒因、精神因、神因など、魂の健康と病の背景にある因果を明晰に指摘する16世紀の古典。ホリスティック・ヘルスの先駆として、病める現代医学に示唆的な書。

●A5判上製●258頁●定価＝本体3800円＋税

奇蹟の医の糧

◆パラケルスス　大槻真一郎＋澤元 亙＝解説・翻訳・注釈

錬金術を医薬を製造する術・自然を理解する術として捉え、近世医学の道を拓いたパラケルススが、まさに21世紀医療を予告する。本書はパラケルスス医学大系「パラ3部作」第2弾。

●A5判上製●243頁●定価＝本体3800円＋税

地球外生命論争1750-1900

◆マイケル・J・クロウ　鼓 澄治＋山本啓二＋吉田 修＝訳

謹厳な批判哲学者カントから天文学者ハーシェル、数学者ガウス、進化論のダーウィン、火星狂いのロウエルまで、地球外生命に託してそれぞれの世界観を戦わせた熱き論争の全容。(3分冊・函入)

●A5判上製●1008頁●定価＝本体20000円＋税